石化装置高温构件的损伤、评价及寿命预测

陈军／主编
马海涛 赵杰／副主编

Damage, Evaluation and Life Prediction of High-Temperature Components in Petrochemical Equipments

大连理工大学出版社
Dalian University of Technology Press

图书在版编目(CIP)数据

石化装置高温构件的损伤、评价及寿命预测 / 陈军主编. -- 大连：大连理工大学出版社，2023.1
 ISBN 978-7-5685-4025-4

Ⅰ.①石… Ⅱ.①陈… Ⅲ.①石油化工设备－高温－构件－研究 Ⅳ.①TE65

中国版本图书馆 CIP 数据核字(2022)第 240008 号

石化装置高温构件的损伤、评价及寿命预测
SHIHUA ZHUANGZHI GAOWEN GOUJIAN DE SUNSHANG、PINGJIA JI SHOUMING YUCE

大连理工大学出版社出版

地址：大连市软件园路 80 号　邮政编码：116023
发行：0411-84708842　邮购：0411-84708943　传真：0411-84701466
E-mail：dutp@dutp.cn　URL：https://www.dutp.cn

大连雪莲彩印有限公司印刷　　大连理工大学出版社发行

幅面尺寸:185mm×260mm	印张:14.75	字数:369 千字
2023 年 1 月第 1 版		2023 年 1 月第 1 次印刷

责任编辑：于建辉　　　　　　　　　　　　　责任校对：李宏艳
　　　　　　　　　封面设计：冀贵收

ISBN 978-7-5685-4025-4　　　　　　　　　　　　定　价：69.00 元

本书如有印装质量问题，请与我社发行部联系更换。

前　言

　　石化行业的很多装置都是在高温高压下运行的，比如各种管式加热炉炉管、泵、阀等，它们的服役条件苛刻，不仅承受高温高压，而且经常处于腐蚀介质环境中。这些装置是石化行业的关键设备，一旦选材不当或在运行中出现问题，就会直接影响整个生产流程，不仅会造成重大经济损失，严重时还可能造成伤亡事故。近年来，随着社会经济的发展，出于降低成本、提高生产率的要求，石化行业的生产工艺不断向高温、高压方向发展，所用材料不断更新换代，检修期也由过去一年一检，逐渐向三年一检甚至更长时间检修过渡，因此，石化行业高温装置的安全运行引起人们的极大重视，包括材料的选择、常见损伤形式及其检测方法、高温部件的可靠性预测等日益成为人们关切的问题。为了满足广大工程技术人员的迫切需求，编者在多年教学和科研的基础上编纂了本书，介绍了石化装置高温部件常用材料、损伤形式、检测方法以及高温部件可靠性预测等相关知识。本书从工程需要出发，力求做到深入浅出，理论联系实际，不过多地介绍复杂深奥的理论或模型。

　　本书共分 8 章，其中第 1 章、第 5 章、第 6 章由陈军编写，第 2 章、第 3 章、第 4 章由马海涛编写，第 7 章、第 8 章由赵杰编写。本书在编写过程中参考了国内外相关文献资料，在此向有关著作者表示衷心的感谢。

　　由于编者水平有限，错误和不足之处在所难免，恳请广大读者批评指正。

编　者
2022 年 10 月

目 录

第1章 金属材料的高温力学性能 / 1
  1.1 金属的蠕变现象 / 2
  1.2 金属材料高温力学性能指标 / 4
    1.2.1 蠕变极限 / 4
    1.2.2 持久强度极限 / 5
    1.2.3 持久塑性 / 7
    1.2.4 缺口敏感性 / 7
  1.3 蠕变变形及断裂机理 / 7
    1.3.1 蠕变变形机理 / 7
    1.3.2 蠕变断裂机理 / 9
  1.4 应力松弛 / 12
  1.5 金属材料高温力学性能的影响因素 / 13
  1.6 石化装置常用材料 / 19
  参考文献 / 20

第2章 珠光体耐热钢 / 21
  2.1 珠光体耐热钢的特点 / 21
  2.2 珠光体耐热钢的组织稳定性 / 23
    2.2.1 珠光体球化 / 23
    2.2.2 石墨化 / 34
    2.2.3 合金元素在固溶体和碳化物相中的扩散和再分配 / 37
    2.2.4 碳化物在晶内和晶界上的析出与聚集 / 39
  2.3 常用珠光体型低合金耐热钢 / 39
    2.3.1 低碳钢 / 39
    2.3.2 钼钢和铬钼钢 / 42
  2.4 珠光体耐热钢的热处理 / 49
  2.5 珠光体耐热钢的焊接 / 51
  参考文献 / 51

第3章 马氏体耐热钢 / 53
  3.1 T91/P91钢的化学成分及物理性能 / 54
    3.1.1 T91/P91和F91钢的化学成分 / 55
    3.1.2 T91/P91钢的强化机制 / 55

3.1.3　T91/P91钢的物理性能 / 56
　3.2　T91/P91钢的焊接性能 / 57
　3.3　T91/P91钢的热处理工艺及力学性能 / 58
　　3.3.1　热处理工艺 / 58
　　3.3.2　力学性能 / 59
　3.4　T91/P91耐热钢的高温组织转变 / 63
　　3.4.1　亚结构的演变 / 63
　　3.4.2　析出相的粗化 / 63
　　3.4.3　Laves相和Z相的析出 / 63
　3.5　马氏体耐热钢的组织劣化评级标准 / 64
　3.6　高氮马氏体耐热钢 / 65
　参考文献 / 65

第4章　奥氏体耐热钢 / 67

　4.1　18-8型奥氏体耐热钢 / 71
　　4.1.1　18-8耐热钢的组织变化 / 71
　　4.1.2　18-8耐热钢的性能变化 / 72
　　4.1.3　18-8耐热钢微观组织的劣化分级及其特征 / 73
　　4.1.4　组织劣化对耐热钢性能的影响 / 75
　4.2　HK40奥氏体耐热钢 / 75
　　4.2.1　化学成分 / 75
　　4.2.2　物理性能和力学性能 / 76
　　4.2.3　铸态宏观组织 / 77
　　4.2.4　铸态显微组织 / 77
　　4.2.5　二次碳化物 / 79
　　4.2.6　晶界碳化物 / 80
　　4.2.7　σ相 / 81
　4.3　HP系列奥氏体耐热钢 / 82
　　4.3.1　化学成分 / 82
　　4.3.2　宏观铸态组织 / 84
　　4.3.3　组织演变 / 84
　　4.3.4　力学性能 / 86
　4.4　Incoloy800奥氏体耐热钢 / 87
　　4.4.1　Incoloy800系列耐热钢的发展 / 87
　　4.4.2　组织特点 / 88
　　4.4.3　物理性能 / 88
　　4.4.4　力学性能 / 89
　4.5　奥氏体耐热钢的氧化行为 / 90
　参考文献 / 95

目 录

第5章 高温环境损伤 / 97

5.1 蠕变损伤 / 97
5.1.1 蠕变损伤类型 / 97
5.1.2 空洞形核位置 / 99

5.2 高温氧化 / 102
5.2.1 金属的氧化过程 / 102
5.2.2 金属氧化的动力学规律 / 104

5.3 脱 碳 / 109
5.3.1 钢的脱碳机理 / 110
5.3.2 脱碳对钢力学性能的影响 / 110
5.3.3 影响钢脱碳的因素 / 111

5.4 渗 碳 / 112
5.4.1 渗碳过程动力学规律 / 112
5.4.2 裂解炉管渗碳机制 / 114

5.5 氢损伤 / 115
5.5.1 氢损伤的类型 / 115
5.5.2 氢的存在形式和传输方式 / 116
5.5.3 氢腐蚀的影响因素 / 117

5.6 高温硫腐蚀 / 118
5.6.1 高温硫化 / 118
5.6.2 硫酸的露点腐蚀 / 120
5.6.3 连多硫酸的应力腐蚀 / 122

5.7 高温钒腐蚀 / 122
5.8 高温氯化腐蚀 / 123
5.9 环烷酸腐蚀 / 125
5.10 Na_2SO_4 盐膜下的热腐蚀 / 130

参考文献 / 133

第6章 炉管常见损伤形式及检测方法 / 136

6.1 转化炉的结构 / 137
6.2 转化炉管常见的损伤形式 / 138
6.2.1 蠕变损伤 / 139
6.2.2 腐蚀损伤 / 140
6.2.3 蒸汽带水引起的损伤 / 140
6.2.4 热疲劳引起的损伤 / 140
6.2.5 铸造缺陷引起的损伤 / 141
6.2.6 炉管弯曲引起的损伤 / 141
6.2.7 组织劣化 / 141

6.3 裂解炉的结构 / 143

6.4 裂解炉管常见的损伤形式 / 145
  6.4.1 结焦 / 145
  6.4.2 渗碳 / 146
6.5 炉管损伤的无损检测方法 / 152
6.6 渗碳层的无损检测方法 / 158
参考文献 / 162

第7章 蠕变损伤的评价及检测 / 164

7.1 蠕变本构方程 / 164
7.2 蠕变损伤理论 / 165
  7.2.1 损伤变量 / 165
  7.2.2 蠕变损伤的物理机制 / 166
7.3 蠕变损伤评估法则 / 169
  7.3.1 罗宾森寿命分数法则 / 169
  7.3.2 应变分数法则 / 170
  7.3.3 空洞形成和演化法则 / 171
7.4 蠕变损伤无损检测和评价技术 / 172
  7.4.1 金相复膜技术 / 173
  7.4.2 线性超声检测技术 / 174
  7.4.3 非线性超声检测技术 / 176
  7.4.4 超声双折射技术 / 179
  7.4.5 超声背散射技术 / 179
  7.4.6 磁性能检测技术 / 180
  7.4.7 磁巴克豪森发射技术 / 181
  7.4.8 磁-声发射技术 / 181
  7.4.9 涡流检测技术 / 182
  7.4.10 电位降检测技术 / 182
  7.4.11 硬度测量技术 / 183
  7.4.12 应变测量技术 / 185
  7.4.13 正电子湮灭技术 / 185
  7.4.14 X射线衍射技术 / 186
7.5 基于 Z 参数方法对损伤过程的描述 / 188
  7.5.1 Z 参数的意义 / 188
  7.5.2 基于 Z 参数的损伤演化模型 / 189
7.6 损伤演化的可靠性评估 / 191
参考文献 / 193

第8章 高温持久寿命的可靠性预测 / 197

8.1 持久寿命及其外推方法 / 197

目 录

    8.2   Monkman-Grant 关系及其修正 / 197
    8.3   常用的寿命预测方法 / 199
        8.3.1   等温线法 / 199
        8.3.2   TTP 参数法 / 200
        8.3.3   基于蠕变曲线的寿命预测方法 / 204
        8.3.4   断裂力学法 / 208
        8.3.5   金相试验法 / 211
        8.3.6   其他寿命预测方法 / 214
    8.4   高温剩余持久寿命的概率预测法 / 216
    8.5   剩余寿命预测方法的适用性 / 219

参考文献 / 221

第 1 章　金属材料的高温力学性能

实际生产中很多机件是长期在高温下服役的,对于制造这类机件的金属材料,仅考虑常温短时静载下的力学性能是不够的,因为温度及载荷持续时间对金属材料力学性能影响很大。随温度升高,材料强度下降,表 1-1 为 40 钢抗拉强度与温度的关系,可见,在 600 ℃时,其强度比常温时下降了将近 60%。图 1-1 示出了几种材料的屈服强度随温度的变化情况,可见,材料强度随温度升高均呈现明显下降趋势。

表 1-1　40 钢抗拉强度与温度的关系

温度 T/℃	抗拉强度 R_m/MPa	温度 T/℃	抗拉强度 R_m/MPa	温度 T/℃	抗拉强度 R_m/MPa
20	750	300	650	500	400
200	700	400	520	600	330

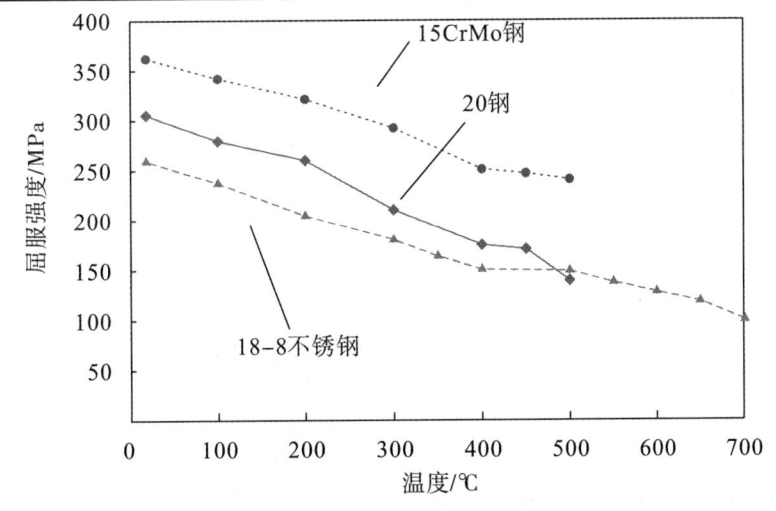

图 1-1　几种材料的屈服强度随温度的变化情况

金属材料的高温强度不仅随温度升高而下降,在超过某一温度时,随着服役时间的增加,材料的强度也会下降,见表 1-2,因此,长期在高温下服役的金属材料,即使在较小的应力下,也会随着服役时间的增加而最终导致断裂。

表 1-2　40 钢的高温强度与时间的关系

温度 T/℃	作用时间 t/min					
	1	5	10	20	30	60
	抗拉强度 R_m/MPa					
20	700	700	700	700	700	700
500	400	350	320	300	290	285
600	330	250	210	180	170	160

材料在高温环境下服役,不仅强度下降,还会产生蠕变现象,比如,化工设备的一些高温高压管道,虽然所承受的应力小于该工作温度下材料的屈服强度,但在长期的使用过程中会产生缓慢而连续的塑性变形(蠕变),使管径逐渐增大,最后导致管道破裂。如 20 钢在 450 ℃时短时抗拉强度为 320 MPa,当试样承受 225 MPa 的应力时,持续 300 h 发生断裂;如果将应力降低到 115 MPa,持续 10 000 h 也会断裂。

金属材料在高温短时载荷作用下,材料的塑性增加,但在高温长时载荷作用下,除了强度下降外,材料的塑性也显著下降,脆性和缺口敏感性增加,断裂时间缩短,呈现脆性断裂倾向。

此外,温度和时间的共同作用也会影响金属材料的断裂路径,由常温下的穿晶断裂过渡到沿晶断裂,这是由于随温度升高,材料的晶粒强度和晶界强度都下降,但晶界强度下降较快,晶粒和晶界强度相等的温度称为等强温度 T_E,在超过等强温度 T_E 时,断裂呈现沿晶断裂形式,如图 1-2 所示。

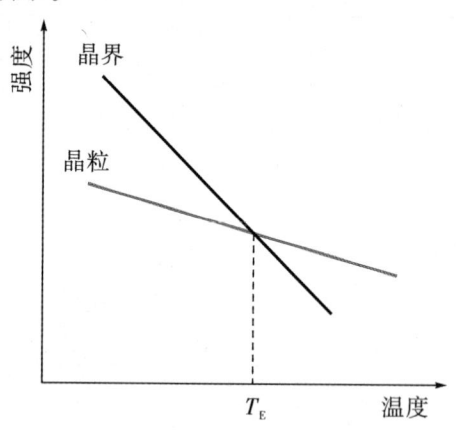

图 1-2 温度对晶粒强度和晶界强度的影响

综上所述,金属材料的高温力学性能不仅与温度有关,还与时间有关,不能简单地用常温短时拉伸试验获得的应力-应变曲线来评定。同时应该指出,此处所谓的温度"高"或"低"不是一个绝对值,是相对于金属材料的熔点 T_m 而言的,一般服役温度超过 $0.5T_m$ 时称为高温,服役温度在 $0.5T_m$ 以下时称为低温。例如,铁的熔点为 1 535 ℃,在 500 ℃下服役时也可称为低温;而镓的熔点为 30 ℃,在 20 ℃下服役时也可称为高温。

1.1 金属的蠕变现象

高温下金属材料力学行为的一个重要特点就是产生蠕变。所谓蠕变,就是金属材料在长时间的恒温、恒载荷作用下缓慢地产生塑性变形的现象,由于蠕变导致的断裂称为蠕变断裂。蠕变现象在常温下也会产生,但只有当服役温度大于 $0.3T_m$ 时才比较显著,实际中,碳钢服役温度超过 300 ℃、合金钢服役温度超过 400 ℃时就必须考虑蠕变的影响。

金属材料的蠕变过程可以用蠕变曲线来描述,恒温恒应力下金属材料典型的蠕变曲线如图 1-3 所示,图中 Oa 段是金属承受恒定拉应力时所产生的起始伸长率,若应力超过了金属在该温度下的屈服强度,则起始伸长率包括弹性伸长率和塑性伸长率两部分,但这

第1章 金属材料的高温力学性能

一部分不属于蠕变应变,而是由外载荷作用引起的一般变形过程,从 a 点开始随时间增加而产生的伸长属于蠕变应变,曲线 abcd 即为蠕变曲线,该曲线上任一点的斜率表示该点的蠕变速率,据此可将蠕变曲线分为三个阶段:

第Ⅰ阶段(ab 段):减速(过渡)蠕变阶段。这一阶段开始的蠕变速率很大,随时间延长,蠕变速率逐渐减小,到 b 点达到最小值。这一阶段蠕变变形主要是由于位错的滑移和攀移造成的,位错滑移造成的形变强化效应超过了位错攀移造成的回复软化效应,所以变形速率不断降低。

第Ⅱ阶段(bc 段):恒速(稳态)蠕变阶段。这一阶段蠕变速率几乎保持不变,晶内变形是以位错滑移和攀移方式交替进行,而晶界变形以晶界滑动和迁移方式交替进行。晶界滑动和晶内位错滑移使金属强化,而晶界迁移和晶内位错攀移使金属软化,强化和软化作用达到动态平衡时,蠕变速率基本保持恒定。这一阶段在应力和空位流的同时作用下,在与拉应力垂直的晶界处优先形成空洞或楔形裂纹。

第Ⅲ阶段(cd 段):加速蠕变阶段。随时间延长,蠕变速率逐渐增加,至 d 点断裂。这一阶段在由第Ⅱ阶段开始形成的空洞或楔形裂纹的基础上进一步由于晶界滑动、空位扩散和空洞连接导致裂纹扩展,达到临界尺寸造成材料失稳断裂。

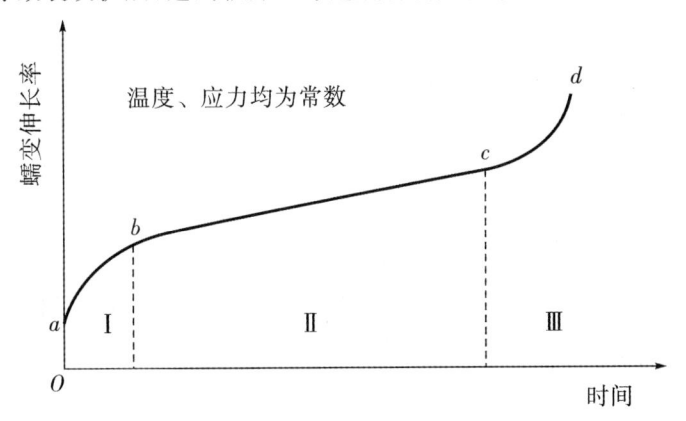

图 1-3 恒温恒应力下金属材料典型的蠕变曲线

蠕变的第Ⅰ阶段很短,一般不超过几百小时,通常高温下工作机件要求的寿命都设定在蠕变第Ⅱ阶段,一般所说的金属蠕变速率也是指这个阶段的蠕变速率。在同一温度下,大多数金属和合金第Ⅱ阶段蠕变速率 $\dot{\varepsilon}_{\text{Ⅱ}}$ 与应力 σ 之间存在有诺顿(Norton)关系

$$\dot{\varepsilon}_{\text{Ⅱ}} = A\sigma^n \tag{1-1}$$

式中 A 和 n 均为材料常数,对于纯金属 n 为 4~5,固溶体合金 n 约为 3,弥散强化和沉淀强化合金 n 为 30~40。

引起材料蠕变的应力状态可能是简单的如单向拉伸、压缩、弯曲应力等,也可能是复杂的;可能是静态的,也可能是动态的。

应力或温度变化,蠕变曲线的形状也发生变化,当应力较小或温度较低时,蠕变曲线第Ⅱ阶段持续时间较长,甚至可能不产生第Ⅲ阶段,而温度较高或应力较大时,蠕变曲线第Ⅱ阶段很短,甚至消失,材料在很短时间便断裂,如图 1-4 所示。

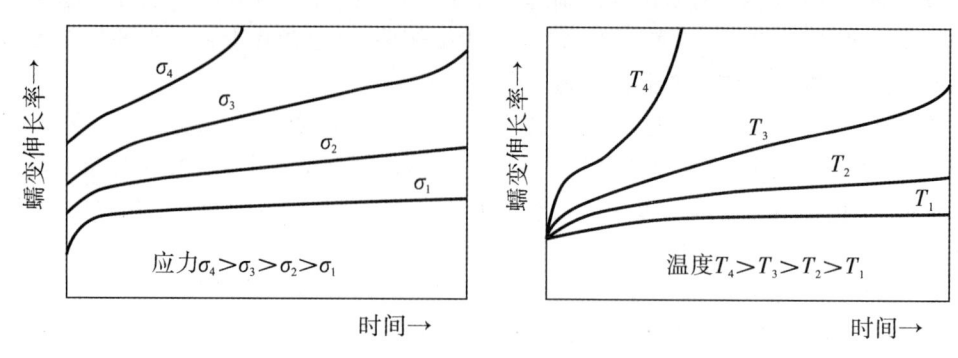

图 1-4 应力和温度对蠕变曲线的影响

1.2 金属材料高温力学性能指标

1.2.1 蠕变极限

为保证高温长时载荷作用下金属机件不致产生过量变形，要求材料具有一定的蠕变极限。蠕变极限是材料在高温长时载荷作用下的塑性变形抗力指标，一般有两种表示方式：一种是在规定温度 T 下，使试样在规定的时间内产生规定稳态蠕变速率 $\dot{\varepsilon}$ 的最大应力，用符号 $\sigma_{\dot{\varepsilon}}^{T}$ 表示，例如 $\sigma_{1\times10^{-5}}^{600}=60$ MPa 表示在 600 ℃ 的条件下，稳态蠕变速率为 1×10^{-5} %/h 的蠕变极限为 60 MPa。另一种表示方法是在规定温度 T 和规定时间 τ 内，试样产生的蠕变总伸长率 δ 不超过规定值的最大应力，用符号 $\sigma_{\delta/\tau}^{T}$ 表示，例如 $\sigma_{1/10^5}^{500}=100$ MPa 表示在 500 ℃ 条件下，100 000 h 后总伸长率为 1‰ 的蠕变极限为 100 MPa。具体选用哪种表示法应视蠕变速率和服役时间而定。若蠕变速率大而服役时间短，可用 $\sigma_{\dot{\varepsilon}}^{T}$ 表示法，若蠕变速率小而服役时间长，可用 $\sigma_{\delta/\tau}^{T}$ 表示法。

以上两种蠕变极限都需要试验到稳态蠕变阶段若干时间后才能确定，测量蠕变极限常用装置如图 1-5 所示，将试样 7 置于电阻炉 6 内加热，用热电偶 5 测定温度，通过杠杆 3 及砝码 4 对试样加载，使之承受一定大小的应力，试样蠕变伸长量用安装在炉外的引伸计 1 测量。

具体测定时，在同一温度下，要在至少 4 级应力水平上试验数百至数千小时，将试验结果在双对数坐标上绘图，并用内插法或外推法求蠕变极限。外推法是依据同一温度下，蠕变第Ⅱ阶段应力 σ 与稳态蠕变速率 $\dot{\varepsilon}$ 之间在双对数坐标中呈线性经验关系提出的，试验时可用较大应力在较短时间内测出几条 $\dot{\varepsilon}$ 较高的蠕变曲线，绘出 σ-$\dot{\varepsilon}$ 直线后，便可用外推法求出规定较小蠕变速率下的蠕变极限，例如，将图 1-6 中 12Cr1MoV 钢的 σ-$\dot{\varepsilon}$ 直线用外推法延长至 $\dot{\varepsilon}=1\times10^{-5}$ %/h 处（虚线所示），即得到其在 580 ℃、稳态蠕变速率为 1×10^{-5} %/h 的蠕变极限为 41 MPa，但要注意，用外推法时只能外推到蠕变速率比最低试验点的数据低一个数量级，否则所得值不可靠。

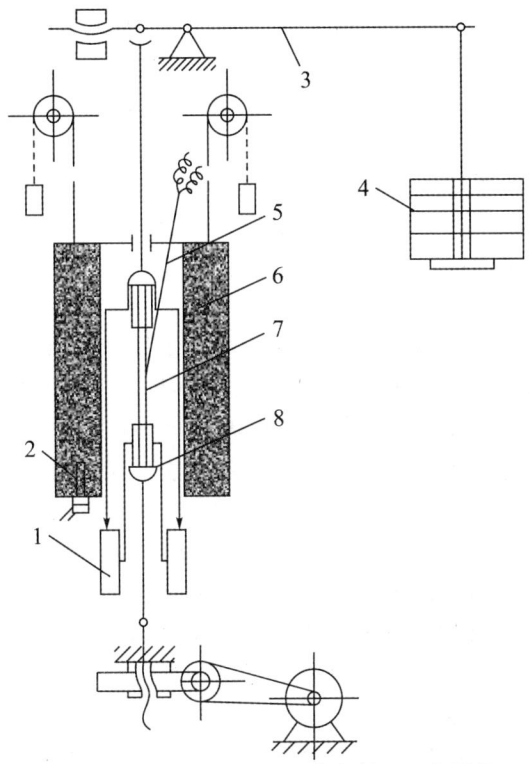

1—引伸计;2—铂电阻;3—杠杆;4—砝码;5—热电偶;6—电阻炉;7—试样;8—夹头

图 1-5　蠕变试验装置

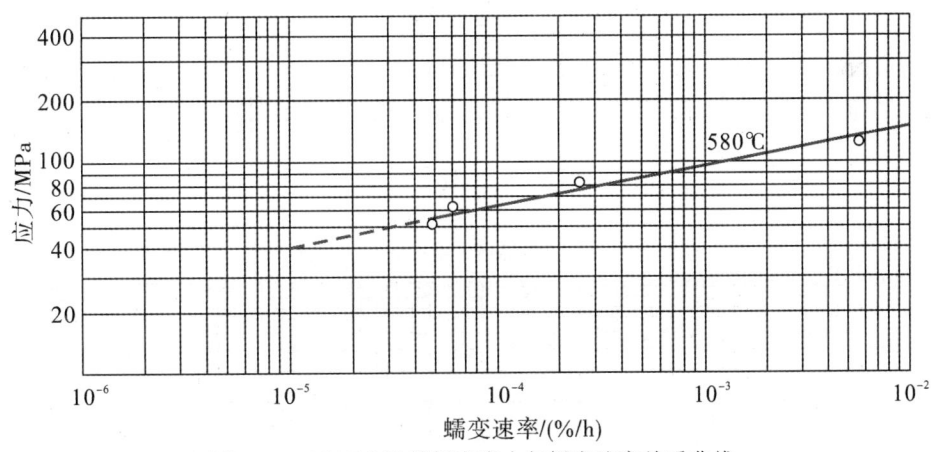

图 1-6　12Cr1MoV 钢蠕变应力与蠕变速率关系曲线

1.2.2　持久强度极限

与常温下的情况一样,金属材料在高温下的变形抗力与断裂抗力也是两种不同的性能指标,因此,对于高温材料,除测定蠕变极限外还必须测定其在高温长时载荷作用下的断裂抗力,即持久强度极限。金属材料的持久强度极限,是在规定温度 T 下,达到规定的持续时间 τ 内不发生断裂的应力值,用 σ_τ^T 表示,例如,某高温合金的持久强度极限

$\sigma_{1\times10^3}^{700}=30$ MPa,表示该合金在 700 ℃、1 000 h 的持久强度极限为 30 MPa。在实际中,规定持续时间一般是以工作部件的设计寿命为依据,例如锅炉、汽轮机等的设计寿命一般为数万至数十万小时,而航空发动机的设计寿命仅为几百至上千小时。对于设计某些在高温运行过程中不考虑变形量大小,而只考虑在承受给定应力下使用寿命的机件如锅炉过热蒸汽管等,持久强度极限是非常重要的性能指标。

  持久强度极限是通过高温持久拉伸试验测定的,在试验过程中,一般不需要测定试样的伸长量,只测定在规定温度和应力下的断裂时间即可。试验结果表明,在一定温度下,金属材料所受应力 σ 与断裂时间 t_r 遵循如下关系:$t_r=A\sigma^{-m}$,式中 A、m 均为材料常数,这样在双对数坐标下,$\lg t_r$ 和 $\lg \sigma$ 呈线性关系。对于设计寿命较短的机件,可用同样的试验时间确定材料的持久强度极限,但对于设计寿命数万至数十万小时的机件,用同样的时间进行试验是非常困难的,一般先采用较大应力、较短断裂时间的试验数据,作出 $\lg t_r$-$\lg \sigma$ 的关系曲线,然后采用外推法求出数万至数十万小时的持久强度极限。图 1-7 为 12Cr1MoV 钢在 580 ℃ 和 600 ℃ 的持久强度曲线,580 ℃ 的试验时间为 1×10^4 h(实线部分),可用外推法得到 1×10^5 h 的持久强度极限为 89 MPa。但实际上,在 $\lg t_r$-$\lg \sigma$ 双对数坐标中,试验数据并不完全符合线性关系,一般均有折点,如图 1-8 所示,其曲线形状和折点位置随材料在高温下的组织稳定性和试验温度而不同,因此,最好是测出折点后,再根据折点后面时间与应力对数值的线性关系进行外推,同时应限制外推时间不超过最长试验时间一个数量级,以免误差太大。

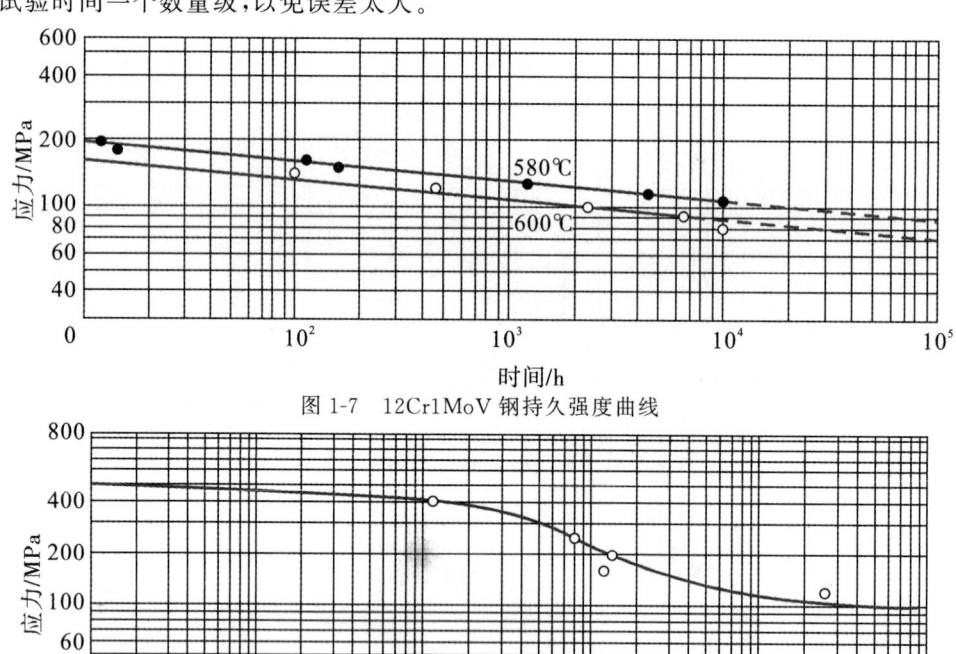

图 1-7 12Cr1MoV 钢持久强度曲线

图 1-8 持久强度曲线的转折现象

1.2.3 持久塑性

持久塑性是通过持久强度试验,采用试样断裂后的延伸率 A 和断面收缩率 Z 来表示,反映了材料在温度及应力长时间作用下的塑性性能,是衡量材料蠕变脆性的重要指标。持久塑性比短时拉伸塑性更能反映材料在高温长时条件下服役过程的性能变化趋势,对这些材料要求蠕变速率小、持久强度高、持久塑性好,以保障服役部件的安全。

1.2.4 缺口敏感性

持久强度试验一般是用光滑试样在拉伸载荷作用下测定,但实际中很多高温下服役的部件带有各种缺口,产生应力集中,导致材料的持久强度降低,可以用持久试样缺口敏感系数来评价缺口对测量持久强度的影响,评价方法又分为两种,一种是缺口试样与光滑试样在断裂时间相同情况下持久强度的比值:

$$K_\tau = \frac{\sigma'}{\sigma} \tag{1-2}$$

式中 K_τ——持久试样缺口敏感系数;
σ'——缺口试样持久强度,MPa;
σ——光滑试样持久强度,MPa。

另一种表示方法是缺口试样与光滑试样在应力相同情况下断裂时间的比值:

$$K_\sigma = \frac{\tau'}{\tau} \tag{1-3}$$

式中 K_σ——持久试样缺口敏感系数;
τ'——缺口试样断裂时间,h;
τ——光滑试样断裂时间,h。

1.3 蠕变变形及断裂机理

1.3.1 蠕变变形机理

金属的蠕变变形主要通过位错滑移、原子扩散、晶界滑移等方式产生。

1. 位错滑移蠕变

常温下滑移面上的位错运动受阻产生塞积时滑移便不能继续进行,只有在更大切应力作用下才能使位错重新运动和增殖,但在高温下,位错可借助于外界提供的热激活能和空位扩散来克服某些短程障碍,从而使变形不断地产生。位错热激活的方式有多种,高温下的热激活过程主要是刃型位错的攀移。图 1-9 是刃型位错攀移克服障碍的几种模型,可见,塞积的位错可通过热激活在新的滑移面上重新运动,位错源便可能再次开动而放出一个位错,从而形成动态回复过程,这一过程的不断进行,使蠕变得以不断发展。蠕变变形过程中逐渐产生应变硬化,使位错源开动的阻力及位错滑移的阻力逐渐增大,致使蠕变速率不断降低,这就是蠕变第Ⅰ阶段。

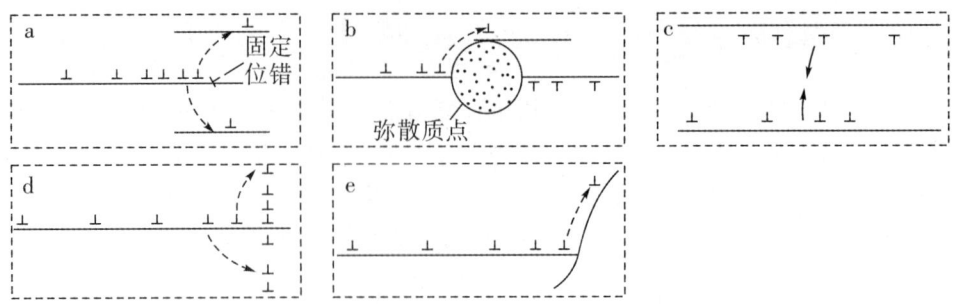

a—越过固定位错；b—越过弥散质点；c—与邻近滑移面上异号位错相消；d—形成小角度晶界；e—消失于大角度晶界

图 1-9　刃型位错攀移克服障碍模型

蠕变第Ⅱ阶段，应变硬化的发展，促进了动态回复过程的进行，使金属不断软化。当应变硬化与动态回复软化达到平衡时，蠕变速率为一常数，因此这一阶段为恒速蠕变阶段。

2. 扩散蠕变

扩散蠕变是在较高温度（远大于 $0.5T_m$）下的一种蠕变变形机理，它是在高温条件下大量原子和空位的定向移动造成的，如图 1-10 所示。在不受外力的情况下，原子和空位的移动没有方向性，因而宏观上不显示塑性变形，但当金属两端有拉应力作用时，在多晶体内会产生不均匀的应力场，承受拉应力的晶界（如 A、B 晶界）空位浓度增加，承受压应力的晶界（如 C、D 晶界）空位浓度减少，因而在晶体内空位将从受压晶界向受拉晶界迁移，原子则朝相反方向流动，致使晶体逐渐产生蠕变伸长。

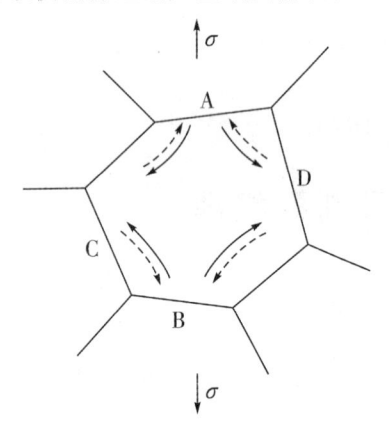

图 1-10　晶粒内部扩散蠕变示意图

除上述两种蠕变机理外，晶界滑动也会导致蠕变变形。常温下晶界的滑动变形是不明显的，但在高温条件下，由于晶界上的原子容易扩散，受力后易产生滑动，促进了蠕变的进行。随温度升高，应力降低，晶界滑动对蠕变的作用越来越大，但总的来说，它在总蠕变量中所占的比例并不大，一般不超过 10%，并且晶界滑动蠕变不是独立的蠕变机理，因为晶界滑动一定要和滑移变形配合进行，否则就不能保持晶界的连续性而产生空洞或裂纹。

在蠕变过程中，由于环境温度和外加应力不同，控制蠕变过程的机制也不同，图 1-11 是银的形变机制图，可见，不同的温度和应力下，形变机制是不同的。

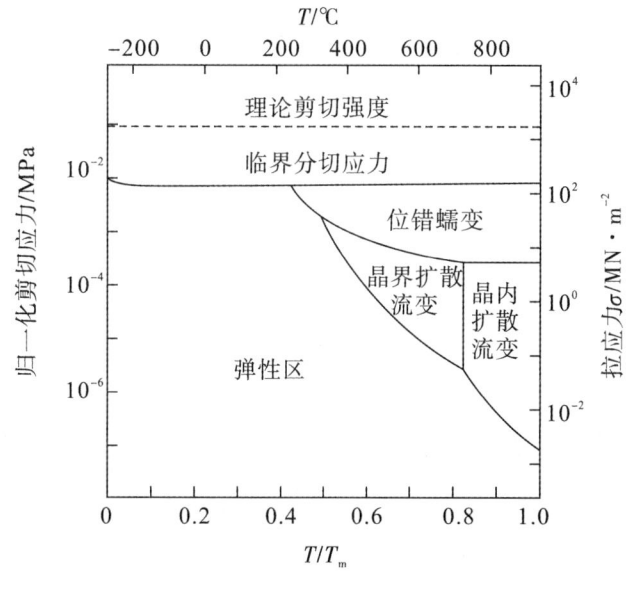

图 1-11 银的形变机制图

1.3.2 蠕变断裂机理

蠕变进入第Ⅲ阶段后,蠕变速率逐渐增加,最后导致断裂。当应力很高,塑性变形速度很快时,蠕变断裂形式类似常温下的韧性断裂,蠕变损伤表现为在晶内夹杂物或第二相粒子处形成空洞,空洞逐渐长大连接裂纹导致断裂;当应力较低时,蠕变损伤主要在晶界发生,在晶界处形成空洞并逐渐长大连接导致断裂。如果金属材料承受长时间的高温载荷,其断裂形式绝大多数为沿晶断裂,一般认为这是由于在晶界上形成裂纹并逐渐扩展而引起的。实验观察表明,在不同的应力温度条件下,晶界裂纹的形成方式主要有两种。

1. 在三晶粒交汇处形成楔形裂纹

在较高应力和较低温度下,由于晶界滑动在三晶粒交汇处受阻,造成应力集中形成空洞,空洞相互连接长大便形成楔形裂纹造成晶界开裂,如图 1-12 和图 1-13 所示,图 1-14 为两种耐热合金中的楔形裂纹。

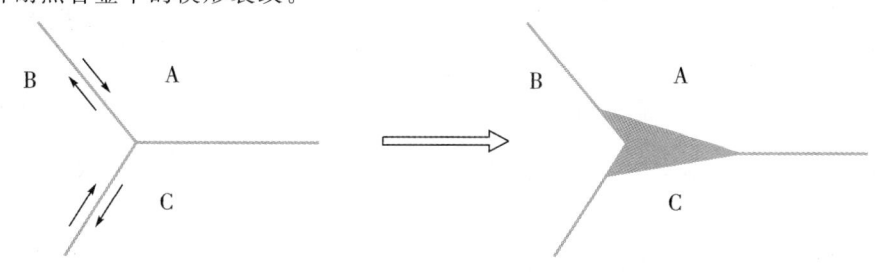

图 1-12 三晶粒交汇处形成楔形裂纹

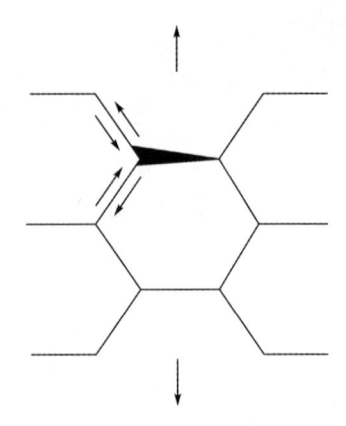

图 1-13　楔形裂纹造成晶界开裂

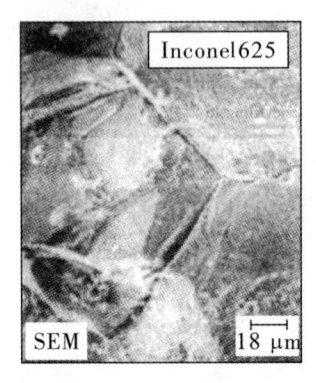

图 1-14　耐热合金中的楔形裂纹

2. 在晶界上由空洞形成裂纹

在较低应力和较高温度下，在晶界上的凸起部位和细小的第二相质点附近，由于晶界滑动而产生空洞，这些空洞连接长大就形成了裂纹，如图 1-15 所示为晶界空洞形成示意图，图 1-16 和图 1-17 分别为耐热合金中空洞的形成及空洞的连接，图 1-18 为 12Cr1MoV 钢中晶界空洞连接形成的晶界裂纹。

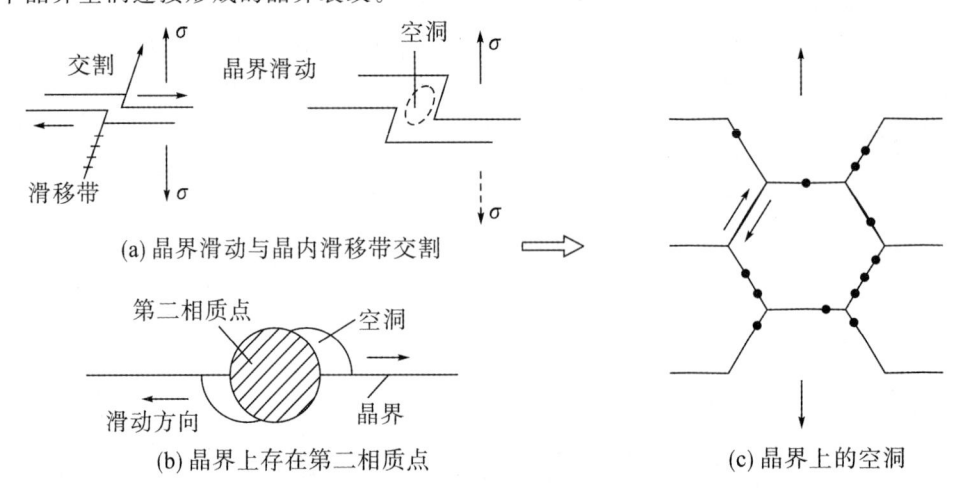

(a) 晶界滑动与晶内滑移带交割

(b) 晶界上存在第二相质点

(c) 晶界上的空洞

图 1-15　晶界空洞形成示意图

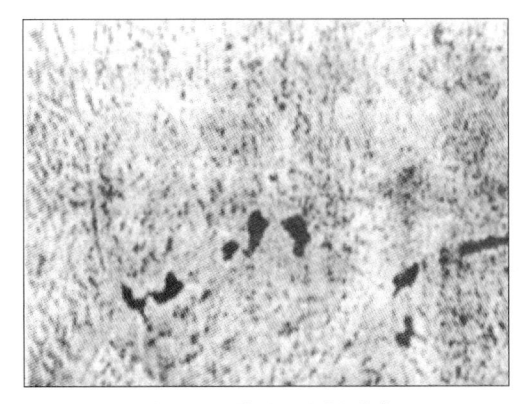

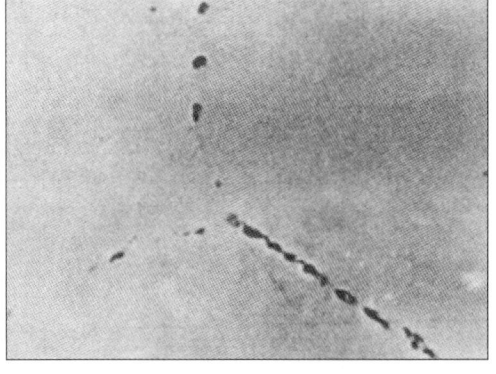

图 1-16　晶界上空洞形成　　　　　　　　图 1-17　晶界上空洞连接

蠕变断裂的宏观特征：一是在断口附近产生塑性变形，在变形区域附近有很多裂纹，使断裂机件表面出现龟裂现象；二是由于高温氧化，断口表面往往被一层氧化膜所覆盖，微观断口特征主要为冰糖状花样的沿晶断裂形貌。图 1-19 为蠕变断裂的宏观形貌，图 1-20 为蠕变断裂的微观形貌。

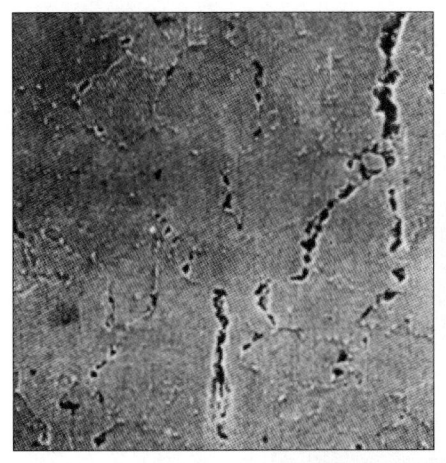

图 1-18　12Cr1MoV 钢晶界空洞连接形成裂纹　　　　图 1-19　蠕变断裂宏观形貌

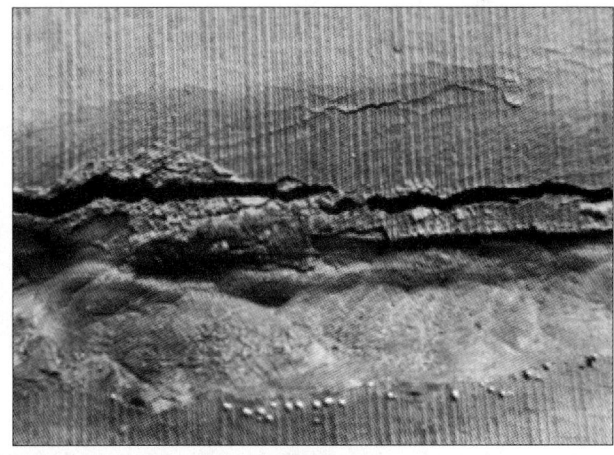

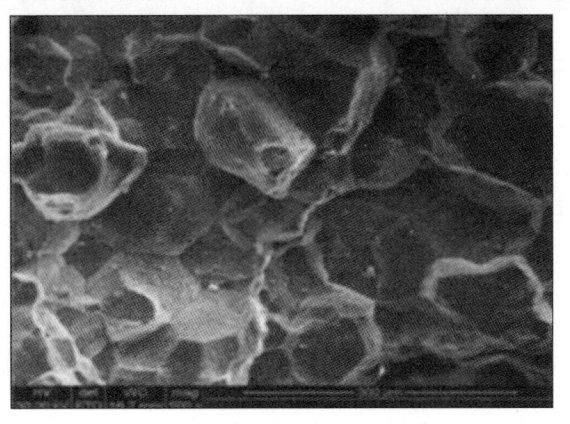

图 1-20　蠕变断裂微观形貌

1.4　应力松弛

应力松弛是指在规定温度和初始应力情况下,金属材料中的应力随时间而减小的现象。实际上应力松弛不仅在高温服役下的部件中存在,在常温下长期服役的部件中也存在。对于在高温下工作并依靠原始弹性变形获得工作应力的机件如螺栓,就可能随时间的延长,弹性变形不断转化为塑性变形,使工作应力不断降低产生失效。

金属材料抵抗应力松弛的能力称为松弛稳定性,通过应力松弛曲线来评定。金属材料的应力松弛曲线是在规定温度下对试样施加载荷,保持初始变形量恒定,测定试样上的应力随时间而降低的曲线,如图 1-21 所示。

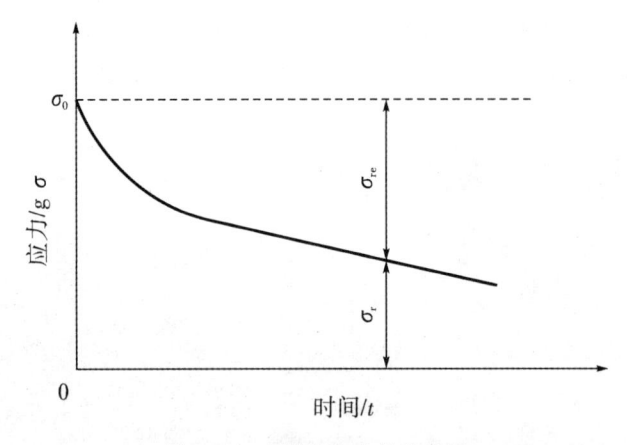

图 1-21　金属的应力松弛曲线

图 1-21 中,σ_0 为初始应力,随时间延长,试样中应力不断减小。任一时间试样上所保持的应力称为剩余应力 σ_r,初始应力与剩余应力之差称为松弛应力 σ_{re}。各种条件下所得的应力松弛曲线都具有明显的两个阶段:第一阶段持续时间较短,应力随时间的延长急剧降低;第二阶段持续时间很长,应力下降逐渐缓慢并趋于稳定。一般认为,应力松弛第一阶段主要发生在晶界,第二阶段主要发生在晶粒内部。

剩余应力 σ_r 是评定金属材料应力松弛稳定性的指标。对于不同的金属材料或同一材料经不同的热处理,在相同的试验温度和初始应力条件下,经规定时间后剩余应力越高者,其应力松弛稳定性越好。图 1-22 为 20Cr1Mo1V1 钢经不同热处理后的应力松弛曲线,由图可见,在相同初始应力 300 MPa 和相同试验时间时,采用正火工艺的剩余应力值高于调质工艺,即正火工艺时具有较好的应力松弛稳定性。

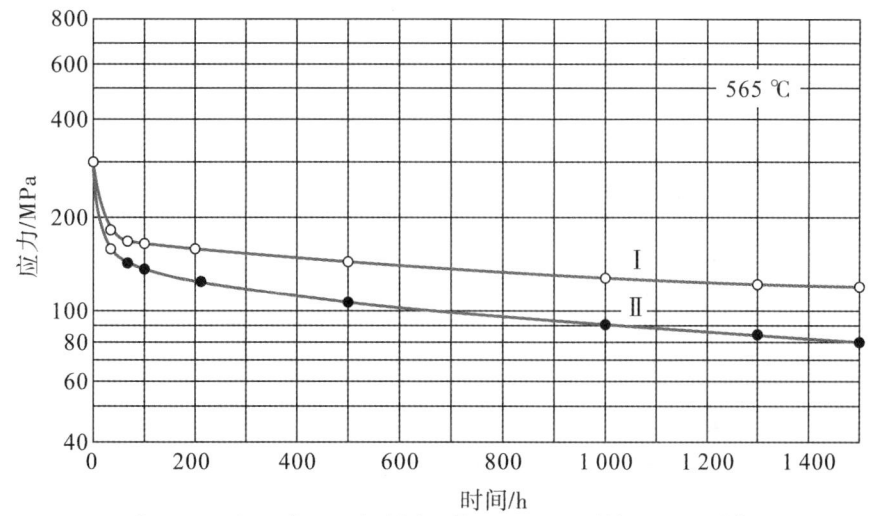

Ⅰ—1 000 ℃正火,700 ℃回火;Ⅱ—1 000 ℃油淬,700 ℃回火

图 1-22　热处理工艺对 20Cr1Mo1V 钢应力松弛稳定性的影响

1.5　金属材料高温力学性能的影响因素

影响金属材料高温力学性能的因素很多,包括化学成分、晶粒大小、微观组织等。

1. 化学成分

耐热钢及合金一般应选用熔点高、自扩散激活能大或层错能低的材料,这是因为在一定温度下,熔点越高的金属自扩散激活能越大,自扩散越慢;而层错能越低的金属越容易产生扩展位错,使位错难以产生割阶、交滑移和攀移,从而降低蠕变速率。同时,在基体金属中添加 Cr、Mo、Nb、W 等合金元素形成单相固溶体,能够提高钢的高温强度、抗氧化性能和组织稳定性。

C 是提高耐热钢强度不可缺少的元素,C 与 Cr 元素结合形成的共晶碳化物以及析出的二次碳化物可以保证钢在高温下服役时具有一定的强度。一般情况下,钢的 C 质量分数与持久强度成正比,虽然不同温度下变化的幅度不同,但变化的趋势是一致的,即随着 C 质量分数的增加,钢的持久强度也增加(图 1-23)。但 C 质量分数过高易于在钢中产生石墨化,同时也降低了钢的工艺性能,所以 C 质量分数不宜过高。

Cr 是提高耐热钢抗氧化性的主要元素,Cr 能形成附着性很强且致密而稳定的氧化物 Cr_2O_3,提高钢的抗氧化性。温度升高,所需的 Cr 质量分数也相应增加,比如在 600～650 ℃时需要 $w_{Cr}5\%$,而在 800 ℃时需要 $w_{Cr}12\%$,1 000 ℃时需要 $w_{Cr}18\%$。Cr 也能产生固溶强化,提高钢的持久强度和蠕变极限。

Mo 和 W 是提高钢热强性的重要元素,Mo 溶入基体起固溶强化作用,既能提高钢的再结晶温度,也能析出稳定相,从而提高钢的热强性。但是 Mo 形成的氧化物 MoO_3 的熔点只有 795 ℃,这使得钢的抗氧化性变差,W 的作用与 Mo 类似。

Al 也能提高钢的抗氧化性,比如钢中含 $w_{Al}6\%$ 时,在 1 000 ℃时相当于 $w_{Cr}18\%$ 的抗氧化水平。但是 Al 会使钢的脆性增大,所以不能单独加入,一般是作为辅助的合金化

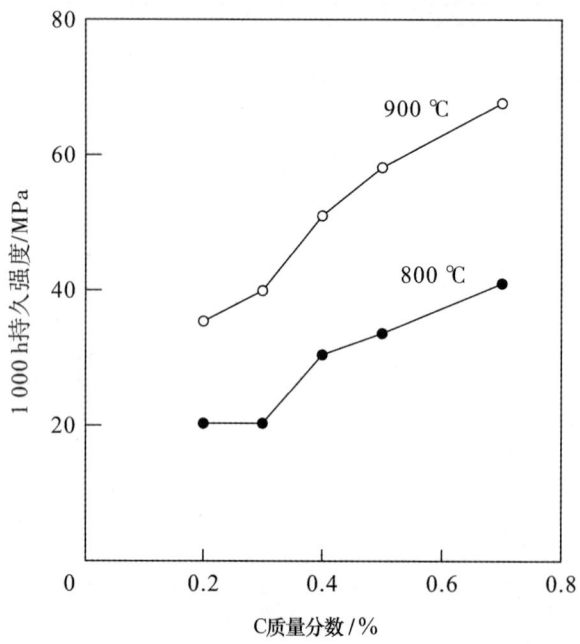

图 1-23 HK40 耐热钢持久强度与 C 质量分数的关系

元素,而且加入量不能太多。

Si 是提高钢抗氧化性的辅助元素,其效果比 Al 好,在铬钢中可用 Si 代替部分 Cr。但 Si 不能提高钢的热强性,并且当 w_{Si} 超过 3% 时会使钢的室温塑性急剧降低,脆性增大,同时 Si 促进了石墨化,使碳化物易于聚集长大,降低了耐热钢的高温力学性能,因此一般 w_{Si} 在 2%～3% 为宜。

Ni 对钢的抗氧化性提高不大,加入 Ni 主要是为了获得工艺性能良好的奥氏体组织,是奥氏体耐热钢的常用元素。Ni 不能提高铁素体的蠕变抗力,所以珠光体耐热钢和马氏体耐热钢中很少用 Ni 合金化。

Ti、Nb、V 等强碳化物形成元素能形成稳定的碳化物,既提高钢的松弛稳定性,也提高钢的热强性。当钢中含有 Mo、Cr 等元素时,能促进这些元素溶入固溶体,提高钢的高温性能。

图 1-24 给出了一些常用合金元素在 426 ℃ 单独加入时对珠光体耐热钢蠕变极限的影响,可见,Mo 是提高珠光体耐热钢蠕变极限最有效的元素,依次为 Cr、Mn、Si,这些合金元素在钢中形成固溶体并起强化作用,提高了位错滑移和攀移的阻力,从而提高了钢的强度。

强碳化物形成元素如 V、Nb、Ti 等在钢中形成弥散分布的析出相,对位错滑移和攀移起到明显的阻碍作用,具有良好的强化效果,但其质量分数有一最佳值。图 1-25 是不同温度和应力下 12Cr1MoV 钢中 w_V 对蠕变速率的影响,可见,w_V 在 0.3% 时蠕变速率最低,因此,我国大部分低合金耐热钢都含 w_V 0.3% 左右。

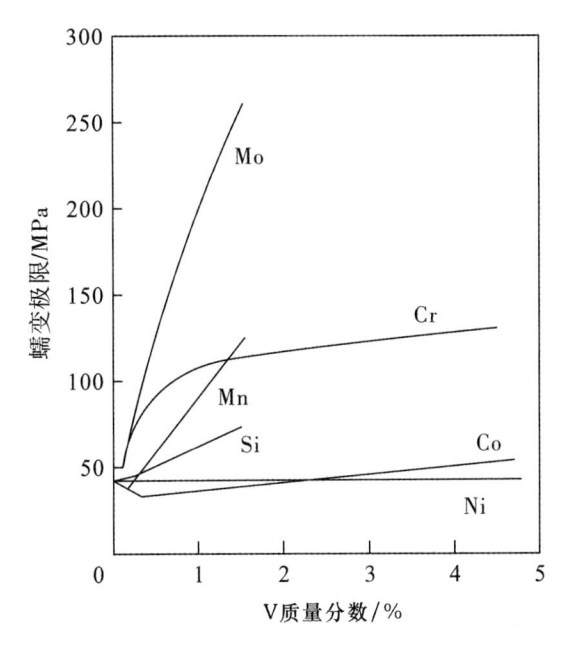

图 1-24 合金元素质量分数对珠光体耐热钢蠕变极限的影响

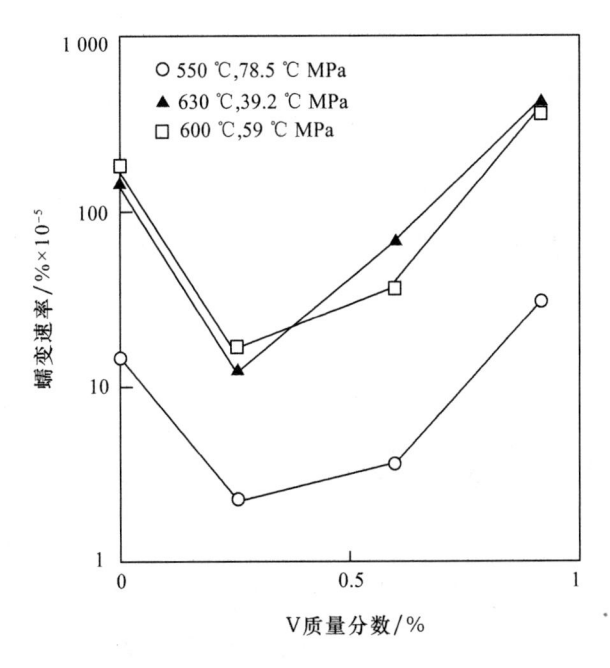

图 1-25 w_V 对 12Cr1MoV 钢蠕变速率的影响

在合金中加入能增加晶界激活能的元素如 B、Re 等，则既能阻碍晶界滑动，又能增加裂纹形成的表面能，对提高钢的高温强度，特别是持久强度十分有效。

当几种合金元素同时在钢中存在时，它们对高温强度的影响比较复杂，每种合金元素的作用并不与其质量分数成正比，而最佳质量分数又与其他合金元素质量分数以及服役条件有关。每种元素质量分数越多，其单位质量分数所起的作用越小，因而多元素、少质量分数的钢种往往具有较好的高温性能。

2. 晶粒尺寸

晶粒尺寸对材料高温性能影响很大,一般而言,使用温度低于等强温度时,细晶粒钢具有较高的强度;使用温度高于等强温度时,粗晶粒钢具有较高的强度。但晶粒也不能太大,否则会降低钢的塑性和韧性。对于耐热钢和耐热合金来说,随合金成分及服役条件不同有一最佳的晶粒度范围,比如奥氏体耐热钢和镍基合金,晶粒度在 2～4 级为好。也有研究表明,对低合金钢热强性的影响,关键不是晶粒度的大小,而是晶粒的不均匀性,晶粒尺寸差异越大,则高温强度越低,这是由于在大小晶粒交汇处产生了应力集中,易萌生空洞、裂纹等缺陷,因此高温材料晶粒度差异一般应在 3 个等级内。

应当指出,"高温下晶粒越粗,强度越高"只适用于在足够高的温度(发生显著晶界滑动的温度)和一定晶粒尺寸范围内(<150 μm)的纯金属和单相合金的蠕变抗力,如果晶界上有第二相析出,由于第二相粒子阻碍晶界滑动,晶界的作用和单相合金不同。研究表明,第二相在晶界密集析出时,晶界在高温蠕变中起强化作用,晶粒越细,蠕变速率越小。另外,多相合金蠕变断裂寿命与晶粒尺寸的关系也比较复杂,因此不能简单地说晶粒越粗,高温强度越高。

3. 第二相

从过饱和固溶体中析出的第二相能提高材料的抗蠕变性能,这是由于第二相颗粒对变形起阻碍作用,这种作用与第二相的大小、形状、分布和稳定性有密切关系。随第二相弥散度提高,蠕变抗力也提高。第二相在高温下的稳定性和强度越好,蠕变抗力也越好,所以耐热钢和耐热合金常用时效析出的强化相如 $Cr_{23}C_6$、TiC、NbC、$Ni_3(Ti,Al)$、$(Fe,Ni)_3Al$ 等提高其热强性。

第二相粒子分为可变形和不可变形两种,对于可变形的第二相粒子,位错运动时会切过粒子形成新的表面,增加了表面能,提高了材料的抗蠕变性能,图 1-26 是位错切过第二相粒子示意图,图 1-27 是 Ni-Cr-Al 合金中位错切过 Ni_3Al 粒子的 SEM 照片。

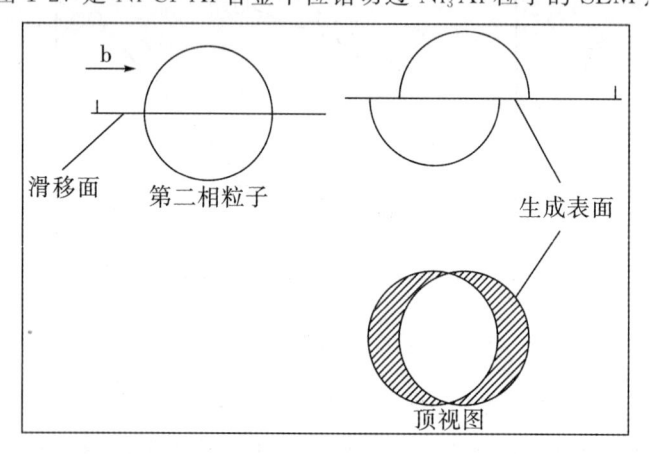

图 1-26　位错切过第二相粒子示意图

对于不可变形的第二相粒子,位错运动时会绕过并在粒子周围留下位错环,提高材料蠕变性能的程度要比可变形第二相粒子更好,图 1-28 是位错绕过第二相粒子示意图,图 1-29 是 α 黄铜中 Al_2O_3 粒子周围的位错环。

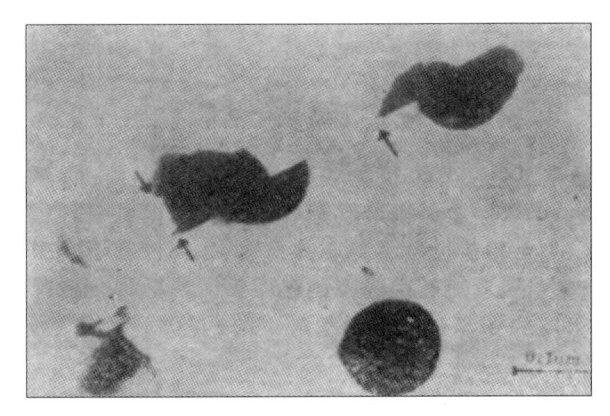

图 1-27　Ni-Cr-Al 合金中位错切过 Ni₃Al 粒子的 SEM 照片

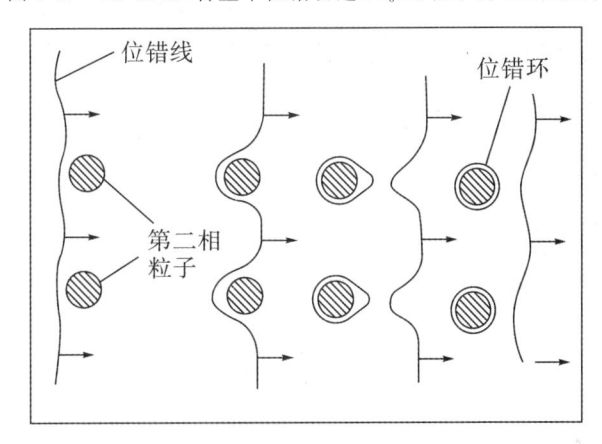

图 1-28　位错绕过第二相粒子示意图

图 1-29　α黄铜中 Al₂O₃ 粒子周围的位错环

钢中碳化物的形状对钢的热强性也有较大影响,比如珠光体钢中的碳化物 Fe₃C 以片状存在时热强性较高,以球状存在,特别是聚集成大块时,会使钢的热强性明显下降,图 1-30 是某珠光体耐热钢不同晶粒度时碳化物形状对蠕变极限的影响,可见,片状珠光体的蠕变极限较高,使用温度较高时粗晶材料的强度较好,但珠光体球化或聚集成块状时会大幅度降低蠕变极限。

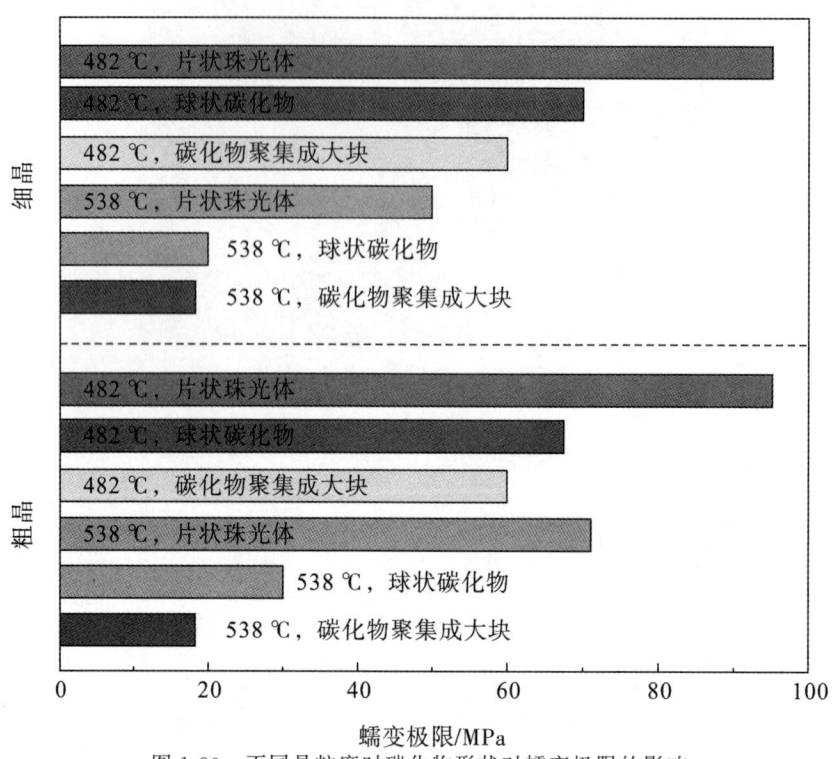

图 1-30 不同晶粒度时碳化物形状对蠕变极限的影响

4. 冶炼工艺

耐热钢和高温合金对冶炼工艺的要求较高,这是因为钢中的夹杂物和某些冶金缺陷会使材料的持久强度降低。高温合金对杂质元素和气体质量分数要求更加严格,一些杂质元素如 S、P、Pb、Sn、As、Sb、Bi 等,即使质量分数只有十万分之几,当其在晶界偏聚后,也会使晶界弱化,导致热强性严重降低,并使脆性增加。试验表明,高纯度的 Cr-Mo-V 钢的持久塑性比普通的 Cr-Mo-V 钢提高 3 倍,断裂寿命提高 2 倍。某些镍基合金的试验结果表明,经过真空冶炼后,w_{Pb} 由 5×10^{-4}% 下降到 2×10^{-4}% 以下,其持久寿命提高了 1 倍。

由于高温合金使用中通常在垂直于应力方向的横向晶界上易产生裂纹,因此,采用定向凝固工艺使柱状晶沿受力方向生长,减少横向晶界,可以大大提高钢的持久寿命。例如,某种镍基合金采用定向凝固工艺后,在 760 ℃、645 MPa 应力作用下的断裂寿命可提高 4～5 倍。

5. 热处理工艺

珠光体耐热钢一般采用正火＋高温回火工艺进行热处理,正火温度应较高,以便促使碳化物比较充分而均匀地溶于基体中;回火温度应高于使用温度 100～150 ℃,以提高其在使用温度下的组织稳定性。奥氏体耐热钢或合金一般进行固溶处理和时效处理,使之得到适当的晶粒度,并改善强化相的分布状态。有的合金在固溶处理后再进行一次中间处理(二次固溶处理或中间时效),使碳化物沿晶界呈断续链状析出,可使持久强度极限和持久伸长率进一步提高。采用形变热处理改变晶界形状(锯齿状),并在晶内形成多边形的亚晶界,可使合金进一步强化。如某些镍基合金采用高温形变热处理后,在 550 ℃和 630 ℃的 100 h 持久强度极限分别提高 25% 和 20%,而且还具有较高的持久伸长率。

1.6 石化装置常用材料

石化行业装置众多,所涉及的材料范围很广,包括碳钢、不锈钢、耐热钢等,总的选材原则:

(1)具有良好的高温强度。
(2)具有良好的组织稳定性。
(3)具有良好的抗氧化和耐腐蚀性能。
(4)热加工工艺性能良好。
(5)在满足使用性能的前提下,性价比高。

在高温高压下工作的设备,其环境条件都比较苛刻,而且还常处于腐蚀性介质作用下,对材料不仅要求有高的抗氧化性及高温强度,还要有足够的耐蚀性能。比如,裂解炉和转化炉辐射管一般采用 Cr25Ni35(美国牌号 HP),下集气管一般采用 Cr20Ni32(美国牌号 Incoloy800),上升管一般采用 Cr26Ni35Co15W(美国牌号 Surperthrem)等,表 1-3 列出了石化装置部分常用材料。

表 1-3 石化装置部分常用材料

钢种	组织类型	最高使用温度/℃	主要特点	用途举例
10 号钢	铁素体+珠光体	450		常压炉对流室原料预热管,对流室过热蒸汽管
20 号钢	铁素体+珠光体	450	抗低硫腐蚀,耐中温	壁温小于 450 ℃的蒸汽管道、集箱,壁温小于 500 ℃的受热面管子以及水冷壁管、省煤器管
15CrMo	铁素体+珠光体	500		管壁温度为 550 ℃的锅炉受热面管,以及蒸汽参数为 510 ℃的高、中压蒸汽导管
Cr5Mo	铁素体+珠光体	600	抗氢、硫腐蚀,耐高温	重整炉炉管,常压炉辐射管
Cr9Mo	马氏体	650		锅炉受热面管子,省煤器、过热器、再热器管
10Cr9Mo1VNbN(P91)*	马氏体	650	组织稳定,具有良好的高温持久强度和抗蠕变断裂性能	锅炉过热器、热交换器

(续表)

钢种	组织类型	最高使用温度/℃	主要特点	用途举例
1Cr18Ni9Ti	奥氏体	650	抗氢、硫腐蚀，耐高温	850 ℃以下加热炉炉管，燃烧室筒体，退火炉内罩和氨合成塔内件
Cr25Ni20(HK40)*	奥氏体	1 000	抗渗碳，耐热疲劳，抗σ相析出	转化炉炉管
Cr25Ni35(HP40)*	奥氏体	1 050		裂解炉炉管
Cr21Ni33(Incoloy800)*	奥氏体	1 000		转化炉下猪尾管
Cr20Ni32(Incoloy800H)*	奥氏体	1 000		转化炉下集气管
5Cr26Ni35Co15W5(Supertherm)*	奥氏体	1 200	持久强度高	转化炉上升管

注：*（括号内为美国牌号）

近年来，出于降低成本、提高生产效率的要求，石化行业生产工艺也不断向高温、高压方向发展，所用材料不断换代，检修期也由过去一年一检，逐渐向三年一检，甚至更长时间检修过渡，因此，石化行业高温装置的安全运行引起人们的极大重视，包括材料的选择、损伤形式及其检测方法、高温部件的可靠性预测等日益成为人们关心的问题。

参考文献

[1] 王富岗，王焕庭. 石油化工高温装置材料及其损伤[M]. 大连：大连理工大学出版社，1991.

[2] 束德林. 工程材料力学性能[M]. 3版. 北京：机械工业出版社，2016.

[3] 张俊善. 材料的高温变形与断裂[M]. 北京：科学出版社，2007.

[4] FANG T T, MURTY K L. Grain-size dependent creep of stainless steel[J]. Materials Science and Engineering，1983，61(3)：7-10.

[5] ZHANG J S, LI P E, JIN J Z. Combined matrix/boundary precipitation strengthening in creep of Fe-15Cr-25Ni alloys[J]. Acta Metallurgica et Materialia，1991，39(12)：3063-3070.

[6] LI P E, ZHANG J S, WANG F G, et al. Influence of intergranular carbide density and grain size on creep of Fe-15Cr-25Ni alloys[J]. Metallurgical Transactions，1992，23A(4)：1379-1381.

[7] 郭广平，丁传富. 航空材料力学性能检测[M]. 北京：机械工业出版社，2018.

[8] 戴起勋. 金属材料学[M]. 北京：化学工业出版社，2005.

[9] 许航. HR3C耐热钢在高温蠕变过程中微观组织演变分析[D]. 太原：太原理工大学，2015.

[10] 黄竹平，胡正飞，王起江，等. 国产HR3C耐热钢的蠕变断裂研究[J]. 金属功能材料，2013，20(1)：19-22.

第 2 章 珠光体耐热钢

在石油化工行业,很多设备如废热锅炉、高压蒸汽锅炉、蒸汽过热器、各种热交换器等,工作温度都在 600 ℃以下,这些设备的部件大多采用珠光体耐热钢制造。

2.1 珠光体耐热钢的特点

珠光体耐热钢大多含有 Cr、Mo 元素,少数还含有 V 元素,但质量分数都不大,加热或冷却时会发生 α↔γ 转变,在室温和工作温度下的组织都是珠光体或者珠光体加少量铁素体。

作为石油化工热交换器和锅炉用钢,除了要有较好的耐热性能外,还要有良好的焊接性能和冷加工性能,所以这类钢要求有良好的塑性,因此,珠光体耐热钢化学成分中碳质量分数都比较低,其中钢管的碳质量分数更低,一般在 0.10%~0.15%,钢板稍高一些,一般在 0.20%~0.30%,最高不能超过 0.30%。

虽然珠光体耐热钢的耐热性能比奥氏体耐热钢低,但它有许多优点:

(1)合金元素质量分数少,价格比较便宜。

(2)热膨胀系数低,导热性强,冷、热加工性能和焊接性能好,可以避免焊接时局部过热或产生较大应力。

(3)热处理工艺简单,一般为正火加回火,既可以改善机械性能,也能细化组织。

常用珠光体耐热钢的牌号和化学成分见表 2-1。

表 2-1 常用珠光体耐热钢的牌号和化学成分

牌号	化学成分(质量分数)/%									
	C	Si	Mn	Cr	Mo	Ni	V	Cu	P	S
10	0.07~0.13	0.17~0.37	0.35~0.65	≤0.15	≤0.15	≤0.25	≤0.08	≤0.20	≤0.025	≤0.015
20	0.17~0.23	0.17~0.37	0.35~0.65	≤0.25	≤0.15	≤0.25	≤0.08	≤0.20	≤0.025	≤0.015
12CrMo	0.08~0.15	0.17~0.37	0.40~0.70	0.40~0.70	0.40~0.55	≤0.30	—	≤0.20	≤0.025	≤0.015
15CrMo	0.12~0.18	0.17~0.37	0.40~0.70	0.80~1.10	0.40~0.55	≤0.30		≤0.20	≤0.025	≤0.015
12Cr1Mo	0.08~0.15	0.50~1.00	0.30~0.60	1.00~1.50	0.45~0.65	≤0.30	—	≤0.20	≤0.025	≤0.015
12Cr1MoV	0.08~0.15	0.17~0.37	0.40~0.70	0.90~1.20	0.25~0.35	≤0.30	0.15~0.30	≤0.20	≤0.025	≤0.015

(续表)

牌号	化学成分(质量分数)/%									
	C	Si	Mn	Cr	Mo	Ni	V	Cu	P	S
12Cr2Mo	0.08~0.15	≤0.50	0.40~0.60	2.00~2.50	0.90~1.13	≤0.30	—	≤0.20	≤0.025	≤0.015
12Cr5MoI 12Cr5MoNT	≤0.15	≤0.50	0.30~0.60	4.00~6.00	0.45~0.60	≤0.60	—	≤0.20	≤0.025	≤0.015

国外常用的几种锅炉用珠光体耐热钢主要化学成分见表 2-2。

表 2-2 国外常用的几种锅炉用珠光体耐热钢主要化学成分

国际通用牌号	化学成分(质量分数)/%					相应美国标准（ASTM）
	C	Si	Mn	Cr	Mo	
1.25Cr-0.5Mo	0.15	0.5~1.0	0.3~0.6	1.0~1.5	0.44~0.65	A213Gr.T11
2.25Cr-1Mo	0.15	0.5	0.3~0.6	1.9~2.6	0.87~1.13	A213Gr.T22

珠光体耐热钢的热处理一般采用正火加高温回火,得到珠光体加铁素体组织,冷却速度快些可以得到贝氏体组织,提高了钢的持久强度,回火温度高些可以得到弥散的碳化物并使组织更加稳定,常见的珠光体耐热钢钢管热处理工艺见表 2-3。

表 2-3 常用的珠光体耐热钢钢管热处理工艺

牌号	热处理工艺
10	880~940 ℃正火
20	880~940 ℃正火
12CrMo	900~960 ℃正火,670~730 ℃回火
15CrMo	900~960 ℃正火,680~730 ℃回火
12Cr1Mo	900~960 ℃正火,680~750 ℃回火
12Cr1MoV	壁厚≤30 mm 的钢管正火加回火:正火温度 980~1 020 ℃,回火温度 720~760 ℃; 壁厚＞30 mm 的钢管淬火加回火或正火加回火,淬火温度 950~990 ℃,回火温度 720~760 ℃,正火温度 980~1 020 ℃,回火温度 720~760 ℃,但正火后应进行急冷
12Cr2Mo	壁厚≤30 mm 的钢管正火加回火:正火温度 900~960 ℃,回火温度 700~750 ℃; 壁厚＞30 mm 的钢管淬火加回火或正火加回火,淬火温度不低于 900 ℃,回火温度 700~750 ℃,正火温度 900~960 ℃,回火温度 700~750 ℃,但正火后应进行急冷
12Cr5MoI	完全退火或等温退火
12Cr5MoNT	930~980 ℃正火,730~770 ℃回火

常用的珠光体耐热钢钢管的力学性能见表 2-4。

表 2-4 常用的珠光体耐热钢钢管的力学性能

牌号	抗拉强度/MPa	屈服强度/MPa	断后伸长率/%		冲击吸收能量/(kV·J^{-1})		布氏硬度/HBW
			纵向	横向	纵向	横向	
			不小于				不大于
10	335~475	205	25	23	40	27	—
20	410~550	245	24	22	40	27	—
12CrMo	410~560	205	21	19	40	27	156
15CrMo	440~640	295	21	19	40	27	170
12Cr1Mo	415~560	205	22	20	40	27	163
12Cr1MoV	470~640	255	21	19	40	27	179
12Cr2Mo	450~600	280	22	20	40	27	163
12Cr5MoI	415~590	205	22	20	40	27	163
12Cr5MoNT	480~640	280	20	18	40	27	—

2.2 珠光体耐热钢的组织稳定性

珠光体耐热钢作为锅炉和热交换器元件,一般在580℃以下工作,其设计寿命大多在10万小时以上。钢在高温和应力长时间作用下,合金元素扩散过程的加快,钢的组织将逐渐发生变化,使钢中的非平衡态组织向平衡态转变,这是系统能量降低的自发过程。随着组织的变化,钢的力学性能也随之变化,特别是对钢的热强性、松弛性能等都带来不利的影响,导致设备寿命降低,甚至提前发生破坏。

珠光体耐热钢在高温长期工作条件下常见的组织不稳定主要表现在珠光体球化、石墨化、合金元素在固溶体和碳化物相中的扩散和再分配、碳化物在晶内和晶界上的析出与聚集等,这些现象都会降低钢的热强性并导致钢的脆性增加,必须引起重视。

2.2.1 珠光体球化

所有的珠光体耐热钢,在高温条件下长期服役过程中,最常见的组织不稳定形式是层片状珠光体中的片状渗碳体逐渐自发地趋向形成球状渗碳体,并慢慢地聚集长大,这个过程称为珠光体球化。

珠光体组织中渗碳体的球化及其聚集过程是通过渗碳体的溶解、C原子在固溶体中的扩散以及由α固溶体中析出渗碳体几个步骤组成。C在铁素体中的溶解度与渗碳体曲率半径密切相关,渗碳体凸出处曲率半径越小,与此相接触的铁素体对C的溶解度越大,所以细小或片状曲率半径小的渗碳体会逐渐溶解到铁素体中去,而粗大和曲率半径大的渗碳体则相反,从铁素体中析出的C组分使这部分渗碳体逐渐长大,这个过程的不断进行,最终导致片状渗碳体转变成球状渗碳体并逐渐长大。

渗碳体的球化过程是C元素的扩散过程,C元素的扩散速度是决定球化速度的重要因素。影响钢中渗碳体球化的主要因素是温度、时间和化学成分。温度越高,球化速度越快;时间越长球化越完全。一般而言,凡是能形成稳定碳化物的合金元素,或在α固溶体中能降低原子扩散系数的合金元素,都能阻止或减缓渗碳体球化过程和碳化物聚集长大过程。

碳钢比钼钢更容易产生球化现象,钢中加Cr能延缓渗碳体的球化。Cr是强碳化物形成元素,因此,在同等条件下,Cr-Mo-V低合金钢比碳钢和钼钢具有更低的球化速度。实践表明,低合金耐热钢中加入Cr、Mo、W、V、Nb等合金元素能显著地减弱渗碳体球化过程,这些合金元素无论是单独加入或复合加入后都能起到良好的作用,这是因为这些合金元素既能减弱C在α固溶体中的扩散能力,又能与C形成稳定的碳化物。

珠光体球化是珠光体耐热钢组织劣化的主要表现形式,球化程度越严重,钢的持久强度和抗蠕变能力降低得越明显。实验数据表明,珠光体耐热钢完全球化后,其持久强度比未球化时降低1/3左右。一般情况下若确定珠光体耐热钢处于完全球化状态,则可判定该钢已不能继续安全服役,应及时更换,所以石化、热电等大量使用珠光体耐热钢的行业都非常重视对在役珠光体耐热钢部件球化等级的监测。

电力行业标准DL/T 674—1999《火电厂用20号钢珠光体球化评级标准》中规定:20号钢珠光体球化程度分为5级:未球化为1级,倾向性球化为2级,轻度球化为3级,中度球化为 4 级,完全球化为 5 级,表 2-5 为 20 号钢不同珠光体球化级别时的组织特征,图 2-1 为 20 号钢不同级别珠光体球化时金相组织形态示意图。

表 2-5 20 号钢不同珠光体球化级别时的组织特征

球化程度	球化级别	组织特征
未球化	1级	珠光体区域中的碳化物呈片状
倾向性球化	2级	珠光体区域中的碳化物开始分散,珠光体形态明显
轻度球化	3级	珠光体区域中的碳化物已分散,并逐渐向晶界扩散,珠光体形态尚明显
中度球化	4级	珠光体区域中的碳化物已明显分散,并向晶界聚集,珠光体形态尚保留
完全球化	5级	珠光体形态消失,晶界及铁素体基体上的球状碳化物已逐渐长大

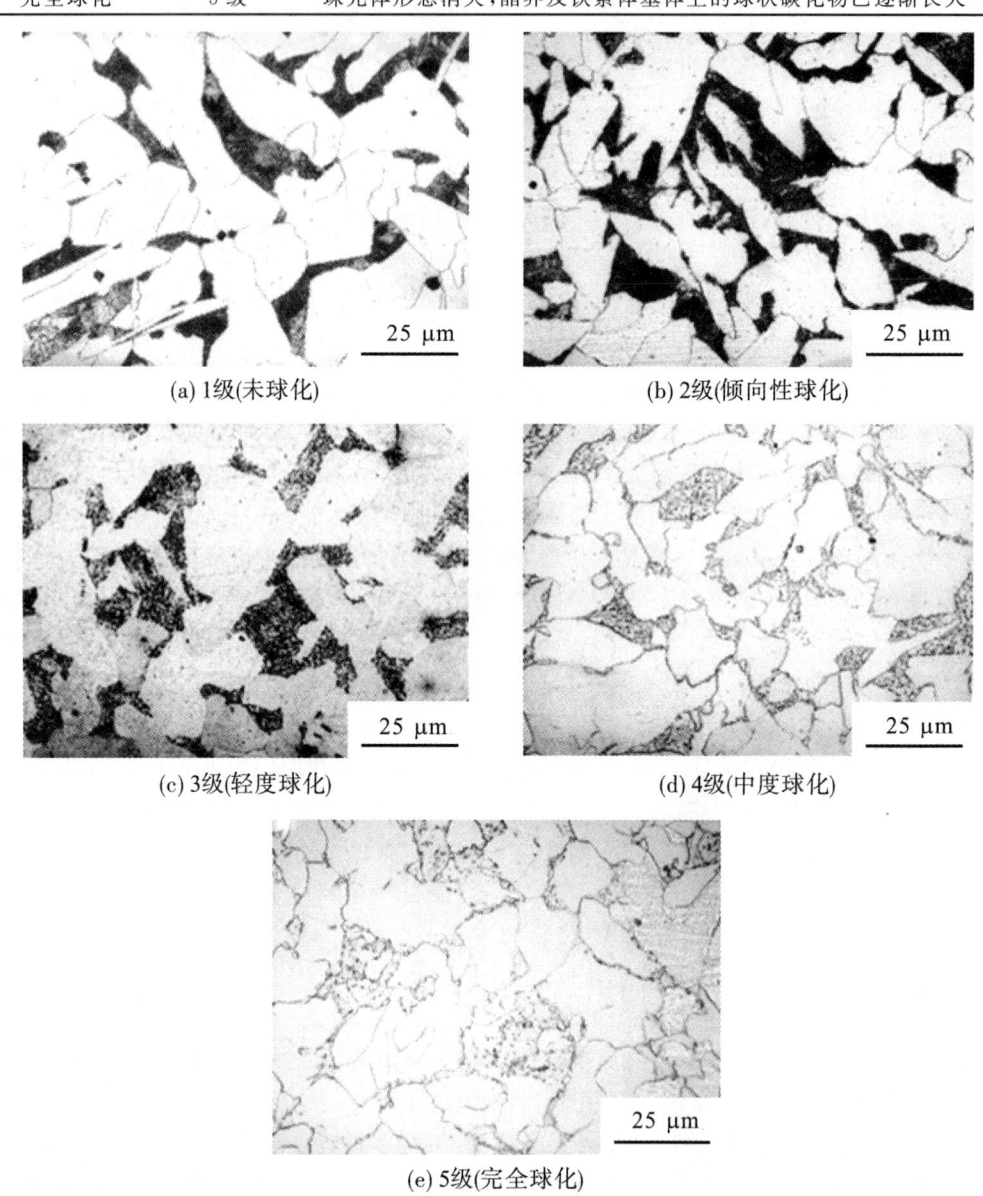

(a) 1级(未球化)

(b) 2级(倾向性球化)

(c) 3级(轻度球化)

(d) 4级(中度球化)

(e) 5级(完全球化)

图 2-1 20 号钢不同级别珠光体球化时金相组织形态示意图

珠光体的球化表明钢的组织发生劣化,将导致钢的力学性能下降,表2-6为20号钢不同珠光体球化级别时的常温力学性能,表2-7为20号钢不同珠光体球化级别时的高温短时力学性能。

表2-6 20号钢不同珠光体球化级别时的常温力学性能(平均值)

力学性能指标	球化级别				
	1级	2级	3级	4级	5级
抗拉强度/MPa	455	423	416	382	363
屈服强度/MPa	325	266	262	247	246
断后伸长率/%	35	40	43	43	42
断面收缩率/%	64	69	71	75	74
布氏硬度	141	127	126	120	116
显微硬度(铁素体)	124	111	105	100	95

表2-7 20号钢不同珠光体球化级别时的高温短时力学性能(平均值)

温度	力学性能指标	球化级别				
		1级	2级	3级	4级	5级
250 ℃	抗拉强度/MPa	470	384	386	358	354
	屈服强度/MPa	288	185	193	178	189
	断后伸长率/%	20	29	31	30	30
	断面收缩率/%	58	68	69	72	74
300 ℃	抗拉强度/MPa	466	402	399	375	352
	屈服强度/MPa	306	188	184	177	173
	断后伸长率/%	24	31	31	27	25
	断面收缩率/%	58	66	67	69	66
350 ℃	抗拉强度/MPa	449	390	384	361	340
	屈服强度/MPa	302	180	177	163	161
	断后伸长率/%	32	39	40	39	37
	断面收缩率/%	68	71	73	73	68
400 ℃	抗拉强度/MPa	382	351	341	361	308
	屈服强度/MPa	260	183	171	161	154
	断后伸长率/%	37	47	48	46	44
	断面收缩率/%	73	78	78	77	78
450 ℃	抗拉强度/MPa	326	291	280	266	260
	屈服强度/MPa	231	163	158	149	140
	断后伸长率/%	42	53	58	53	51
	断面收缩率/%	75	81	82	82	83

电力行业标准 DL/T 773—2016《火电厂用 12Cr1MoV 钢球化评级标准》中将 12Cr1MoV 钢显微组织按球化程度分为 5 级,其中铁素体加珠光体球化组织特征见表 2-8,12Cr1MoV 钢铁素体加珠光体组织不同球化级别金相图谱如图 2-2 所示。铁素体加贝氏体或贝氏体球化组织特征见表 2-9,12Cr1MoV 钢铁素体加贝氏体组织不同球化级别金相图谱如图 2-3 所示。

表 2-8　12Cr1MoV 钢铁素体加珠光体球化组织特征

球化程度	球化级别	组织特征
未球化	1 级	珠光体区域形态清晰,呈聚集状态,碳化物呈片层状
轻度球化	2 级	聚集形态的珠光体区域已开始分散,珠光体形态仍较清晰,边界线开始变得模糊,部分碳化物呈条状、点状,晶界上开始析出颗粒状碳化物
中度球化	3 级	珠光体区域已显著分散,仍保留原有的区域形态,边界线变模糊,碳化物全部聚集长大呈条状、点状,晶界上颗粒状碳化物增多,增大且呈小球状分布
完全球化	4 级	仅有少量的珠光体区域痕迹,碳化物明显聚集长大呈颗粒状,部分碳化物分布在晶界及其附近,晶界上碳化物有的呈链状、条状分布
严重球化	5 级	珠光体区域形态已完全消失,晶内碳化物显著减少,组织为铁素体加碳化物,粗大的碳化物在晶界呈链状、球状分布,出现双晶界现象

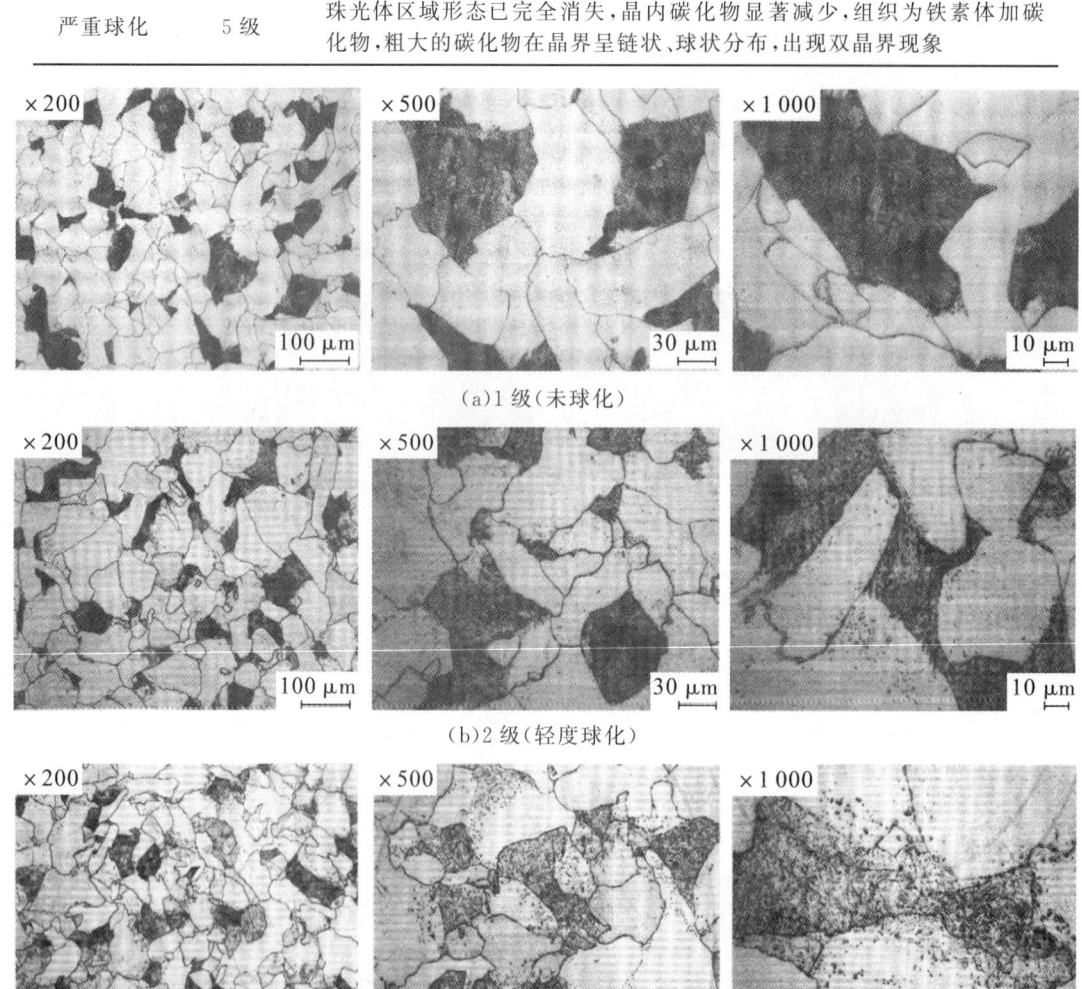

(a) 1 级(未球化)

(b) 2 级(轻度球化)

(c) 3 级(中度球化)

(d) 4级(完全球化)

(e) 5级(严重球化)

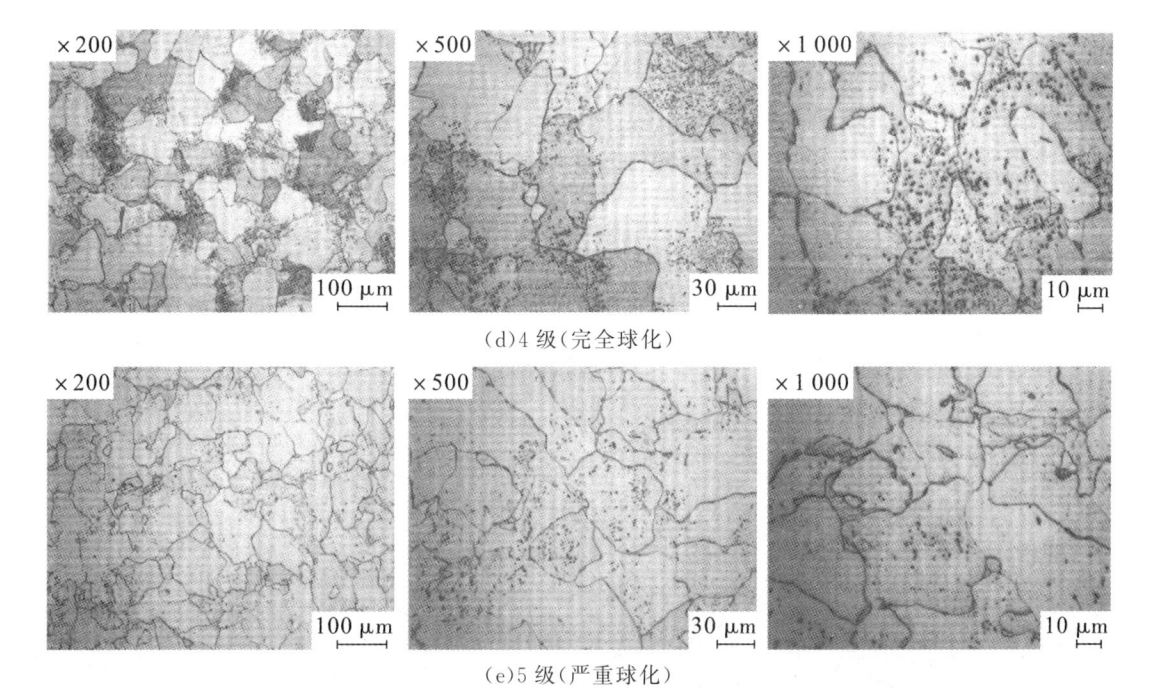

图 2-2　12Cr1MoV钢铁素体加珠光体组织不同球化级别金相图谱

表 2-9　12Cr1MoV钢铁素体加贝氏体或贝氏体球化组织特征

球化程度	球化级别	组织特征
未球化	1级	贝光体区域形态清晰,呈结构紧密的粒状或小岛状,有的呈方向性分布
轻度球化	2级	贝氏体区域仍存在,粒状结构开始变疏松,方向性开始消失,但贝氏体形态仍较清晰,晶界上开始析出颗粒状碳化物
中度球化	3级	贝氏体区域破碎化,边界线变模糊,粒状结构变得更松散,方向性明显消失,但仍保留原有的区域形态,碳化物聚集长大,晶界上颗粒碳化物增多、增大
完全球化	4级	仅有少量的贝氏体区域痕迹,碳化物明显聚集长大,大部分碳化物呈颗粒状分布在晶界及其附近
严重球化	5级	贝氏体区域形态已完全消失,晶内碳化物显著减少,组织为铁素体加碳化物,粗大的碳化物分布在晶界和晶内,晶内碳化物呈球状、链状分布,晶界碳化物呈链状、长条状分布,局部出现双晶界现象

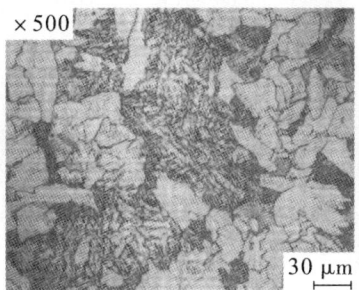

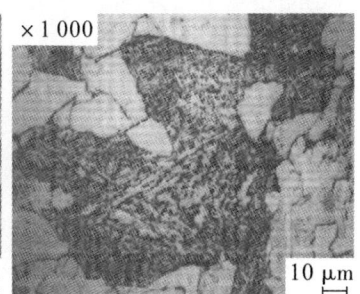

(a) 1级(未球化)

(b) 2级(轻度球化)

(c) 3级(中度球化)

(d) 4级(完全球化)

(e) 5级(严重球化)

图2-3 12Cr1MoV钢铁素体加贝氏体组织不同球化级别金相图谱

第 2 章 珠光体耐热钢

12Cr1MoV 钢不同显微组织不同球化级别时的力学性能见表 2-10 和表 2-11。

表 2-10　12Cr1MoV 钢铁素体加珠光体组织不同球化级别时的常温力学性能

球化级别	力学性能指标（平均值）				
	抗拉强度/MPa	屈服强度/MPa	延伸率/%	布氏硬度 HBW	显微硬度 HV1
1 级	576	409	29.5	175	189
2 级	553	360	31.0	173	182
3 级	495	335	30.5	152	166
4 级	467	305	33.0	134	145
5 级	406	225	35.0	118	127

表 2-11　12Cr1MoV 钢铁素体加贝氏体组织不同球化级别时的常温力学性能

球化级别	力学性能指标（平均值）				
	抗拉强度/MPa	屈服强度/MPa	延伸率/%	布氏硬度 HBW	显微硬度 HV1
1 级	588	449	25.5	178	191
2 级	584	445	24.5	176	189
3 级	478	332	28.0	148	150
4 级	442	298	31.0	136	142
5 级	412	267	35.0	125	129

电力行业标准 DL/T 787—2001《火电厂用 15CrMo 钢珠光体球化评级标准》中将 15CrMo 钢珠光体组织球化状态分为 5 个级别，各级别组织特征见表 2-12，相应的组织示意图如图 2-4 所示，不同球化级别组织的常温力学性能见表 2-13，不同球化级别组织的高温短时力学性能见表 2-14，550 ℃时不同球化级别组织的高温持久强度见表 2-15。

表 2-12　15CrMo 钢不同珠光体球化级别时的组织特征

球化程度	球化级别	组织特征
未球化	1 级	珠光体区域明显，珠光体中的碳化物呈层片状
倾向性球化	2 级	珠光体区域完整，层片状碳化物开始分散，趋于球状化，晶界有少量碳化物
轻度球化	3 级	珠光体区域较完整，部分碳化物呈粒状，晶界碳化物的数量增加
中度球化	4 级	珠光体区域尚保留其形态，珠光体中的碳化物多数呈粒状，密度减小，晶界碳化物出现链状
完全球化	5 级	珠光体区域形态特征消失，只留有少量粒状碳化物，晶界碳化物聚集，粒度明显增大

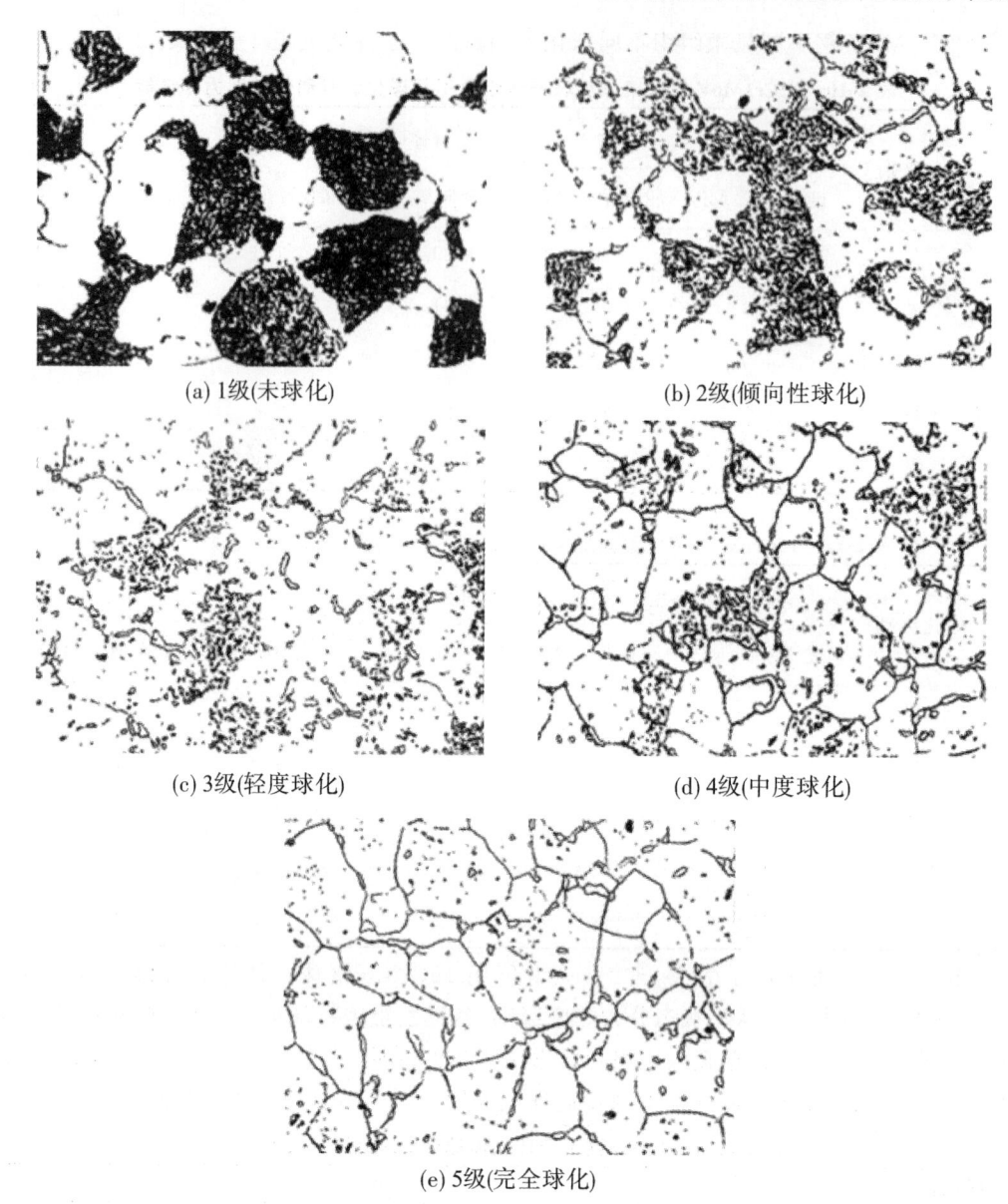

(a) 1级(未球化)　　(b) 2级(倾向性球化)
(c) 3级(轻度球化)　　(d) 4级(中度球化)
(e) 5级(完全球化)

图 2-4　15CrMo 钢不同球化级别金相组织示意图(×1 000)

表 2-13　15CrMo 钢不同珠光体球化级别时的常温力学性能(平均值)

力学性能指标	球化级别				
	1级	2级	3级	4级	5级
抗拉强度/MPa	505	465	443	423	412
屈服强度/MPa	332	322	296	280	277
断后伸长率/%	36	35	36	39	40
断面收缩率/%	76	72	71	70	73
布氏硬度	154	139	132	128	123
显微硬度(铁素体)	133	124	116	105	99

第2章 珠光体耐热钢

表2-14 15CrMo钢不同珠光体球化级别时的高温短时力学性能(平均值)

温度	力学性能指标	球化级别				
		1级	2级	3级	4级	5级
450 ℃	抗拉强度/MPa	504	401	381	372	361
	屈服强度/MPa	236	206	165	159	156
	断后伸长率/%	28	30	30	30	31
	断面收缩率/%	75	72	69	65	69
500 ℃	抗拉强度/MPa	441	354	343	322	316
	屈服强度/MPa	221	183	178	150	146
	断后伸长率/%	29	34	34	34	39
	断面收缩率/%	80	77	74	72	75
520 ℃	抗拉强度/MPa	425	319	317	302	297
	屈服强度/MPa	223	162	156	147	144
	断后伸长率/%	32	35	35	37	37
	断面收缩率/%	81	76	75	74	74
550 ℃	抗拉强度/MPa	375	292	278	265	261
	屈服强度/MPa	215	161	150	139	137
	断后伸长率/%	37	47	44	44	44
	断面收缩率/%	82	81	78	76	77

表2-15 550 ℃时15CrMo钢不同珠光体球化级别的高温持久强度

试验温度	球化级别	外推10^5 h的持久强度/MPa
550 ℃	1级	61[①]
	2级	51.3
	3级	48.8[②]
	4级	46.2
	5级	44.6

注:①采用GB 5310—2017的数据;②采用2级球化和4级球化数据的内插值。

2.25Cr-1Mo钢正火组织通常为贝氏体,但经常将其归入珠光体钢,2.25Cr-1Mo为国际通用牌号,美国类似牌号为SA-213-T22、SA-335-P22、SA-336-F22,德国牌号10CrMo9-10,中国类似牌号如12Cr2MoG、12Cr2Mo1R等。电力行业标准DL/T 999—2006《电站用2.25Cr-1Mo钢球化评级标准》将2.25Cr-1Mo钢组织球化状态分为5个级别,各级别组织特征见表2-16,相应的金相图谱如图2-5所示。

表2-16 2.25Cr-1Mo钢不同球化级别时的组织特征

球化程度	球化级别	组织特征
未球化	1级	聚集形态的贝氏体,贝氏体中的碳化物呈粒状
倾向性球化	2级	聚集形态的贝氏体区域已分散,部分碳化物分布于铁素体晶界上,贝氏体尚保留其形态

(续表)

球化程度	球化级别	组织特征
轻度球化	3级	贝氏体区域内碳化物明显分散,碳化物呈球状分布于铁素体晶界上,贝氏体形态基本消失
中度球化	4级	大部分碳化物分布于铁素体晶界上,部分呈链状
完全球化	5级	晶界碳化物呈链状并长大

注:当2.25Cr-1Mo钢供货态有少量珠光体存在时,珠光体的球化亦可按此表规定评级。

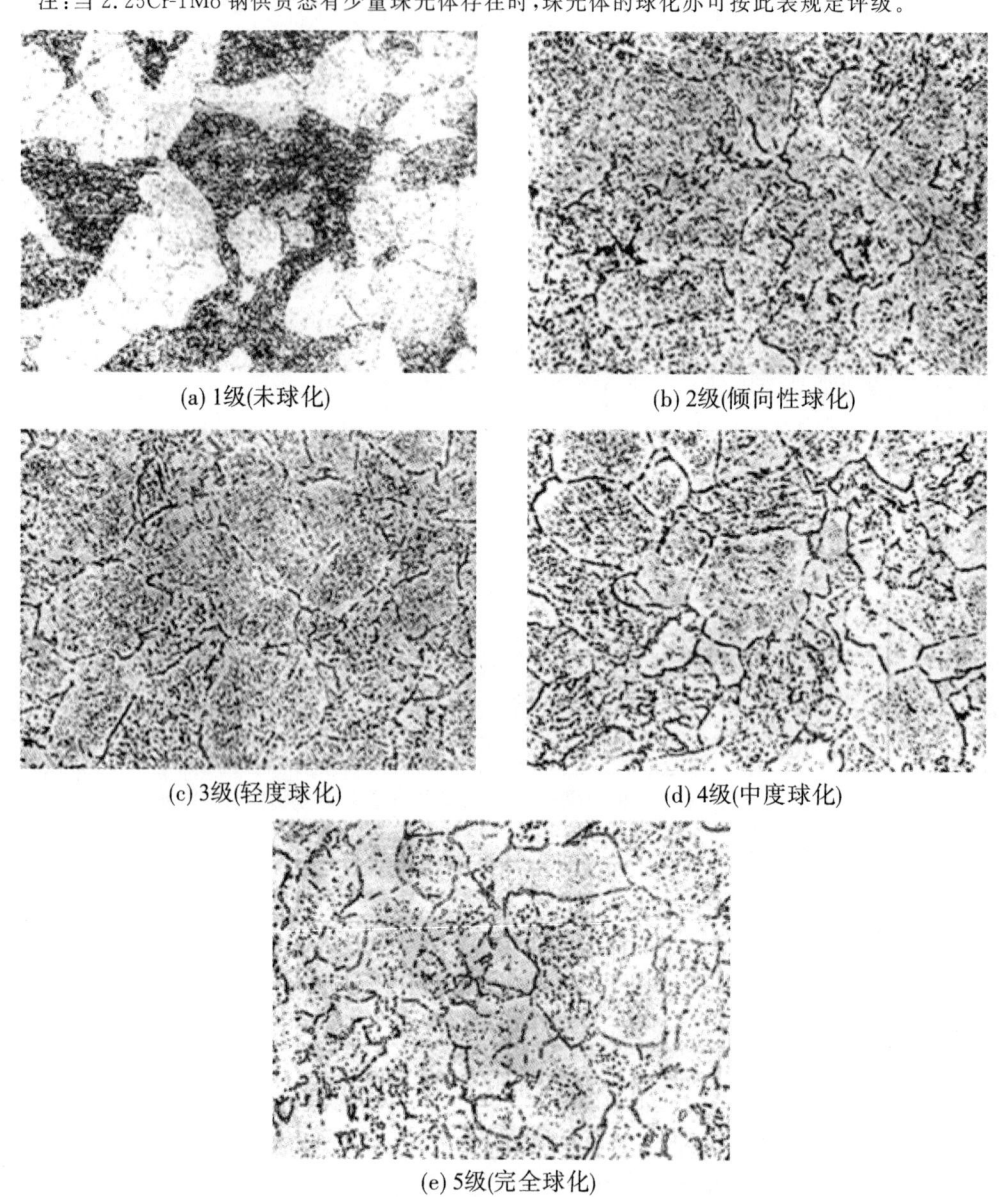

(a) 1级(未球化)

(b) 2级(倾向性球化)

(c) 3级(轻度球化)

(d) 4级(中度球化)

(e) 5级(完全球化)

图 2-5 2.25Cr-1Mo 钢不同球化级别组织形态示意图(×500)

10CrMo9-10 钢为德国牌号，球化评级也按电力行业标准 DL/T 999—2006《电站用 2.25Cr-1Mo 钢球化评级标准》执行，其球化级别与常温力学性能对应关系见表 2-17，与高温短时力学性能对应关系见表 2-18，球化级别与持久强度的对应关系见表 2-19。

表 2-17　10CrMo9-10 钢不同球化级别时的常温力学性能

力学性能指标		球化级别				
		1 级	2 级	3 级	4 级	5 级
抗拉强度/MPa		548	490	465	445	441
屈服强度/MPa		314	266	255	242	246
断后伸长率/%		29	32	33	34	38
断面收缩率/%		78	73	75	72	70
冲击吸收能量/J		176	139	154	129	—
布氏硬度 HBW		163	152	141	136	131
贝氏体	$H_{10\mu}$	264	231	218	201	172
	$H_{20\mu}$	223	201	192	179	163

注：实验数据取下限。

表 2-18　10CrMo9-10 钢不同球化级别时的高温力学性能（540 ℃）

力学性能指标	球化级别				
	1 级	2 级	3 级	4 级	5 级
抗拉强度/MPa	374	341	314	298	310
屈服强度/MPa	241	211	188	164	161
断后伸长率/%	28	27	29	31	28
断面收缩率/%	83	76	75	74	71
冲击吸收能量/J	130	82	76	54	—

注：实验数据取下限，实验温度为 540 ℃。

表 2-19　10CrMo9-10 钢不同球化级别时的持久强度

球化级别	10^6 h 持久强度/MPa					
	平均值			下限值		
	540 ℃	550 ℃	560 ℃	540 ℃	550 ℃	560 ℃
1 级	101.48	99.08	94.54	98.68	97.81	90.12
2 级	73.76	67.87	61.53	70.80	66.30	60.00
3 级	64.22	59.98	58.27	62.62	59.33	50.46
4 级	63.15	56.05	49.80	61.55	54.35	48.79
5 级	61.82	53.63	46.08	58.92	50.82	44.23

注：①最长断裂时间为 20 154.5 h。
　　②持久强度数据系采用等温线法外推所得。

需要指出的是，珠光体耐热钢球化评级仅有代表性的 20 号钢、15CrMo、12Cr1MoV 和 2.25Cr-1Mo 钢列入电力行业标准，其他的珠光体耐热钢的球化评级按照 DL/T 438—2016《火力发电厂金属技术监督规程》规定：碳钢和钼钢的珠光体球化评级可参考 DL/T 674-1999《火电厂用 20 号钢珠光体球化评级标准》执行；12CrMo 钢的珠光体球化评级按

DL/T 787—2001《火电厂用 15CrMo 钢珠光体球化评级标准》执行；12CrMoV 钢的珠光体球化评级按 DL/T 773—2016《火电厂用 12Cr1MoV 钢球化评级标准》执行；12Cr2MoG、P22 和 10CrMo9-10 钢的珠光体球化评级按 DL/T 999—2006《电站用 2.25Cr-1Mo 钢球化评级标准》执行。

由上述各表数据可知，珠光体的球化对钢的高温强度影响较大，它使高温承压元件在使用过程中的蠕变速度加快，减少了工作寿命，导致钢在高温长期应力作用下的加速破坏。

必须指出，在珠光体球化的同时，还伴随着固溶体中合金元素的贫化、晶内和晶界上碳化物的析出和聚集、碳化物类型的改变、碳化物尺寸的变化等组织因素的变化，因此，持久强度的降低是球化和这些组织因素变化综合作用的结果，表 2-20 是 10CrMo9-10 钢不同珠光体球化级别时一些组织因素的变化。

表 2-20 10CrMo9-10 钢不同球化级别时碳化物类型和尺寸变化

球化级别	碳化物相中合金元素质量分数/%		碳化物类型	碳化物颗粒平均尺寸/μm
	Mo	Cr		
1 级	34	21	M_3C + 少量 $M_{23}C_6$	0.594 7
2 级	44	26	$M_7C + M_{23}C_6$	0.650 2
3 级	46	27	$M_7C_3 + M_{23}C_6 + M_6C$	0.690 8
4 级	50	25	$M_6C + M_{23}C_6 + M_7C_3$	0.867 5
5 级	59	20	$M_6C + M_{23}C_6 + M_7C_3$	0.996 5

2.2.2 石墨化

珠光体钢中的渗碳体组织是不稳定的，在一定温度下长期使用，渗碳体会分解为游离态石墨，即：$Fe_3C \rightarrow 3Fe + C(石墨)$，这就是珠光体钢的石墨化现象。石墨化会显著降低钢的蠕变极限和持久强度极限，钢的塑性也会严重下降，在服役过程中容易造成局部应力集中导致脆性断裂，因此石墨化是珠光体耐热钢组织变化的最危险形式。从国内外情况来看，因石墨化特别是焊缝附近石墨化导致的设备破坏事故很多，所以应引起特别重视。

碳钢在 350 ℃ 以上服役几万小时后便可能出现石墨化，钢中加入质量分数为 0.5% 的 Mo，可使石墨化温度提高到 485 ℃。温度升高，石墨化速度加快。

一般焊接接头的熔合线和热影响区部位、弯管及变截面管的内壁、外壁附近以及温度较高、应力较大部位，石墨化程度较严重。焊接时变形或预加的冷变形均能加速石墨化，焊缝的热影响区更易于产生强烈的石墨化，而且往往会出现链状石墨，造成材料或部件的脆性断裂。石墨化还与钢冶炼时的脱氧方法有关，用 Al 脱氧的钢容易出现石墨化，因为 Al 和 Si 都是促进石墨化元素，钢中含 Ni 也会促进石墨化，细晶粒钢也较易产生石墨化。

钢中加入质量分数为 0.3%～0.5% 的 Cr，可防止或显著削弱石墨化倾向。增加 Cr 质量分数或再加入 Mo、V 等其他碳化物形成元素，对防止石墨化更为有效。

石墨化会导致钢的强度和塑性下降，有研究表明，20 钢产生严重石墨化时，抗拉强度降低 25% 以上，屈服强度降低 30% 以上。

DL/T 786—2001《碳钢石墨化检验及评级标准》中将碳钢石墨化程度分为 4 级，

第2章 珠光体耐热钢

表 2-21 是碳钢不同级别石墨化的组织特征,表 2-22 是碳钢不同级别石墨化时的塑性变化,如图 2-6 所示是碳钢不同级别石墨化组织特征示意图。

表 2-21 碳钢不同级别石墨化的组织特征

级别	名称	石墨形态特征 面积百分比/%	石墨链长/μm	组织特征
1	轻度石墨化	<3	<20	石墨球小,间距大,几乎无石墨链
2	明显石墨化	3~7	20~30	石墨球较大,比较分散,石墨链短
3	显著石墨化	7~15	30~60	石墨球呈链状,石墨链较长,或石墨聚集成块状,石墨块较大,具有连续性
4	严重石墨化	15~30	>60	石墨呈聚集链状或块状,石墨链长,具有连续性

表 2-22 碳钢不同级别石墨化时的塑性变化

级别	名称	延伸率 A/%	断面收缩率 Z/%	冲击功 A_{KV}/J	弯曲角/(°)
1	轻度石墨化	>24	>50	>60	>90
2	明显石墨化	10~30	15~50	30~70	50~100
3	显著石墨化	6~20	6~20	20~40	20~70
4	严重石墨化	<10	<10	<20	<30

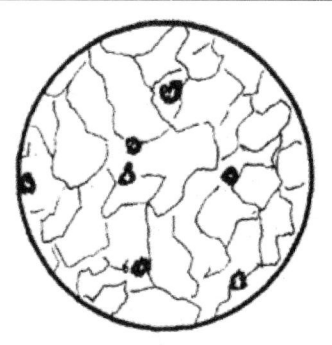

(a) 1级(轻度石墨化)

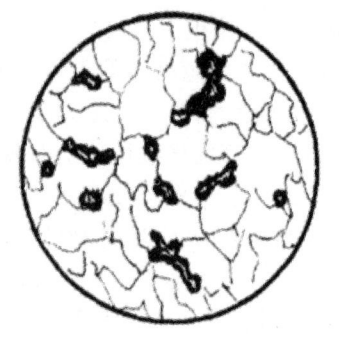

(b) 2级(明显石墨化)

(c) 3级(显著石墨化)

(d) 4级(严重石墨化)

图 2-6　碳钢不同级别石墨化组织特征示意图(×500)

需要指出的是，电力行业标准中仅有碳钢石墨化的评级标准，钼钢的石墨化评级可参考 DL/T 786—2001《碳钢石墨化检验及评级标准》。其他合金组元更多的如 Cr-Mo 钢和 Cr-Mo-V 钢的石墨化倾向小，出现石墨化的情况比较少见。

石墨化导致部件破坏失效的事例很多，如我国某炼油厂制氢装置 3.5 MPa 蒸汽管线材料为 20 号钢，设计温度为 435 ℃，但实际运行温度达到 470～480 ℃。该管线在运行 10 年后变形严重，经分析发现，部分管段已经发生严重的珠光体球化，个别部位已经发生 2 级石墨化，引起材料强度下降和硬度降低，特别是石墨化导致材料常温冷弯性能严重下降。1943 年美国某电厂用质量分数为 0.5% 的 Mo 钢制造的主蒸汽管(管径 325 mm，壁厚 36 mm)，在 505 ℃ 服役 5 年后发生了脆性破裂，分析结果表明，该钢在晶界上有明显的石墨化现象，是发生管道破裂的根本原因。我国某石化公司锅炉过热器低温段管为 20 号钢，正常工作温度为 475 ℃，短时超温可达到 505 ℃，累计运行时间 75 894 h 以后连续发生爆管事故。割管取样进行了全面分析，结果表明，爆管管段已经发生严重的石墨化现象，个别部位已经达到 3 级石墨化，其游离态石墨占碳的总质量分数的 60% 以上。常温力学性能检验结果表明，石墨化对材料强度影响显著，石墨化 2～3 级时，管子的抗拉强度降低 8%～10%，石墨化 3～3.5 级时，管子的抗拉强度降低了 17%～18%。正常情况下石墨化 1 级时，对管子的抗拉强度影响不大，这是因为石墨点的大小、数量和分布不同，对金属基体削弱的程度不同造成的。

防止钢石墨化的措施主要有：

(1) 控制温度

钢的石墨化过程是一个合金元素扩散过程,提高温度会加速扩散过程,从而加剧钢的石墨化,因此对于有石墨化倾向的部件应严格控制运行温度,比如对于 20 号钢低温段过热器管子,其运行温度应严格控制在 450 ℃以下,短时超温也不宜大于 475 ℃。

(2) 加入合金元素

石墨化的形成还与钢冶炼时所采用的脱氧剂种类和数量有关。20 号钢中 Al 质量分数低于 0.025% 时,钢不易形成石墨化。加入 Cr 可以阻止钢的石墨化,因此高温高压锅炉用钢广泛使用 Cr-Mo 钢。

对于已发生石墨化的低碳钢或 0.5% 钼钢,可以采用热处理方法进行恢复处理。发生轻微石墨化时可以采用固溶处理,加热到 Ac_3 以上 80~100 ℃ 保温 2~4 h,随后缓冷到室温,接着在 700 ℃ 下保温 4 h 进行稳定化处理。但是对于发生严重石墨化及石墨质点较大时,通过固溶处理也不能恢复,因而严重石墨化的部件应予以更换。

2.2.3 合金元素在固溶体和碳化物相中的扩散和再分配

在长期高温工作条件下,珠光体钢中还将发生固溶体和碳化物相之间合金元素的重新分配。固溶体中的合金元素会由于形成碳化物或金属间化合物而导致固溶体合金元素的贫化,由此引起组织不稳定,从而影响钢的高温力学性能。图 2-7 是 12CrMo 和 15CrMo 钢在 510 ℃ 下服役不同时间后碳化物中 Mo 质量分数的变化,由图可见,随着运行时间的延长,碳化物中的 Mo 质量分数增加,而固溶体中的 Mo 质量分数减少,迁移量达到一定程度后,对钢的热强性会产生不利影响,比如在 12Cr1Mo 和 15CrMo 钢中,α 固溶体内的 Mo 迁移到碳化物中 50%~60% 以下时,钢仍有足够的热强性,但达 70% 以上时,持久强度就开始下降。

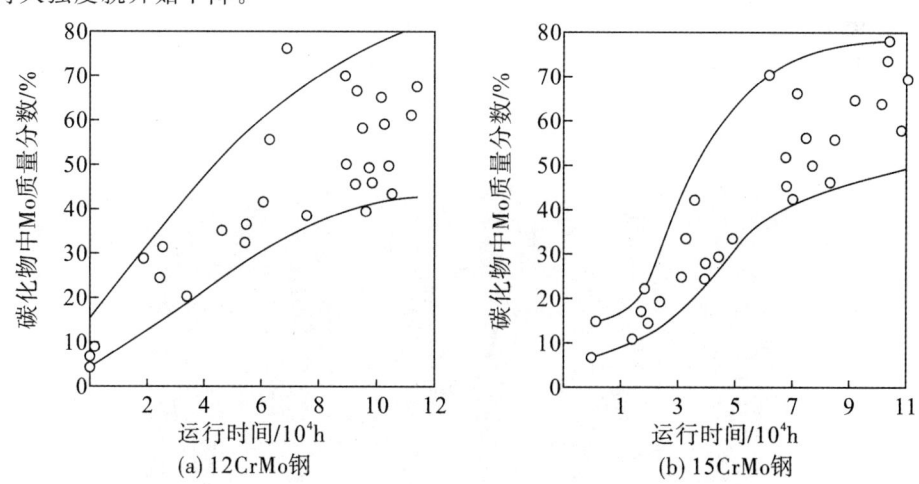

图 2-7 510 ℃ 时不同服役时间钢中碳化物相中 Mo 质量分数的变化

实践表明,若钢中加入的合金元素能减缓钢中 C 的扩散,或加入强碳化物形成元素形成碳化物,则有利于固溶体的稳定,可改善钢的固溶体贫化,提高其热强性,但目前的研究结果并未明确合金元素在碳化物与基体间重新分配及碳化物结构随运行时间变化的明显规律，并且这些研究结果与部件的安全运行寿命也无明确的关系，因此对低合金耐热钢在高温下长期运行时碳化物中合金元素的质量分数和结构的变化规律还需不断研究，在理论分析和积累大量数据的基础上发现其中的规律性，鉴于此，在 2009 年修订的 DL/T 438—2009《火力发电厂金属技术监督规程》中取消了对低合金耐热钢碳化物的检测监督。

根据实际生产中长期的数据积累，12Cr1MoV 钢中不同碳化物所占比例与服役时间的关系如图 2-8 所示，可以看出，随服役时间的延长，钢中 Fe_3C 相和 VC 相不断减少，其他碳化物相均有所增加。Fe_3C 的分解以及 M_6C 相的生成，使固溶体内合金元素向碳化物相迁移，C 在 α 固溶体中的扩散速度加快，从而影响了钢的热强性。

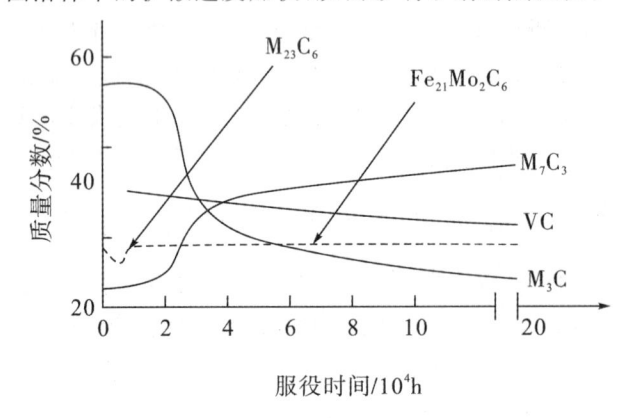

图 2-8　12Cr1MoV 钢中不同碳化物所占比例随服役时间的关系

研究表明，12Cr1MoV 钢中碳化物相转变的过程大致是：珠光体组织中 Fe_3C 球化和分解，在铁素体基体内开始析出 M_7C_3、M_6C 等不同类型的碳化物，同时发生固溶体内合金元素贫化，随服役时间的延长，碳化物颗粒增大，最后大多转为 M_6C 型碳化物，恶化了钢的高温性能，导致部件失效。对在 540 ℃ 服役 15 万小时、已经发生爆管的 12Cr1MoV 钢过热器管的分析表明，爆管处迎火面组织中的碳化物尺寸明显大于背火面，而未爆管处迎火面组织中的碳化物尺寸和背火面差别不大。图 2-9 是经 IPP 软件处理后爆管处的显微组织，不同位置碳化物尺寸及珠光体球化级别见表 2-23。

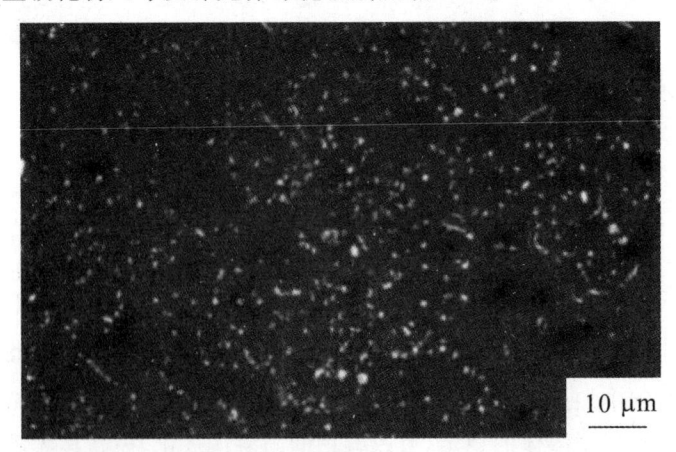

图 2-9　爆管部位显微组织

表 2-23　不同位置碳化物尺寸及珠光体球化级别

位置	碳化物尺寸/μm 最大尺寸	碳化物尺寸/μm 平均尺寸	晶粒度	珠光体球化级别
爆口处迎火面	0.95	0.41	8	4～5
爆口处背火面	0.74	0.36	7	3～4
爆口附近迎火面	0.88	0.37	7.5	4～5
爆口附近背火面	0.76	0.28	7	2.5～3.5
未爆管处迎火面	0.75	0.22	8	4～5
未爆管处背火面	0.80	0.21	7.5	2

EDS能谱分析表明,爆管中V的质量分数明显低于未爆管,V是强碳化物形成元素,它的存在可以阻止Cr和Mo向晶界迁移,从而保证钢的高温性能,由于V质量分数减少,导致Mo向晶界大量迁移,降低了钢的高温性能。

2.2.4　碳化物在晶内和晶界上的析出与聚集

从热力学上来讲,珠光体耐热钢属于非平衡组织,具有不稳定性,在钢的热处理以及随后的高温服役条件下,会发生碳化物的析出、聚集和形状或类型的转变,从而引起组织变化,降低钢的热强性。

晶界的特殊性,几乎所有耐热钢中的碳化物都首先沿晶界析出,使晶界性质发生变化。当晶界上形成连续的网状碳化物时,将极大地弱化晶界,容易促使晶界裂纹的形成,使钢的热强性下降,甚至出现脆性破坏现象。对12Cr1MoV钢导气管在540 ℃运行8万小时后的爆管分析表明,除珠光体组织已严重球化和α固溶体中出现Cr、Mo、V等合金元素向碳化物迁移外,还发现了大量沿晶界析出的碳化物,这些析出的碳化物沿晶界呈链状分布,尤其是在三角晶界处聚集着粗大的碳化物并在此形成裂纹,同时在晶内也发现有碳化物析出和聚集,这是造成低合金耐热钢蠕变脆性的重要原因之一。

从上述几个方面可知,钢的组织稳定性与其热强性之间有密切的关系,对于长期在高温下服役的材料而言,组织稳定性是极其重要的,必须给予充分的重视。

2.3　常用珠光体型低合金耐热钢

珠光体型低合金耐热钢在国民经济各个行业获得了广泛的应用,其服役温度一般在350～620 ℃,服役时间一般在几万小时,有的甚至可达十几万小时。在这类钢中大多含有少量的V、Mo、Cr等合金元素,一般总质量分数不超过5%。为充分发挥合金元素在钢中的作用,这类钢一般均在热处理后使用,常用热处理方法是正火或正火加回火,正火状态下这类钢的组织为铁素体加珠光体,常用的珠光体型低合金耐热钢有低碳钢、钼钢、铬钼钢、铬钼钒钢等。

2.3.1　低碳钢

严格来说低碳钢不属于耐热钢,因为低碳钢的抗高温氧化能力较差,但因其价格便宜,加工工艺性能优异,因此最早被用作锅炉用钢,这是由于当时的锅炉使用温度及压力都较低,但即使现在热电行业已经向超临界工艺水平发展的情况下,在一些较低的使用温度下,低碳钢仍在大量使用,其中最有代表性的是20号钢。

20号钢是石化装置和热电行业中最常用的低碳珠光体钢之一,主要用于壁温小于450 ℃的蒸汽管道、集箱,壁温小于500 ℃的受热面管子以及水冷壁管、省煤器管等。20号钢的化学成分见表2-1,不同标准中20号钢制品常温力学性能见表2-24,GB/T 5310—2017推荐的20号钢管持久强度数据见表2-25,高温规定塑性延伸强度见表2-26。

表2-24 20号钢常温力学性能

标准	产品形式	直径/壁厚 mm	屈服强度 /MPa	抗拉强度 /MPa	断后伸长率 /%	布氏硬度 HBW
GB/T 699—2015	钢棒	25	≥245	≥410	≥25	≤156（未热处理）
GB 3087—2008	钢管	≤16 >16	≥245 ≥235	410～550	≥20	—
GB/T 5310—2017	钢管	纵向 横向	245	410～550	24 22	120～160

表2-25 20号钢管 10^5 h 持久强度推荐数据（GB/T 5310—2017）

温度/℃	400	410	420	430	440	450	460	470	480	490	500
持久强度/MPa 不小于	128	116	104	93	83	74	65	58	51	45	39

表2-26 20号钢管高温规定塑性延伸强度

	温度/℃	200	250	300	350	400	450	500
$R_{p0.2}$/MPa（不小于）	GB/T 5310—2017	215	196	177	157	137	98	49
	GB 3087—2008	188	170	149	137	134	132	—

20号钢在长期使用过程中会发生珠光体球化和石墨化,现行的电力行业标准DL/T 674—1999《火电厂用20号钢珠光体球化评级标准》将20号钢珠光体球化程度分为5级,不同珠光体球化级别时的组织特征见表2-5,20号钢1～5级球化时的金相组织如图2-1所示。DL/T 786—2001《碳钢石墨化检验及评级标准》中将碳钢石墨化程度分为4级：1级为轻度石墨化,2级为明显石墨化,3级为显著石墨化,4级为严重石墨化,碳钢不同级别石墨化组织特征见表2-21,不同级别石墨化组织特征示意图如图2-6所示。

图2-10为不同服役时间电站锅炉水冷壁20号钢显微组织金相图谱,可以看出,服役时间 $2×10^4$ h时珠光体呈现大块状分布,珠光体区域中碳化物呈片状,基本没有分散,球化等级为2级;服役时间 $5×10^4$ h时珠光体基本上还是聚集形态,但已经由块状向团絮状转变,碳化物开始分散,少量碳化物开始在晶界聚集,球化等级为3级;服役时间 $1×10^6$ h时珠光体变为细小的团絮状,区域中的碳化物已经分散并向晶界聚集,球化比较严重,球化等级为4级;服役时间 $1.5×10^5$ h时珠光体区域碳化物已经明显分散,晶内分布着小部分碳化物,大部分碳化物扩散到晶界并聚集长大形成链状,导致强度明显下降,球化级别为5级。

过热也会造成20号钢组织劣化及力学性能的下降,水冷壁管的设计服役温度为

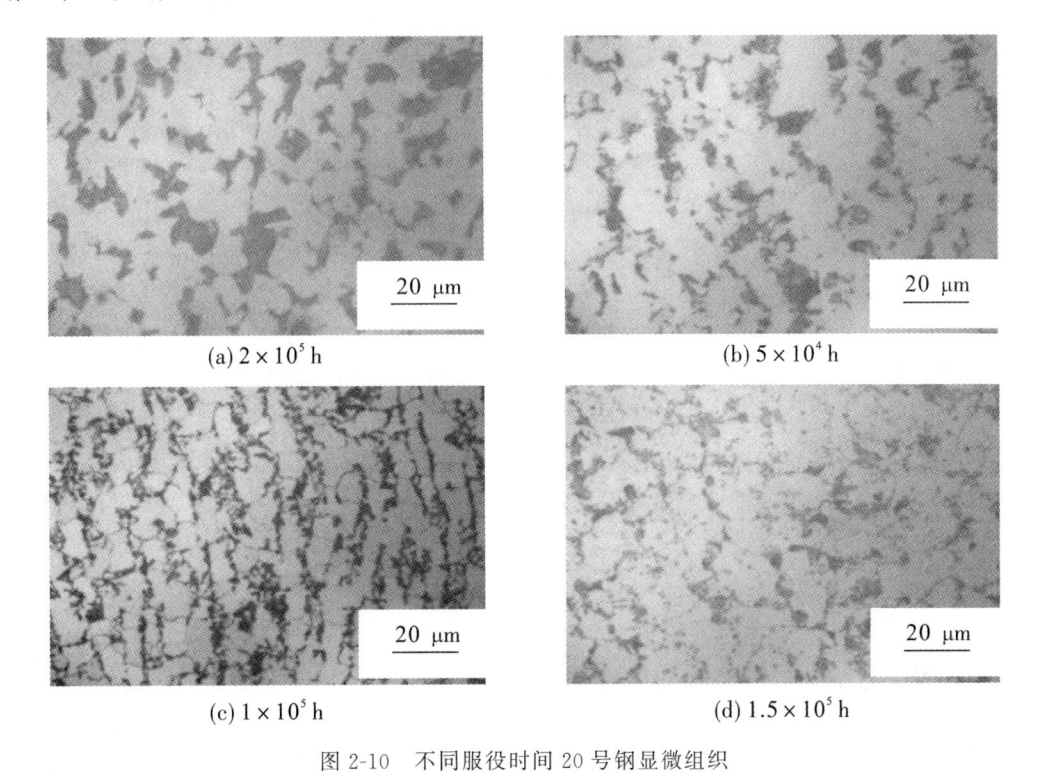

(a) 2×10^5 h

(b) 5×10^4 h

(c) 1×10^5 h

(d) 1.5×10^5 h

图 2-10　不同服役时间 20 号钢显微组织

400 ℃,图 2-11 为不同过热程度时 20 号钢的显微组织,过热时间均为 168 h。

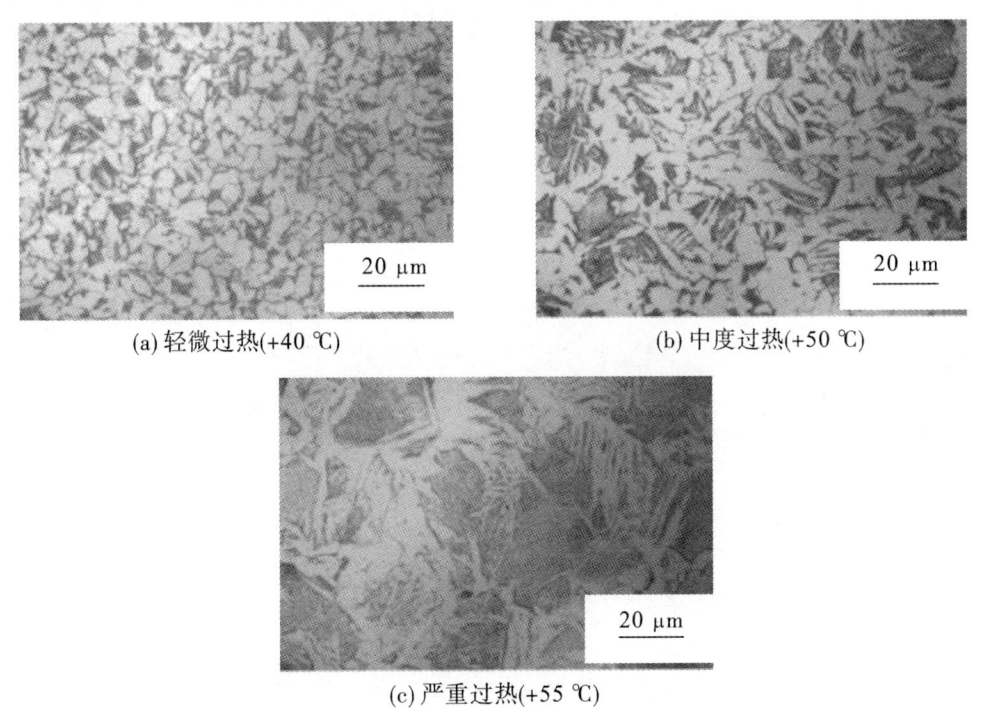

(a) 轻微过热(+40 ℃)

(b) 中度过热(+50 ℃)

(c) 严重过热(+55 ℃)

图 2-11　20 号钢短时高温过热的显微组织

由图中可以看出，轻微过热后珠光体基本呈现块状分布，但在局部位置，针状铁素体从晶界向晶内生长至珠光体晶粒中，晶粒比较细小，尺寸为 7～15 μm，对性能影响较小，屈服强度和抗拉强度较高；中度过热后晶粒比较粗大，尺寸为 25～35 μm，铁素体从晶界以针状形态深入珠光体内，打乱了珠光体的分布，对性能影响较大，屈服强度降低，抗拉强度已接近标准的下限；严重过热后晶粒更加粗大，晶粒尺寸为 55～65 μm，粗大的针状铁素体从晶界向晶内成排生长，严重分割了珠光体组织。珠光体中部分碳化物呈球化状态，形成了铁素体魏氏组织，对性能影响严重，抗拉强度已不能满足标准要求。

为了保证 20 号钢在服役期间的组织稳定性，必须进行相应的热处理，一般采用正火处理，也可采用淬火和高温回火，而回火温度应比使用温度高 100 ℃ 以上。

试验结果表明，20 号钢的抗氧化性能极其有限，试验数据见表 2-27，可见 20 号钢在较高温度下，氧化速率非常快，超温运行的 20 号钢不仅组织劣化速度加快，表面高温氧化腐蚀速率也迅速增加，导致其服役寿命急剧缩短。

表 2-27 20 号钢的高温氧化数据

试验温度/℃	600	700	800	900
24 h 增重/mg·cm^{-2}	4.4	34	84	240

2.3.2 钼钢和铬钼钢

随着动力工业的迅猛发展，锅炉和汽轮机的工作参数不断提高，低碳钢已不能满足服役要求，人们相继研制出以 Cr、Mo 为主要合金元素的钢种，如 16Mo、12CrMo 等，在此基础上又添加其他合金元素，研制了性能更好的钢种，如 12Cr1MoV、12Cr2MoWVTiB 等。该系列钢热处理后的组织为珠光体，服役温度可达 600 ℃，广泛应用于各个行业。表 2-28 中列出了部分铬钼钢的化学成分，表 2-29 为部分铬钼钢在工业中的应用。

表 2-28 部分铬钼钢的化学成分

牌号	化学成分(质量分数)/%									
	C	Cr	Mo	Si	Mn	W	V	Ti	B	P	S
16Mo	0.13~0.19	—	0.4~0.55	0.2~0.4	0.4~0.7	—	—	—	—	≤0.04	≤0.04
12CrMo	≤0.15	0.4~0.7	0.4~0.55	0.2~0.4	0.4~0.7	Cu≤0.3	—	—	—	≤0.04	≤0.04
15CrMo	0.12~0.18	0.8~1.10	0.4~0.55	0.17~0.37	0.4~0.7	—	—	—	—	≤0.04	≤0.04
25Cr2MoV	0.22~0.29	1.5~1.8	0.25~0.35	0.2~0.4	0.4~0.7	—	0.15~0.30	—	—	≤0.035	≤0.03
25Cr2Mo1V	0.22~0.29	2.1~2.5	0.9~1.1	0.2~0.4	0.5~0.8	—	0.3~0.5	—	—	≤0.035	≤0.03
12Cr1MoV	0.08~0.15	0.9~1.2	0.25~0.35	0.17~0.37	0.4~0.7	—	0.15~0.3	—	—	≤0.04	≤0.04

(续表)

牌号	化学成分(质量分数)/%									
	C	Cr	Mo	Si	Mn	W	V	Ti	B	P	S
1Cr6Si2Mo	≤0.15	5～6.5	0.45～0.6	1.5～2.0	≤0.7	Ni≤0.5	—	—	—	≤0.035	≤0.03
12MoVWBSiRE	0.08～0.15	RE 0.75	0.45～0.65	0.6～0.9	0.4～0.7	0.15～0.4	0.3～0.5	0.06	0.008～0.010	≤0.04	≤0.04
12Cr2MoWVTiB	0.08～0.15	1.6～2.10	0.5～0.65	0.45～0.75	0.45～0.65	0.3～0.55	0.28～0.42	0.08～0.18	0.008	≤0.035	≤0.035
12Cr3MoVSiTiB	0.09～0.15	2.5～3.0	1.0～1.2	0.6～0.9	0.6～0.8	—	0.25～0.35	0.22～0.38	0.005～0.011	≤0.035	≤0.035
2 1/4Cr1Mo	≤0.15	2.0～2.5	0.9～1.1	0.15～0.6	0.3～0.6	—	—	—	—	≤0.035	≤0.035

表 2-29 部分铬钼钢在工业中的应用

牌号	应用
16Mo	≤530 ℃下工作的低、中压锅炉受热器和联箱管道,也可用于超高压锅炉水冷壁管
12CrMo	蒸气温度为 510 ℃的高、中压蒸气管,管壁温度为 520～540 ℃的高压、超高压锅炉受热面管及其相应锻件
15CrMo	管壁温度为 550 ℃的锅炉受热面管,以及蒸气参数为 510 ℃的高、中压蒸气导管
25Cr2MoV	高、中压汽轮机的螺栓材料
25Cr2Mo1V	550 ℃下的紧固件及阀杆等高压电厂中广泛应用的紧固件材料
12Cr1MoV	壁温≤580 ℃的高压、超高压锅炉过热器管、联箱和主蒸气管
1Cr6Si2Mo	600 ℃下石油化工机械及低应力的耐热部件、吊架、支架等
12MoVWBSiRE	管壁温度 580 ℃的锅炉过热器管
12Cr2MoWVTiB	壁温 610 ℃、压力 140 大气压下的过热器和再生器,也可用于制造 540 ℃、170 大气压锅炉过热器
12Cr3MoVSiTiB	壁温 600～620 ℃、超高压参数(如 550 ℃、170 大气压蒸气)锅炉的过热器和再生器
2 1/4Cr1Mo	590 ℃以下的过热器和蒸气温度为 540 ℃的蒸气管道,抗氢压力容器等

含 Mo 质量分数为 0.5% 左右的 16Mo 是最早研制成的珠光体型耐热钢,它的热强性优于低碳钢,但抗氧化性没有太大提高,在高温下长期服役时产生的珠光体球化和石墨化问题也比较严重,特别是靠近焊缝区石墨化倾向尤为严重,使该钢的应用受到了一定限制,但由于 16Mo 钢具有良好的工艺性能且价格便宜,因此在锅炉制造中仍获得广泛的应用。实践证明,冶炼时用 Al 脱氧并控制钢中的 Al 质量分数,可有效地控制 16Mo 钢石墨化倾向。16Mo 钢的常温力学性能见表 2-30,高温力学性能见表 2-31,该钢主要用于制造温度在 530 ℃以下服役的低、中压锅炉受热器和联箱管道,也可用于制造超高压锅炉水冷壁管。

表 2-30 16Mo 钢的常温力学性能

热处理工艺	抗拉强度/MPa	屈服强度/MPa	断后伸长率/%	断面收缩率/%	冲击吸收能量/(J·cm^{-2})
正火:880 ℃ 回火:630 ℃	≥392	≥245	≥25	≥60	≥120

表 2-31 16Mo 钢的高温力学性能

性能指标	时间/h	温度/℃ 480	490	500	510	520	530
持久强度极限/MPa	10^4	227	202	176	150	126	105
	10^5	143	117	93	74	59	47
	$2×10^5$	121	96	74	58	45	36
蠕变极限/MPa	10^4	166	149	132	116	98	84
	10^5	106	89	74	59	46	36

为了增加 16Mo 钢的组织稳定性,改善石墨化问题,提高钢的热强性,人们添加了 Cr 元素,陆续研制成了 Cr-Mo 钢,其中代表性的如 12CrMo 和 15CrMo,它们都显著地提高了钢的热强性,并且耐高温氧化性能也有所提高,使其服役温度可以提高到 550 ℃,同时仍保持了良好的工艺性能,两种钢的常温力学性能见表 2-32,高温力学性能见表 2-33。

表 2-32 12CrMo 和 15CrMo 钢的常温力学性能

牌号	状态	热处理工艺 正火/℃	回火/℃	抗拉强度/MPa	屈服强度/MPa	断后伸长率/%	断面收缩率/%	冲击吸收能量/(J·cm^{-2})
12CrMo	钢管 壁厚≤80 mm	900 900~930	650 680~730	≥412 ≥412	≥265 ≥206	24 21	60 —	≥140
15CrMo	板材,截面尺寸 25 mm×80 mm	900 930~960	650 680~730	≥441 ≥441	≥294 ≥235	≥22 ≥21	≥60 —	≥60

表 2-33 12CrMo 和 15CrMo 钢的高温力学性能

牌号	热处理	性能指标	时间/h	温度/℃ 480	510	540
12CrMo	正火:920 ℃ 回火:680~690 ℃	持久强度/MPa	10^4	245	157	108
			10^5	196	118	69
		蠕变极限/MPa	10^4	216	—	—
			10^5	147	69	34

牌号	热处理	性能指标	时间/h	温度/℃ 475	500	550
15CrMo	正火:900~920 ℃ 回火:630~650 ℃	持久强度/MPa	10^4	—	180	97
			10^5	176	123	59
		蠕变极限/MPa	10^4	167	—	—
			10^5	98	78	44

第2章 珠光体耐热钢

在Cr-Mo系列低合金钢中，2.25Cr1Mo钢是一个较为重要的钢种，特别在工业发达的国家生产量较大。20世纪50年代，动力工业获得了更进一步的发展，锅炉向高参数大容量方向发展，蒸汽参数已达170大气压，温度达540 ℃，个别的达到570 ℃。为了适应电厂锅炉的使用要求，研制成了2.25Cr1Mo钢，美国类似牌号为T22和P22，德国类似牌号为10CrMo9-10，日本类似牌号STBA24、STPA24，我国类似牌号为12Cr2Mo。2.25Cr1Mo钢具有优良的加工工艺性能和焊接性能，对热处理不敏感，持久强度高。该钢性能稳定，制造工艺成熟，运行安全性良好，因此获得了广泛的应用，除在动力工业中应用外，还广泛地用于石油化工、机械制造等领域。由于该钢含有较多的Cr，因此它的抗高温氧化和抗高温腐蚀性能均优于一般的低合金珠光体型耐热钢。表2-34为常用2.25Cr1Mo系列钢的主要化学成分，表2-35为常用2.25Cr1Mo系列钢的常温力学性能。

表2-34 常用2.25Cr1Mo系列钢的主要化学成分

国别 技术标准 牌号	C	Mn	Cr	Mo	Si	S	P
					不大于		
英国 BS EN10216—2013 10CrMo9-10	0.08～0.14	0.30～0.70	2.00～2.50	0.90～1.10	0.50	0.010	0.020
日本 JIS G 3462—2014 STBA24	≤0.15	0.30～0.60	1.90～2.60	0.87～1.13	0.50	0.030	0.030
日本 JIS G 3458—2018 STPA24	≤0.15	0.30～0.60	1.90～2.60	0.87～1.13	0.50	0.030	0.030
美国 ASTM A213—2018 T22	0.05～0.15	0.30～0.60	1.90～2.60	0.87～1.13	0.50	0.025	0.025
美国 ASTM A335—2018 P22	0.05～0.15	0.30～0.60	1.90～2.60	0.87～1.13	0.50	0.025	0.025
中国 GB/T 5310—2017 12Cr2MoG	0.08～0.15	0.40～0.60	2.00～2.50	0.90～1.13	0.50	0.015	0.025

注：BS EN10216—2013标准中对10CrMo9-10钢中的Ni、Al、Cu等元素质量分数有上限要求。

表 2-35 常用 2.25Cr1Mo 系列钢的常温力学性能

国别 技术标准 牌号	产品类型	壁厚/mm	抗拉强度/MPa	屈服强度/MPa	断后伸长率/%	冲击吸收能量 20 ℃,J
				不小于		
英国 BS EN 10216—2013 10CrMo9-10	管	≤16 ≤40 ≤60	480～630	280 280 270	纵向 22 横向 20	纵向 40 横向 27
日本 JIS G 3462—2014 STBA24	管	—	410	205	JIS 标准和 ASTM 标准对断后伸长率有更为具体的规定,此处不一一列出。	—
日本 JIS G 3458—2018 STPA24	管	—	410	205		—
美国 ASTM A213—2018 T22	管	—	415	205		—
美国 ASTM A335—2018 P22	管	—	415	205		—
中国 GB/T 5310—2017 12Cr2MoG	管	—	450～600	280	纵向 22 横向 20	纵向 40 横向 27

GB/T 5310—2017 中给出的 12Cr2MoG 高温规定塑性延伸强度见表 2-36,1×10^5 h 持久强度推荐值见表 2-37。BS EN 10216—2013 中给出的 10CrMo9-10 钢的持久强度平均值见表 2-38。

表 2-36 12Cr2MoG 高温规定塑性延伸强度(GB/T 5310—2017)

温度/℃	100	150	200	250	300	350	400	450	500	550
规定塑性延伸强度/MPa					不小于					
	192	188	186	185	185	185	185	181	173	159

表 2-37 12Cr2MoG 持久强度推荐值(GB/T 5310—2017)

温度/℃	450	460	470	480	490	500	510	520	530	540
持久强度/MPa	172	165	154	143	133	122	112	101	91	81
温度/℃	550	560	570	580	590	600	610	620	630	640
持久强度/MPa	72	64	56	49	42	36	31	25	22	18

第 2 章 珠光体耐热钢

表 2-38 10CrMo9-10 钢的持久强度平均值（BS EN 10216—2013）

温度/℃	持久强度/ MPa			
	1×10^4 h	1×10^5 h	2×10^5 h	2.5×10^5 h
450	308	229	204	196
460	284	212	188	180
470	261	194	172	165
480	238	177	156	150
490	216	160	140	134
500	195	141	124	118
510	176	124	108	103
520	158	105	94	88
530	142	95	80	76
540	126	81	68	64
550	111	70	57	54
560	99	61	49	46
570	88	53	43	40
580	78	46	38	34
590	69	40	33	30
600	60	35	28	26

为了提高钢的抗高温腐蚀性能，人们开发了含 Cr 质量分数为 5％左右的珠光体耐热钢系列，主要用于制造那些承受负荷较低，但抗高温腐蚀性能要求较高的部件，如石化、炼油工业中的高温炉管及其他部件等，其中有代表性的是 1Cr5Mo。由于 1Cr5Mo 钢 Cr 质量分数较高，因此显著地提高了抗高温腐蚀的能力，可在 600～700 ℃ 下长期工作，最高使用温度可达 750 ℃。

为了适应动力工业的不断发展，满足锅炉及蒸汽轮机高参数的工作要求，人们在二元 Cr-Mo 钢的基础上先后开发了 Cr-Mo-V 三元合金化和多元复合合金化的低合金耐热钢，其中有代表性的钢种是 12Cr1MoV 钢。

12Cr1MoV 钢主要用于壁温小于 580 ℃ 的高压、超高压锅炉过热器管、联箱和主蒸气管，其化学成分见表 2-28，常温力学性能见表 2-39，高温力学性能见表 2-40。

表 2-39 12Cr1MoV 钢常温力学性能（GB/T 5310—2017）

牌号	产品形式	抗拉强度/ MPa	屈服强度/ MPa	断后伸长率/ ％	冲击吸收能/ J	布氏硬度/ HBW
				不小于		
12Cr1MoV	钢管 纵向	470～640	255	21	40	135～195
	横向			19	27	

表 2-40　12Cr1MoV 钢高温力学性能(GB/T 5310—2017)

温度/℃	产品形式	高温塑性延伸强度/MPa	1×10⁵h 持久强度/MPa
300		230	—
350		225	—
400		219	—
450		211	—
500		201	184
510		—	169
520		—	153
530	钢管	—	138
540		—	124
550		187	110
560		—	98
570		—	85
580		—	75
590		—	64
600		—	55

　　图 2-12 为不同服役时间电站锅炉过热器 12Cr1MoV 钢显微组织金相图谱,可以看出,服役时间 2×10^4 h 组织为铁素体加聚集形态的珠光体,其中的碳化物基本呈现片状分布,球化等级为 2 级;服役时间 4×10^4 h 后,聚集形态的珠光体区域内碳化物已开始分散成为球状分布,少量碳化物开始在铁素体基体上弥散析出,球化等级为 3 级;服役时间 6×10^4 h 后,珠光体向晶界聚集,碳化物开始分散,珠光体形态发生明显改变,由块状变为细长状,主要沿晶界分布,球化等级为 3.5 级;服役时间 1.2×10^5 h 后,聚集态的珠光体以细条状形态分布在晶界,内部碳化物开始分散呈现球状,同时铁素体基体中析出了大量细小的碳化物,球化等级为 4 级。不过力学性能测试表明,虽然服役时间 4×10^4 h 和服役时间 6×10^4 h 后球化级别基本一致,但由于服役时间 6×10^4 h 后珠光体形态和分布位置不利,导致其力学性能远低于前者,所以在实际中不能完全按照球化等级评价其安全性,还要注意珠光体的形态和分布位置。

　　12Cr1MoV 钢在 580 ℃下具有较好的抗高温氧化性能,但在 600 ℃以上的抗高温氧化性能较差。研究表明,12Cr1MoV 钢在 580 ℃下,根据 3 000～5 600 h 的试验数据外推计算,平均氧化速率为 0.05 mm/年,而在 600 ℃以上,根据 1 000～1 500 h 的试验数据外推计算,平均氧化速率达到 0.13 mm/年,为此人们在 12Cr1MoV 钢的基础上,增加 Cr、Mo 等合金元素,开发了 15Cr1MoV 钢、15Cr2MoV 钢及 25Cr2MoV 钢等,这些钢均表现出较好的热强性和抗高温氧化性能。

(a) 2×10^4 h

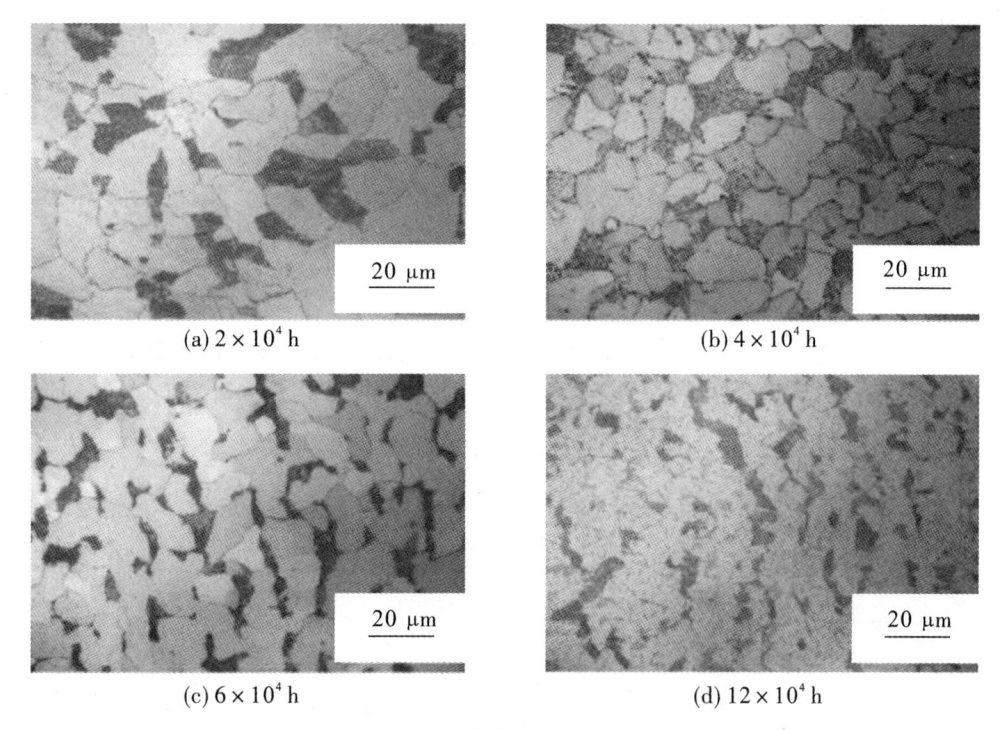

(b) 4×10^4 h

(c) 6×10^4 h

(d) 12×10^4 h

图 2-12 不同服役时间 12Cr1MoV 钢显微组织

2.4 珠光体耐热钢的热处理

珠光体耐热钢热处理的目的是通过不同的加热和冷却制度,充分发挥钢中合金元素的作用,通过热处理使钢能获得比较理想的相组成和稳定的组织,以保证耐热钢在高温长期服役条件下具有良好的力学性能和耐腐蚀性能。

珠光体耐热钢的热处理一般都是加热到比普通正火(A_3+50 ℃)高 100~150 ℃ 的温度并保持一定时间后空冷得到珠光体组织,以得到较大晶粒及固溶强化效果,随后进行回火,其中碳钢仅进行正火处理,得到铁素体加珠光体组织。由于正火后所得组织中的片状珠光体是不稳定的,所以回火温度一般高于工作温度 100 ℃ 左右。为了提高钢的抗蠕变性能,希望钢在热处理后有较大的晶粒尺寸。此外,碳化物的形状和分布在很大程度上影响钢的蠕变极限,正火温度稍高一些,容易使难溶碳化物溶解,也能改善碳化物的分布,因此,珠光体耐热钢的正火温度都比一般结构钢高,但正火温度也不能太高,否则会使碳化物长大,反而降低钢的力学性能。

通常低合金 Cr-Mo 钢的热处理是正火加高温回火,这时钢所获得的组织是珠光体加索氏体。与正火相比,淬火后钢的组织不稳定,蠕变极限也要低一些。对许多铬钼钢在长期服役条件下产生的脆断研究表明,在 480 ℃ 以下,淬火钢产生脆断的时间要比正火钢产生脆断的时间短得多,这是由于正火后钢可获得更均衡和稳定的组织,因此,对低合金铬钼钢而言,最佳的热处理制度是正火加高温回火,回火温度应接近 A_{c1} 点。

表 2-41 是常用珠光体耐热钢管的热处理制度。

表 2-41　常用珠光体耐热钢管的热处理制度(GB/T 5310—2017)

序号	牌号	热处理制度
1	20G	正火:正火温度 880～940 ℃
2	20MnG	正火:正火温度 880～940 ℃
3	25MnG	正火:正火温度 880～940 ℃
4	15MoG	正火:正火温度 890～950 ℃
5	20MoG	正火:正火温度 890～950 ℃
6	12CrMoG	正火加回火:正火温度 900～960 ℃,回火温度 670～730 ℃
7	15CrMoG	S≤30 mm 的钢管正火加回火:正火温度 900～960 ℃,回火温度 680～730 ℃。S>30 mm 的钢管淬火加回火或正火加回火:淬火温度不低于 900 ℃,回火温度 680～750 ℃。正火温度 900～960 ℃,回火温度 680～730 ℃,但正火后应进行快速冷却
8	12Cr2MoG	S≤30 mm 的钢管正火加回火:正火温度 900～960 ℃,回火温度 700～750 ℃。S>30 mm 的钢管淬火加回火或正火加回火:淬火温度不低于 900 ℃,回火温度 700～750 ℃。正火温度 900～960 ℃,回火温度 700～750 ℃,但正火后应进行快速冷却
9	12Cr1MoVG	S≤30 mm 的钢管正火加回火:正火温度 980～1 020 ℃,回火温度 720～760 ℃。S>30 mm 的钢管淬火加回火或正火加回火:淬火温度不低于 950～990 ℃,回火温度 720～760 ℃。正火温度 980～1 020 ℃,回火温度 720～760 ℃,但正火后应进行快速冷却
10	12Cr2MoWVTiB	正火加回火:正火温度 1 020～1 060 ℃,回火温度 760～790 ℃
11	07Cr2MoW2VNbB	正火加回火:正火温度 1 040～1 080 ℃,回火温度 750～780 ℃
12	12Cr3MoVSiTiB	正火加回火:正火温度 1 040～1 090 ℃,回火温度 720～770 ℃
13	15Ni1MnMoNbCu	S≤30 mm 的钢管正火加回火:正火温度 880～980 ℃,回火温度 610～680 ℃。S>30 mm 的钢管淬火加回火或正火加回火:淬火温度不低于 900 ℃,回火温度 610～680 ℃。正火温度 880～980 ℃,回火温度 610～680 ℃,但正火后应进行快速冷却
14	10Cr9Mo1VNbN	正火加回火:正火温度 1 040～1 080 ℃,回火温度 750～780 ℃。S≥70 mm 的钢管可淬火加回火,淬火温度不低于 1 040 ℃,回火温度 750～780 ℃

注:表中 S 为钢管壁厚。

根据 GB/T 5310—2017《高压锅炉用无缝钢管》规定,合格的珠光体耐热钢热处理后的显微组织应符合如下规定:

(1)优质碳素结构钢组织应为铁素体加珠光体。

(2)15Mo、20Mo、12CrMo 和 15CMo 钢组织应为铁素体加珠光体,允许存在粒状贝氏体或全贝氏体,不允许存在相变临界温度 A_{c1}～A_{c3} 之间的不完全相变产物如黄块状组织。

(3)12Cr2Mo 和 12Cr1MoV 应为铁素体加粒状贝氏体,或铁素体加珠光体,或铁素体加粒状贝氏体加珠光体,允许存在索氏体,不允许存在相变临界温度 A_{c1}～A_{c3} 之间的不完全相变产物如黄块状组织;15Ni1MnMoNbCu 组织应为铁素体加贝氏体,可为全贝氏体。

(4)12Cr2MoWVTiB、12Cr3MoVSiTiB 和 07Cr2MoW2VNbB 应为回火贝氏体,允许存在索氏体或回火马氏体,不允许存在自由铁素体。

对于热处理后脱碳层的规定:外径小于 76 mm 的冷拔(轧)优质碳素结构钢和合金结构钢成品钢管,其外表面全脱碳层深度应不大于 0.3 mm,内表面全脱碳层深度应不大于 0.3 mm,二者之和应不大于 0.4 mm。

2.5　珠光体耐热钢的焊接

珠光体耐热钢中含有 Cr、Mo、V、W 等元素,使过冷奥氏体的稳定性提高,焊接时在焊缝和热影响区易产生硬而脆的马氏体组织,焊接接头组织与性能不均匀,在热影响区靠近熔合区部位存在硬化区,在峰值温度 A_{c1} 的部位出现软化区。此外,焊接后存在很大的内应力,容易在热影响区出现冷裂纹,焊后热处理和使用过程中容易出现热裂纹,所以,珠光体耐热钢焊接时需要预热并严格控制工艺参数。

为了防止脆化和冷裂,珠光体耐热钢一般要求焊前预热,定位焊接也需要预热,对于刚性大、焊接质量要求高的部件还需要整体预热。焊接过程中焊件不能低于预热温度,要尽可能一次焊完。焊接过程要采取保温措施,重要结构焊后需要热处理,常见珠光体耐热钢预热温度和焊后热处理温度见表 2-42。

表 2-42　部分珠光体耐热钢预热温度和热处理温度

牌号	预热温度/℃	焊后热处理温度/℃
16Mo	200～250	690～710
15CrMo	200～250	680～720
20CrMo	250～350	650～680
12CrMoV	200～250	710～750
12Cr1MoV	250～300	710～750
12Cr2MoWVB	250～300	760～780

一般的焊接方法均可用于珠光体耐热钢的焊接,常用的有电弧焊、氩弧焊、埋弧焊、电渣焊、CO_2 气体保护焊等。电弧焊具有机动灵活的特点,可进行全位置焊接,其缺点是保证低氢的焊接条件比较困难,从而使焊接工艺复杂化。钨极氩弧焊(TIG 焊)的焊接气氛具有超低氢的特点,能获得质量很高的焊缝,其缺点是焊接效率低。埋弧焊具有熔敷金属高的特点,在大厚度珠光体耐热钢焊接中得到了广泛的应用,缺点是对焊接位置有要求,而且对小径管和薄件的焊接效率低。电渣焊的效率最高,其焊接过程产生的热量可以起到对母材预热的作用,焊缝冷却速度缓慢,有利于氢的扩散逸出,其缺点是焊缝和热影响区晶粒粗大,焊接接头必须经正火处理后才能使用。

选择焊接材料的原则是保证焊缝与母材具有相同的耐热性能,因此要求焊缝与母材的化学成分基本一致。为了降低焊缝的热裂倾向,焊缝的碳质量分数应低于母材,一般所用焊接材料大多为 Cr-Mo 系或 Cr-Mo-V 系。

参考文献

[1]　王富岗,王焕庭. 石油化工高温装置材料及损伤[M]. 大连:大连理工大学出版社,1991.

[2] 谢国胜. 12Cr1MoV 钢珠光体球化过程中显微硬度变化的研究[J]. 理化检验-物理分册,1997,33(3):18-20.

[3] 潘金平,潘柏定,程宏辉,等. 15CrMoG 钢管的寿命评估新方法[J]. 金属热处理,2012,37(10):71-75.

[4] 高万夫. 15CrMo 钢珠光体球化对机械性能的影响[J]. 石油化工高等学校学报,1997,10(4):40-43.

[5] 刘明武,苏辉,张晋坤. 15CrMo 钢珠光体球化对性能的影响[J]. 金属热处理,2015,40(6):41-44.

[6] 张晋坤,苏辉,刘明武. 20G 钢珠光体球化过程的分析[J]. 热加工工艺,2015,44(18):71-73.

[7] 潘金平,潘柏定,程宏辉,等. 20G 硬度与球化关系研究及寿命评估新方法[J]. 材料热处理技术,2012,41(12):144-148.

[8] ZHAO Q H, JIANG B, WANG J M. Pearlite Spheroidization Mechanism and Lifetime Prediction of 12Cr1MoV Steel used in Power Plant[C]. 4th Annual International Conference on Material Science and Engineering (ICMSE 2016):0195-0201.

[9] 董人瑞,郝文森,韩万学. 高压锅炉炉管珠光体球化及石墨化的研究[J]. 大庆石油学院学报,1986,3:77-87.

[10] 史伟,杨莉,张君,等. 20G 钢石墨化成因及其对力学性能的影响[J]. 热处理技术与装备,2013,34(3):24-26.

[11] 赵秋洪,姜斌,王佳美. 热电厂用 20G 珠光体的球化机理及寿命预测[J]. 金属热处理,2016,41(9):161-167.

[12] 高宏波. 石化装置用珠光体耐热钢损伤规律及安全评估技术的研究[D]. 大连:大连理工大学,2004.

[13] 李杜鸣. 在用压力容器珠光体球化及安全状况等级评定[J]. 中国特种设备安全,2005,21(5):5-7.

[14] 侯峰,徐宏,王学生,等. 制氢装置高温蒸汽管线材料损伤试验与可用性分析[J]. 化工设备与管道,2005,41(5):39-43.

[15] 张而耕,童遂放,王琼琦,等. 12Cr1MoV 珠光体耐热钢长期服役中碳化物的变化及对性能的影响[J]. 机械工程材料,2009,33(9):28-32.

[16] 付坤,王长才,胡连海,等. 珠光体耐热钢服役过程中组织及性能演化[J]. 材料与设计,2015,32(2):37-40.

[17] 克西格拉达. 浅谈珠光体耐热钢的焊接[J]. 农业技术与装备,2016,6B:4-6.

[18] 张莉,高启贵. 珠光体耐热钢的焊接[J]. 化工设备与管道,2007,44(2):59-62.

第 3 章 马氏体耐热钢

马氏体耐热钢是在珠光体耐热钢的基础上发展而来的,其发展历程如图 3-1 所示。

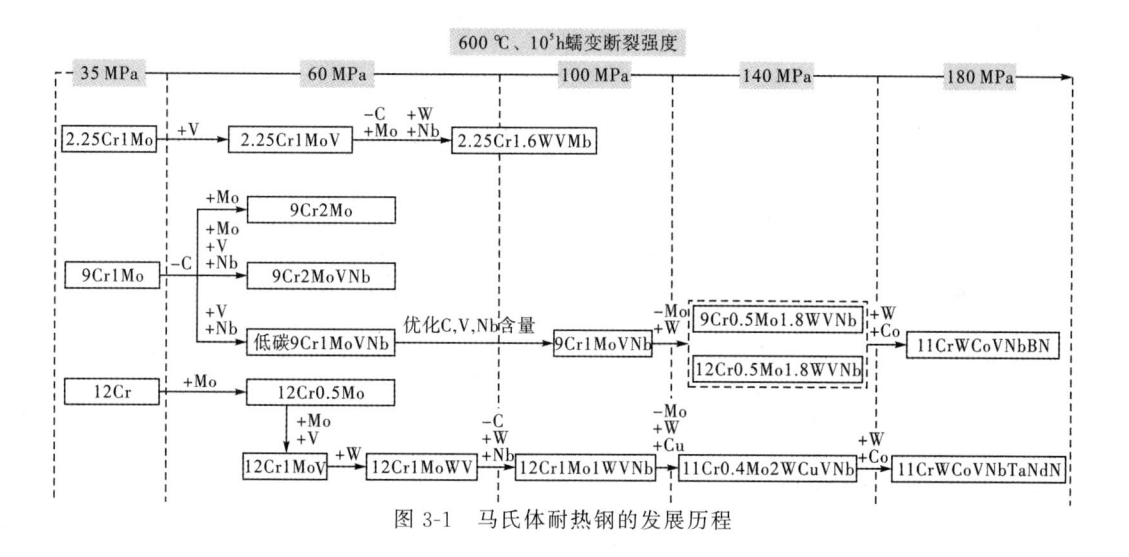

图 3-1 马氏体耐热钢的发展历程

目前,石化装置中常用的马氏体耐热钢主要是指在 9Cr1Mo 耐热钢基础上逐步发展起来的含 Cr 质量分数为 9%～12% 的马氏体耐热钢。20 世纪 80 年代美国橡树岭实验室(ORNL)率先研制出了一种改良型 9Cr1Mo 耐热钢,这种钢通过添加 V、Nb、N 等元素形成沉淀强化,使钢材的蠕变断裂强度在 600 ℃时接近 100 MPa,650 ℃仍可达到 45 MPa。此后改良型 9Cr1Mo 钢以 T91/P91 牌号列入美国材料试验协会(ASTM)耐热钢标准中,其中 T91 用于薄壁管道,P91 用于厚壁管道。进入 20 世纪 90 年代,日本推出了 T92/P92 耐热钢(日本牌号为 NF616),这种钢在 T91/P91 基础上添加了质量分数为 1.8% 的 W 元素,同时减少了 0.5% 的 Mo 元素,使材料在 600 ℃的蠕变断裂强度超过了 115 MPa。同一时期,欧洲也开发出牌号为 E911 的耐热钢,这种钢含有 1% 的 W 和 1% 的 Mo,其蠕变断裂强度接近 T92/P92 钢。9Cr 型耐热钢在热电厂得到了广泛的应用,实践证明,采用 9Cr 型耐热钢后,热电厂蒸汽参数可以从 540 ℃和 18 MPa 提高到 600 ℃和 30 MPa,相应热效率从 30%～35% 提高到 42%～47%,同时 CO_2 排放量减少了约 30%。9Cr 马氏体耐热钢的发展过程如图 3-2 所示,典型钢种的成分和蠕变断裂极限见表 3-1。

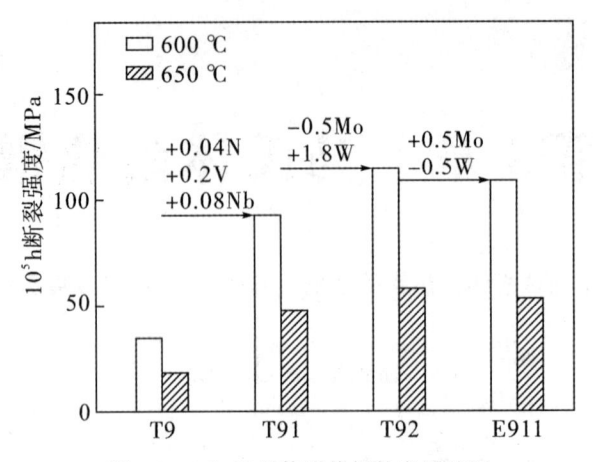

图 3-2 9Cr 马氏体耐热钢的发展过程

表 3-1 9Cr 马氏体耐热钢成分(%)和蠕变断裂强度(MPa,600 ℃,10^5 h)

元素	P9	T91/P91	T92/P92	E911	12Cr1MoV*	TP304H*	TP347H*
C	<0.15	0.08~0.12	0.07~0.13	0.09~0.13	0.17~0.23	0.08	0.08
Mn	0.80~1.30	0.30~0.60	0.30~0.60	0.30~0.60	<1.0	1.6	1.6
P	<0.030	<0.020	<0.020	<0.020	<0.030	<0.030	<0.030
S	<0.030	<0.010	<0.010	<0.010	<0.030	<0.030	<0.030
Si	0.20~0.65	0.20~0.50	<0.50	<0.50	<0.50	0.60	0.60
Cr	8.50~10.50	8.00~9.50	8.00~9.50	8.00~9.50	10.0~12.5	18.0	18.0
W	—	—	1.50~2.00	0.90~1.10	—	—	—
Mo	1.70~2.30	0.85~1.05	0.30~0.60	0.90~1.10	0.80~1.20	—	—
V	0.20~0.40	0.18~0.25	0.15~0.25	0.18~0.25	0.25~0.35	—	—
Nb	0.30~0.45	0.06~0.10	0.04~0.09	0.06~0.10	—	—	0.80
N	—	0.03~0.07	0.03~0.07	0.04~0.09	—	—	—
B	—	—	0.001~0.006	0.003~0.006	—	—	—
Ni	<0.30	<0.40	<0.40	<0.40	0.30~0.80	8.0	10.0
蠕变断裂强度	35	94	115	110	59	~100	~120

注: * 为相应的对比钢种。

质量分数为 9%~12% 的 Cr 型马氏体耐热钢有优良的综合力学性能、较好的热强性、耐蚀性及减振性,大量用于制造汽轮机叶片而形成独特的叶片钢系列,并广泛用作汽缸密封环、高温螺栓、转子和锅炉过热器、再热器管、燃气轮机涡轮盘、叶片、压缩机及航空发动机压气机叶片、轮盘、水轮机叶片及宇航导弹部件等,下面主要以用途最广的 T91/P91 为代表,介绍质量分数为 9%~12% 的 Cr 型马氏体耐热钢的主要特点。

3.1 T91/P91 钢的化学成分及物理性能

T91/P91 马氏体耐热钢是美国 ASME SA213 和 ASME SA335 标准中的牌号,在

ASME SA182 中定名为 F91，在日本工业标准(JIS)中定名为 STPA28(9Cr1MoNbV)，在我国标准 GB 5310—2008 中定名为 10Cr9Mo1VNbN，在德国标准 DIN EN 10216-2—2007 中定名为 X10CrMoVNb9-1。

3.1.1 T91/P91 和 F91 钢的化学成分

美国 ASME 标准的 T91/P91 钢的化学成分见表 3-2。T91/P91 钢的 C 质量分数较低，主要目的在于增强钢的组织稳定性。高的 Cr 质量分数有利于提高钢的抗氧化性和抗腐蚀能力，加入 Cr、Mo、Mn 元素起到了固溶强化的作用，保证钢的基体强度。同时 Mo 元素也提高了钢的再结晶温度，延缓了高温环境下服役时马氏体的分解。添加少量的 N 使钢的第二相数量和种类增加，不仅有碳化物，还有氮化物，也可在钢中形成复合碳氮化物。V 及强碳化物形成元素 Nb 的加入，可在钢中形成细小的碳氮化物粒子，对钢的基体产生了沉淀强化效应，同时提高了钢在高温服役条件下的组织稳定性。低的 P、S 质量分数提高了钢的品质，同时也使晶界得到了净化，提高了晶界强度。

表 3-2 T91/P91 和 F91 钢的化学成分(%)

钢种		T91/P91		F91
标准		ASME SA213—2010	ASME SA335—2010	ASME SA182—2010
化学元素	C	0.07～0.14	0.08～0.12	0.08～0.12
	S	≤0.010		≤0.010
	P	≤0.020		≤0.020
	Si	0.20～0.50		0.20～0.50
	Mn	0.30～0.60		0.30～0.60
	Cr	8.00～9.50		8.00～9.50
	Mo	0.85～1.05		0.85～1.05
	V	0.18～0.25		0.18～0.25
	Nb	0.06～0.10		0.06～0.10
	N	0.030～0.070		0.030～0.070
	Al	≤0.020		≤0.020
	Ni	≤0.040		≤0.040
	Ti	≤0.010		≤0.010
	Zr	≤0.010		≤0.010

3.1.2 T91/P91 钢的强化机制

T91/P91 耐热钢的热处理通常为正火加高温回火，其组织为具有高位错密度的回火板条马氏体组织和弥散细小的析出碳化物，钢的强化机制主要有固溶强化、位错强化和析出强化。

1. 固溶强化

T91/P91 钢通常含有大量的 Cr、Mo、V、W、Nb 等合金元素，这些元素固溶在基体中产生了固溶强化作用。以 T91 钢为例，经热处理后未析出的 Cr、Mo 元素大量固溶在基体中，分别约占其总质量分数的 90% 和 85%，造成了明显的晶格畸变，与位错产生交互作用,此外,溶质原子在位错线上偏聚形成的 Cottrell 气团也能够有效地对位错钉扎,降低了可动位错的数目,阻碍了位错的运动,从而使材料强化。虽然 T91/P91 钢中含有较多的 Cr 元素,但由于 Cr 和 Fe 原子半径差较小,使得其与位错间的交互作用比 Mo 和 W 要弱得多,而 W 的固溶强化作用比 Mo 更强,且 W-Mo 复合添加对钢蠕变断裂强度的影响比两种元素单独添加的效果更加明显。

2. 位错强化

T91/P91 钢回火马氏体板条中含有大量位错,其位错密度可达 $10^{12} \sim 10^{15}/m^2$,同时由于马氏体板条界、马氏体块界等亚晶界以及奥氏体晶界的存在大大增加了位错产生的位置,在高温下,这些区域可有效阻碍位错的运动,延缓位错密度降低速率,从而保证了材料的高温强度。亚晶界通常是由低能态的位错网络构成,亚晶粒尺寸通常在 $0.35 \sim 0.5~\mu m$,其产生的强化作用为 $300 \sim 450~MPa$,同时亚晶粒内部存在的自由位错彼此会产生位错交割,阻碍了位错的运动,也产生附加的强化作用。

3. 析出强化

T91/P91 钢最有效的强化机制是析出强化。钢回火后在基体、马氏体板条界及原奥氏体晶界处大量析出的弥散细小的 $M_{23}C_6$ 型碳化物和 MX 型碳氮化物以及后续析出的细小的 Laves 相是析出强化作用的主要来源。与固溶强化相比,析出强化不仅能阻碍位错的滑移,还能够有效地阻碍位错的攀移,并可维持到很高的温度。析出强化作用与析出相的类型、数量、大小、形状、弥散程度和高温稳定性有关,研究表明,$M_{23}C_6$ 型碳化物对延缓钢蠕变强度降低的贡献要远大于 MX 碳化物和 Laves 相,这是由于其在钢的所有析出相中占有最大的体积分数,并且始终存在于基体当中,但 $M_{23}C_6$ 型碳化物在高温下易发生粗化而逐渐失效,而 MX 型碳氮化物中因组成元素 V、Nb 在钢中的质量分数较少,粗化速率极低,仅为 $M_{23}C_6$ 碳化物的 1/10,因此,增加 MX 型碳氮化物的析出量,可有效保持钢在长时高温的组织稳定性。

3.1.3 T91/P91 钢的物理性能

T91/P91 钢的弹性模量、线膨胀系数、热传导系数等主要物理性能见表 3-3。由表可见,T91/P91 钢具有低的线膨胀系数和良好的导热性。

表 3-3 T91/P91 钢的物理性能

温度/℃	弹性模量 $\times 10^3$,MPa	热导率 W/(m·K)	比热容 J/(kg·K)	泊松比	热扩散率 $\times 10^{-6}$,m²/s	平均线膨胀系数 $\times 10^{-6}$,℃
20	218	26	440	0.28	7.7	—
50	216	26	460	0.28	7.3	10.6
100	213	27	480	0.28	6.9	10.9
150	210	27	490	0.28	6.8	11.1
200	207	28	510	0.28	6.8	11.3
250	203	28	530	0.28	6.7	11.5
300	199	29	550	0.28	6.6	11.7

(续表)

温度/℃	弹性模量 ×10³,MPa	热导率 W/(m·K)	比热容 J/(kg·K)	泊松比	热扩散率 ×10⁻⁶,m²/s	平均线膨胀系数 ×10⁻⁶,℃
350	195	29	570	0.29	6.3	11.8
400	190	29	600	0.29	6.1	12.0
450	186	30	630	0.30	5.9	12.1
500	181	30	660	0.31	5.6	12.3
550	175	30	710	0.31	5.4	12.4
600	168	30	770	0.32	5.0	12.6
650	162	30	860	0.34	4.5	12.7

3.2 T91/P91 钢的焊接性能

管道用钢的焊接性是极为重要的工艺性能，美国橡树岭国家实验室最早开展了 T91 钢的可焊性研究，后来法国、日本、英国的研究机构都相继开展了这方面的工作，主要进行焊接热裂纹、焊根裂纹、V 形坡口、氧敏感性、消除应力裂纹、预热温度以及焊件的拉伸蠕变特性等试验。结果表明该材料焊接性能优于其他钢种，而且给出了比较成熟的焊接工艺和方法。T91 钢可以采用电弧焊接（包括氩弧焊）方法进行焊接，典型的有手工电弧焊（SMAW）、埋弧焊（SAW）、钨极气体保护焊（GTAW）、熔化极气体保护焊（GMAW）等焊接工艺。德国规定 T91 钢可按所有现行方法进行焊接，预热温度和层间温度在 180～250 ℃，在这种预热温度下焊接时不会出现裂纹。焊条和焊剂的化学成分应使焊缝和母材一致或接近，使焊接金属具有与母材相同或更好的蠕变极限和持久强度。

对异种金属的焊接，各国也有成功的经验。根据法国的试验研究，T91 钢和异种金属的焊接工艺可参照表 3-4 进行。

表 3-4　T91 钢与异种金属的焊接工艺

材料	焊条	预热温度/℃	焊后热处理方法	备注
T91+T9	T91 或 T9 焊条	200		
T91+X20	T91 焊条	250	缓冷至 80～100 ℃,在 750 ℃以上回火	热处理时间均在 30 min 左右
T91+T22	T22 焊条	200	缓冷至室温,在 700～725 ℃回火	
T91+TP304H	Inconel82 焊条	200	缓冷至室温,在 700～730 ℃回火	

德国也有 T91 和 T22 焊接的成功经验，可用与 T22 相匹配的焊接材料。但由于 T22 与 T91 焊接部位有一个脱碳区，如果用 T22 焊条焊接，必须注意保证焊缝金属的碳质量分数足够高，以满足持久强度的要求。

3.3 T91/P91 钢的热处理工艺及力学性能

3.3.1 热处理工艺

T91/P91 钢的 A_{c1} 温度为 800~830 ℃，A_{c3} 温度为 890~940 ℃。T91/P91 钢的正火加热温度不宜过高，否则容易出现粗晶与混晶，导致室温和高温性能下降。但加热温度也不宜过低，否则合金元素固溶不充分，导致钢的强度下降。由于 T91/P91 钢的合金元素质量分数较高，其 C 曲线右移，提高了钢的淬透性，使 T91/P91 钢可在很宽的冷却范围内获得马氏体组织。对于厚壁管可采取淬火加回火工艺，提高冷却速度以保证得到马氏体组织。表 3-5 为相关标准推荐的 T91/P91 钢管的热处理工艺。

表 3-5　T91/P91 钢管的热处理工艺

标准	国别	正火	回火
GB 5310—2008	中国	1 040~1 080 ℃	750~780 ℃
ASME SA 182—2010	美国	1 040~1 080 ℃	730~800 ℃
ASME SA213—2010	美国	1 040~1 080 ℃	730~800 ℃
ASME SA 335—2010	美国	1 040~1 080 ℃	730~800 ℃
DIN EN 10216-2—2007	德国	1 040~1 090 ℃	730~780 ℃

如图 3-3 所示为 P91 钢 1 050 ℃正火 50 min、760 ℃回火 90 min 后的金相组织，为典型的回火马氏体，这是具有较高位错密度的回火板条马氏体组织和细小均匀弥散分布在界面上的 $M_{23}C_6$、MX（M 为 V、Nb 元素，X 为 C 或 N 元素）等碳氮化物，其典型组织特征如图 3-4 所示。$M_{23}C_6$ 主要在马氏体板条亚晶界处析出，有效阻滞了亚晶界在蠕变过程中的移动，保持了亚晶结构的稳定。MX 主要在亚晶内位错处析出，通过对位错进行钉扎来达到强化的目的。MX 中包含 Nb、V 等扩散系数很小的元素，因此在长期蠕变过程中，MX 析出相始终保持较为稳定的尺寸和分散度，是保持 T91/P91 马氏体耐热钢性能稳定的主要析出相。

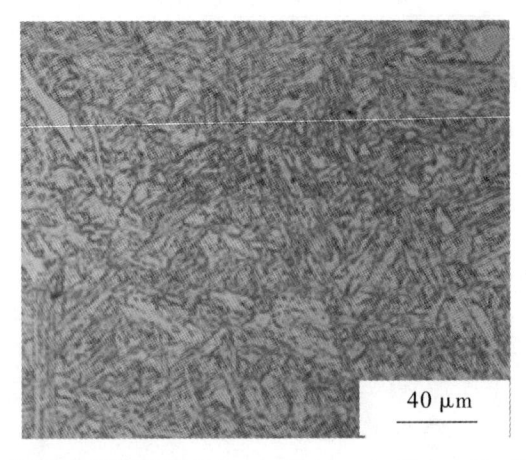

图 3-3　P91 钢热处理后的显微组织（1 050 ℃/50 min 正火+760 ℃/90 min 回火）

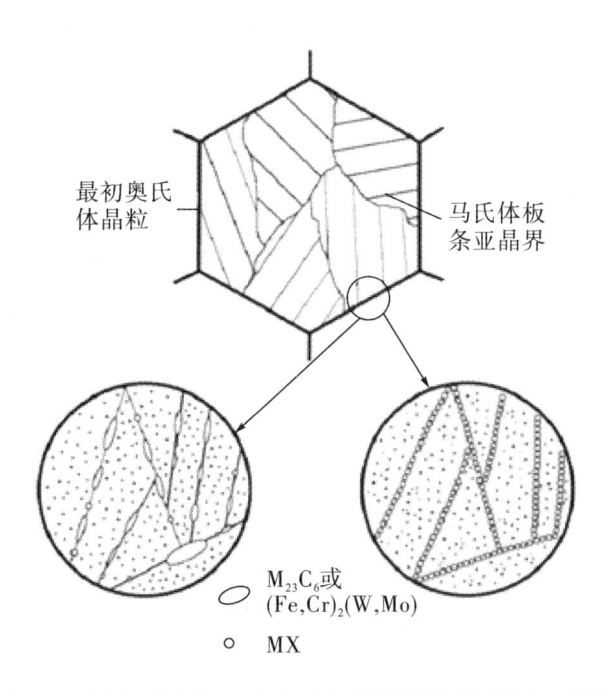

图 3-4　正火加回火热处理后 T91/P91 耐热钢显微组织示意图

3.3.2　力学性能

通过正火加高温回火热处理工艺,不仅可以控制原奥氏体晶粒的尺寸,还可以使得大量可动位错消除并使可析出相充分析出,极大地提高了组织稳定性,有效地保证了材料在高温长期服役时力学性能的稳定。大量固溶于基体的合金元素、细窄的马氏体板条内高密度的位错及尺寸细小弥散析出相的综合作用,使得材料固溶强化、位错强化及析出强化这三种强化方式互为补充,大大提高了钢的综合力学性能。表 3-6 列出了部分马氏体耐热钢的常温力学性能,表 3-7 列出了德国标准和中国标准对 T91/P91 钢高温屈服强度的下限值,表 3-8 列出了 ASME Boiler and Pressure Vessel Code 2010 推荐的 T91/P91、F91 在不同温度下的屈服强度和抗拉强度。

表 3-6　部分马氏体耐热钢室温下的常规力学性能

牌号	抗拉强度 /MPa	塑性延伸强度/MPa	断后伸长率/% 纵向	断后伸长率/% 横向	冲击吸收能量 KV_2/J 纵向	冲击吸收能量 KV_2/J 横向	硬度 纵向	硬度 横向
T91/P91	≥585	≥415	≥20	≥13	—	—	≤250	≤265
F91	≥585	≥415	≥20		Z≥40		≤248	—
X10CrMoVNb9-1	630~830	≥450	≥19	≥17	≥40	≥27	—	—
10Cr9Mo1VNbN	585~830	≥415	≥20	≥16	≥40	≥27	≤250	≤265

表 3-7　T91/P91 钢不同温度下屈服强度的下限值（MPa）

标准	下限值										
	100 ℃	150 ℃	200 ℃	250 ℃	300 ℃	350 ℃	400 ℃	450 ℃	500 ℃	550 ℃	600 ℃
DIN EN 10216-2—2007	410	395	380	370	360	350	340	320	300	270	215
GB 5310—2008	384	378	377	377	376	371	358	337	306	260	198

表 3-8　不同温度下 T91/P91/F91 钢的屈服强度和抗拉强度

温度/℃	屈服强度/MPa	抗拉强度/MPa	温度/℃	屈服强度/MPa	抗拉强度/MPa
−30~40	414	586	375	366	549
100	384	586	400	358	534
150	378	586	425	348	516
200	377	584	450	337	494
250	377	582	475	322	469
300	377	577	500	306	441
325	375	570	525	288	410
350	371	561			

不同的回火工艺对钢的力学性能有较大影响。研究表明,质量分数为 9% 的 Cr 钢在 1 060 ℃ 正火 2 h,在不同温度(700~850 ℃)回火 3 h 后,其组织和力学性能有较大差异。图 3-5 是 1 060 ℃ 正火后的显微组织,为板条状马氏体,其亚结构为相互平行的细长板条,内部有高密度位错,板条宽度为 0.2~0.4 μm,取向不同的马氏体板条束相互间交错排列,还有少量未溶碳化物。

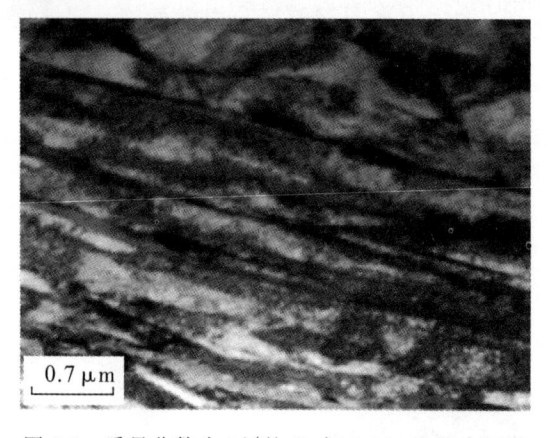

图 3-5　质量分数为 9% 的 Cr 钢 1 060 ℃ 正火组织

经不同温度回火 3 h 后的组织如图 3-6 所示,其组织形态见表 3-9。

第 3 章 马氏体耐热钢

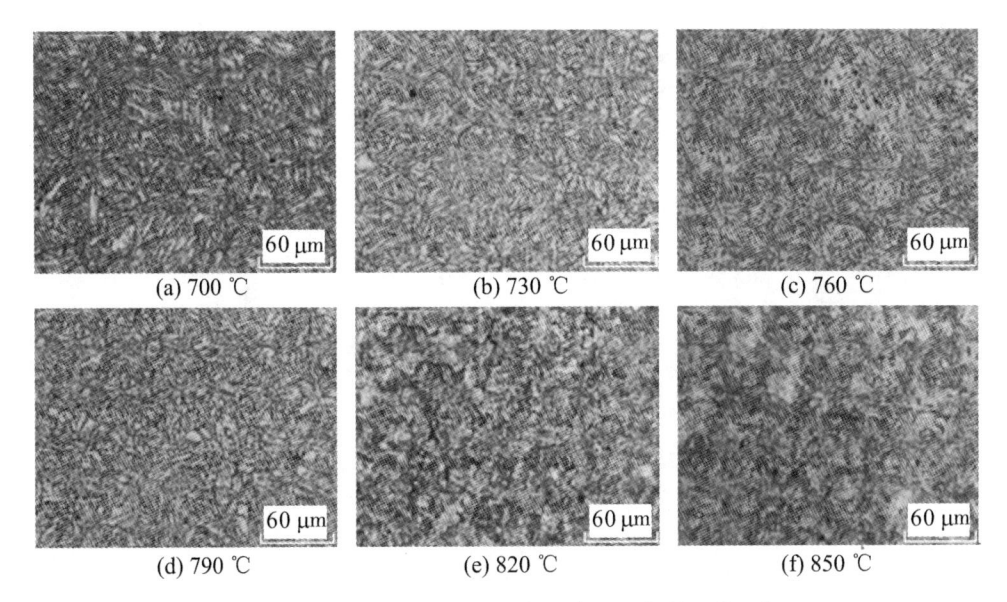

图 3-6 不同回火温度质量分数 9% 的 Cr 钢的显微组织

表 3-9 不同回火温度质量分数 9% 的 Cr 钢显微组织特征

回火温度/℃	显微组织特征
700 730	回火后组织未发生再结晶现象,主要是保留板条形态、破碎的回火马氏体,板条内有许多细小的亚晶,位错密度有所降低,部分板条发生不充分的回复和多边形化,马氏体内部主要发生 C 的扩散、聚集和重新分布
760	正火态板条马氏回复为破碎的、晶粒细小的回火马氏体组织,但仍保留马氏体形貌,板条内形成细小均匀的亚晶块,位错密度降低,并伴随着 $M_{23}C_6$ 型碳化物的析出
790	发生部分再结晶,有少量小块等轴状铁素体生成,马氏体的多边化回复较完整,Cr、Mo 等从基体固溶态向 $M_{23}C_6$ 扩散并在晶界附近聚集,发生 Ostwald 熟化,固溶强化效果降低
820 850	组织中可以看见明显的大块铁素体和一定量的马氏体,相当于进行了一次不完全正火,导致钢的强韧性失配

不同温度回火后钢的力学性能如图 3-7 所示,可见,随回火温度升高,抗拉强度 R_m 和屈服强度 R_{eL} 都呈先下降、后上升的趋势,而冲击吸收功 A_{kv} 先增加、后降低,其原因是固溶强化、析出强化、板条马氏体相变强化、位错强化等强化机制共同作用的结果。回火温度为 700 ℃ 时,由于马氏体回火不充分,仍然保持板条形态,具有较高的强度,但韧性较差;回火温度升高至 730~790 ℃ 时,回火较为充分,回火马氏体板条显著破碎化导致抗拉强度和屈服强度下降,但由于晶粒明显细化,因此冲击吸收功较高,在 760 ℃ 时达到最高值 285 J;820 ℃ 和 850 ℃ 回火时进入 $\alpha + \gamma + (Fe,Cr)_{23}C_6$ 三相区,其中 γ 相转变为细小的马氏体组织,导致强度升高但韧性下降,钢的强韧性失配。随回火温度升高,钢的延伸率基本保持稳定,保持在 24% 左右,综合力学性能在回火温度为 760 ℃ 时最佳。

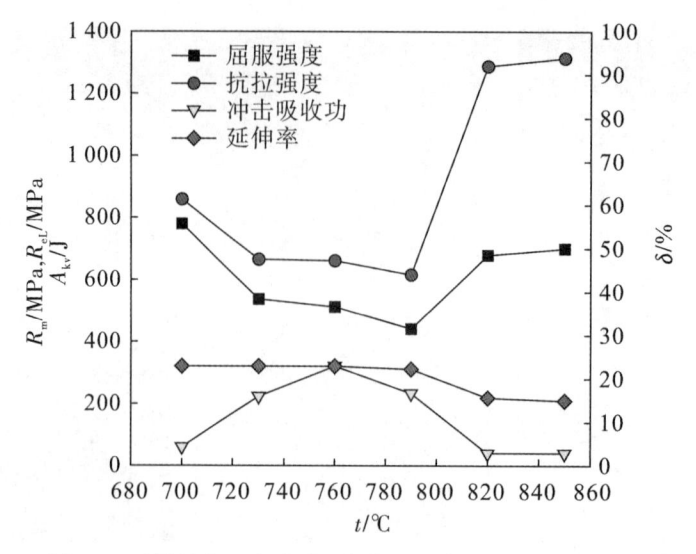

图 3-7　不同回火温度时质量分数为 9% 的 Cr 钢的力学性能

图 3-8 为 760 ℃和 850 ℃回火试样冲击断口形貌,760 ℃回火试样冲击断口为韧性断裂,有明显的韧窝,断面起伏较大且分布均匀,而 850 ℃回火试样冲击断口为解理和准解理断裂。

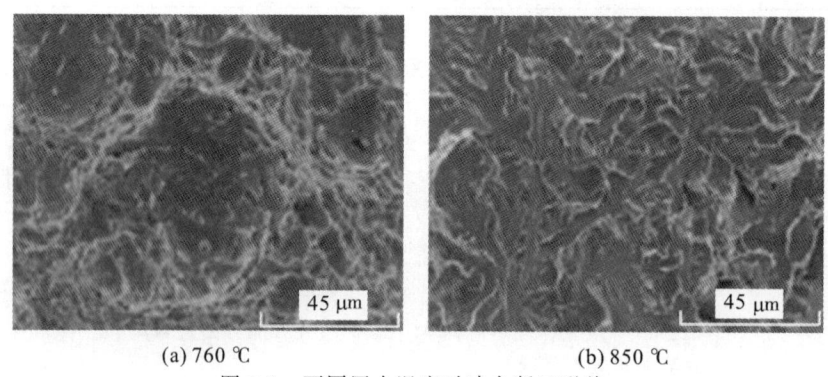

(a) 760 ℃　　　　　　　　　　(b) 850 ℃
图 3-8　不同回火温度时冲击断口形貌

选择 760 ℃回火试样进行 200～600 ℃高温拉伸,拉伸速率 1 mm/min,拉伸结果如图 3-9 所示,由图中可见,随温度升高,抗拉强度和屈服强度均呈下降趋势,但都满足相应标准的要求。

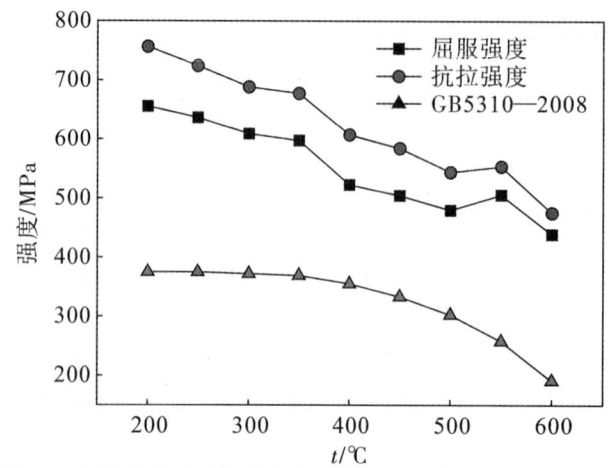

图 3-9　不同温度时质量分数为 9% 的 Cr 钢高温拉伸力学性能

3.4 T91/P91 耐热钢的高温组织转变

T91/P91 马氏体耐热钢通常应用在经受长期高温、高压、腐蚀等苛刻环境中服役的高温部件,如发电厂超(超)临界机组中环境最严苛的再热器、过热器、高温集箱及主蒸汽管道等部位,以及石化行业锅炉过热器、热交换器等。随服役时间的增长,材料会发生组织劣化,随着组织劣化程度的加重,材料的力学性能不断退化出现提前失效,甚至发生爆管等重大事故。高 Cr 马氏体耐热钢组织劣化及性能退化主要与高温服役过程中亚结构的演变、析出相的粗化以及服役过程中新相(Laves 相和 Z 相)的析出有关。

3.4.1 亚结构的演变

T91/P91 马氏体钢经回火后的亚结构是典型的板条马氏体,这些板条由几个原子层厚度的位错墙形成的板条界隔开,这些马氏体板条可极大地提高材料的抗高温蠕变性能,但在高温和应力的持续作用下,这些板条马氏体也会发生回复。在高温蠕变初期,高位错密度的马氏体板条以板条界面合并,或板条内部形成亚稳态位错网来释放马氏体形变储存能,但仍保留了大量的马氏体板条界面,同时形成的低能态位错网也能保持钢在高温下具有良好的热稳定性和热强性,但是随着蠕变时间的延长,马氏体板条界逐渐消失,板条亚结构尺寸不断增加,导致材料的持久强度不断下降。

3.4.2 析出相的粗化

在高温长时间服役时,T91/P91 马氏体耐热钢中热处理后存在的析出相 $M_{23}C_6$ 碳化物和 MX 型碳氮化物均会发生相互吞并长大(Ostwald 熟化),使得析出相尺寸增大,析出强化作用减弱,钉扎位错和晶界的能力也被削弱,导致钢的蠕变持久性能降低。但 $M_{23}C_6$ 碳化物和 MX 型碳氮化物粗化的速率不同,MX 型碳氮化物粗化速率低,而钢中大量的 $M_{23}C_6$ 碳化物因具有较高的熟化速率使得其在长时蠕变过程中会发生严重粗化,大大弱化了弥散强化作用,降低了对晶界和亚晶界的钉扎效果,从而降低了材料的蠕变寿命。同时,长大的 $M_{23}C_6$ 碳化物容易引起应力集中,在应力作用下容易与基体分离,产生微裂纹,导致材料的提前失效。

3.4.3 Laves 相和 Z 相的析出

Laves 相是一种化学式为 AB_2 型的密排六方或六方结构的金属间化合物,在许多 Laves 相中,过渡族金属一般为组元 B,但有时也可以起组元 A 的作用。在 T91/P91 马氏体耐热钢中主要是 Mo 和 W 的 Laves 相,主要有 Fe_2Mo、Fe_2W 和 $(Fe,Cr)_2(Mo,W)$ 三种形式。Laves 相在热处理时并没有析出,而是耐热钢在高温下服役一段时间后才会析出,其析出时间与温度有关。析出的 Laves 相主要分布在晶界、亚晶界以及板条界上。目前 Laves 相对材料性能的影响尚存争论,主要是由于 Laves 相在析出过程中需要大量消耗 Mo 和 W 等固溶原子,造成固溶强化作用减弱,但是同时新析出的 Laves 相也会带来一定的析出强化效果。

耐热钢在长期(几万甚至几十万小时)服役过程中会析出硬脆的 Z 相,这是一种粗大的、极为稳定的氮化物,其成分为 Cr(V, Nb)N。在 T91/P91 钢中 Z 相的最快析出温度在 650 ℃左右,基体中 Cr 质量分数越高,其析出速度就越快。Z 相的析出通常需要消耗大量 MX 型碳氮化物,而且其尺寸也明显大于 MX 析出相,从而使得析出强化作用大大降低。同时,在长期服役过程中,Z 相析出处容易形成应力集中,导致其与基体之间分离产生蠕变空洞,降低材料的蠕变持久寿命,所以 Z 相的析出对蠕变极限和持久强度的危害要远大于其他析出相,被认为是耐热钢性能恶化的重要标志。

3.5 马氏体耐热钢的组织劣化评级标准

P91 和 P92 钢典型的组织劣化阶段具有相似的组织演化特征和性能退化特征,有研究把 P91 和 P92 的组织劣化程度分为 5 级,见表 3-10。一般认为,马氏体耐热钢达到重度劣化程度时即可判定为不能继续服役。

表 3-10 P91 和 P92 钢的劣化评级标准及组织特征

劣化程度	劣化级别	组织特征
超轻度劣化	1	基体主要以位错回涅灭为主,金相组织基本无变化,布氏硬度大于 175。$M_{23}C_6$ 碳化物发生轻微熟化,但仍弥散分布在原奥氏体晶界和马氏体板条界上,平均尺寸小于 0.3 μm。Laves 相析出数量很少,平均尺寸小于 0.2 μm
轻度劣化	2	基体主要以马氏体板条粗化及亚晶形核为主,金相组织出现粗大的板条束和部分等轴状的小亚晶,布氏硬度介于 160~175。$M_{23}C_6$ 碳化物发生相互吞并粗化,平均尺寸介于 0.3~0.4 μm。Laves 相析出数量增多,平均尺寸介于 0.2~0.3 μm
中度劣化	3	基体主要以大量亚晶形成为主,金相组织中可以明显看到马氏体板条特征基本消失被等轴状亚晶粒取代,布氏硬度介于 145~160。界面上大尺寸 $M_{23}C_6$ 碳化物开始吞并小尺寸碳化物,析出相间距明显增加,平均尺寸介于 0.4~0.5 μm。Laves 相大量析出并长大,平均尺寸介于 0.3~0.4 μm
重度劣化	4	基体主要以亚晶合并为主,金相组织中可以看到原奥氏体晶粒开始退化为亮白色的铁素体组织。晶粒内马氏体块界面逐渐消失,布氏硬度介于 130~145。$M_{23}C_6$ 碳化物尺寸出现明显两极分化,此时大于 0.1 μm 以上的析出相的有效平均尺寸介于 0.5~0.6 μm。Laves 相析出数量继续增加,出现明显的团簇现象,平均尺寸介于 0.4~0.5 μm
完全劣化	5	基体主要以再结晶晶粒形成和长大为主,金相组织中可以看到大片亮白色的无畸变铁素体组织,布氏硬度小于 130。$M_{23}C_6$ 碳化物两极分化现象极其严重,大尺寸析出相数量很少且均超过 2 μm。基体中大量分布着小于 0.2 μm 的未溶碳化物,此时大于 0.2 μm 的析出相的有效平均尺寸大于 0.6 μm。Laves 相团簇现象更加明显,大尺寸 Laves 相均超过 2 μm,Laves 相的平均尺寸大于 0.5 μm

3.6 高氮马氏体耐热钢

N 元素在钢中的溶解度极低,且导致钢的脆性增加,因此人们对添加 N 进行钢的合金化持谨慎态度,直到 20 世纪初,N 的有利作用才被认可并逐渐应用。一般认为马氏体基体中 N 质量分数大于 0.08% 时就可认为是高氮马氏体耐热钢。N 在钢中能以固溶强化、沉淀析出强化、形成化合物、原子偏聚、降低堆垛层错能等多种机制产生强化效应,并且不会像 C 那样导致晶间碳化物析出,因此,高氮马氏体耐热钢具有极高的屈服强度。

高氮马氏体耐热钢中的合金元素主要有 N、C、Cr、W、Co、Mo、V、Nb 等,其中 N 可以扩大奥氏体相区,对奥氏体的稳定作用甚至比 C 还要强,并且 N 还会与其他元素相互作用,在回火处理后析出 VN、NbN、Cr_2N、CrN 等强化相,可有效强化马氏体板条界,对位错起钉扎作用,从而有效提高钢的强度、耐磨性、耐蚀性和高温性能,如果用 N 部分替代 Ni 作为奥氏体稳定元素,既可以抑制 δ 相的析出,同时可极大地降低成本。

高氮马氏体耐热钢的铸态组织以马氏体(M)为主,并有部分高温铁素体(δ-F)组织。少量的 δ-F 组织可以提高材料的韧性,但其质量分数较多时会严重影响钢的冲击和拉伸性能,因此要严格控制其质量分数。N 的质量分数对 δ-F 组织的形成有较大影响,如图 3-10 所示,含 0.25% 的 N 钢的铸态组织由 M 和白亮色的 δ-F 组成,δ-F 质量分数大约占 15%[图 3-10(a)],而含质量分数为 0.3% 的 N 钢的铸态组织基本上为 M,几乎没有 δ-F 组织[图 3-10(b)]。

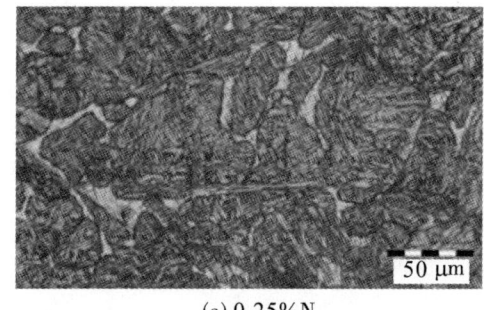

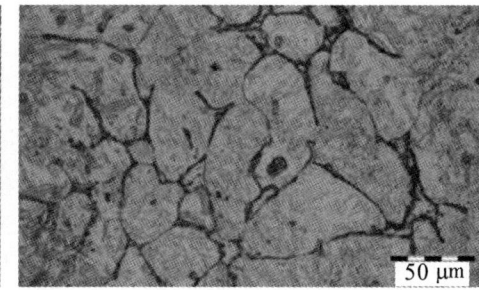

(a) 0.25%N (b) 0.3%N

图 3-10 不同 N 质量分数马氏体耐热钢的铸态组织

高氮马氏体耐热钢的强化机制主要有固溶强化、板条马氏体强化、沉淀强化和位错强化,不同的热处理工艺对钢的性能有较大影响。

参考文献

[1] 李益民,范长信,杨百勋,等. 大型火电机组用新型耐热钢[M]. 北京:中国电力出版社,2013.

[2] 杨旭. 高铬马氏体耐热钢组织老化、性能退化及剩余寿命评估[D]. 秦皇岛:燕山大学,2017.

[3] 于君燕. 9-12%Cr 铁素体/马氏体耐热钢的显微组织和力学性能研究[D]. 济

[4] 张斌,胡正飞. 9Cr 马氏体耐热钢发展及其蠕变寿命预测[J]. 钢铁研究学报,2010,22(1):26-31.

[5] 刘帆. P91 耐热钢中 δ-铁素体的研究[D]. 兰州:兰州理工大学,2017.

[6] 宁保群. T91 铁素体耐热钢相变过程及强化工艺[D]. 天津:天津大学,2007.

[7] 赵成志,魏双胜,高亚龙,等. 超临界与超超临界汽轮机耐热钢的研究进展[J]. 钢铁研究学报,2007,19(9):1-5.

[8] KADOYA Y, DYSON B F, MCLEAN M. Microstructural stability during creep of Mo- or W-bearing 12Cr steels[J]. Metallurgical and Materials Transactions A,2002,33(8):2549-2557.

[9] HALD J. Microstructure and long-term creep properties of 9-12% Cr steels[J]. International Journal of Pressure Vessels and Piping,2008,85(1-2):30-37.

[10] DANIELSEN H K, HALD J. Behaviour of Z phase in 9～12% Cr steels[J]. Energy Materials: Materials Science and Engineering for Energy Systems,2006,1(1):49-57.

[11] 崔辰硕,高秀华,苏冠侨,等. 回火温度对高 Cr 马氏体耐热钢组织与性能的影响[J]. 东北大学学报(自然科学版),2018,39(4):501-505.

[12] DANIELSEN H K, HALD J. On the nucleation and dissolution process of Z-phase Cr (V, Nb) N in martensitic 12% Cr steels[J]. Materials Science and Engineering A,2009,505(1-2):169-177.

[13] SAWADA K, KUSHIMA H, KIMURA K, et al. TTP diagrams of Z phase in 9%～12% Cr heat-resistant steels[J]. ISIJ International,2007,47(5):733-739.

[14] 胡正飞. 马氏体耐热钢的应用研究与评价[M]. 北京:科学出版社,2018.

[15] 孔维维. 高氮马氏体耐热钢组织与性能研究[D]. 天津:天津理工大学,2020.

第 4 章 奥氏体耐热钢

动力工业的燃气轮机叶片、轮盘、发动机气阀和喷气发动机的某些零部件,工作温度一般在 600~750 ℃,有的可达 850 ℃。石油化工装置的许多部件,例如制氢转化炉管、乙烯裂解炉管等,工作温度有的在 1 000 ℃ 以上,并且还经受高压、氧化、腐蚀及渗碳性介质的强烈作用,因此珠光体耐热钢和 α-Fe 基马氏体耐热钢在组织稳定性和热强性两个方面都难以胜任。γ-Fe 基奥氏体耐热钢比 α-Fe 基耐热钢具有更好的热强性,其原因是 γ-Fe 晶格的原子间结合力比 α-Fe 大,并且 γ-Fe 中 Fe 及其他元素原子的扩散系数小,再结晶温度高,一般在 800 ℃ 以上,而 α-Fe 再结晶温度仅为 450~600 ℃。γ-Fe 基耐热钢还具有较好的抗氧化性、高的塑性和韧性以及良好的可焊性,这也是奥氏体耐热钢在石油化工、热电等行业中得到广泛应用的原因。但奥氏体钢也存在室温强度低、导热性差、压力加工及切削困难等缺点。

奥氏体耐热钢是指以 γ-Fe 为基体,加入 Ni、Cr、Mn 等合金元素,在室温下组织为奥氏体的耐热钢种,最主要的是以 18-8 型奥氏体不锈钢和 25-20 奥氏体耐热钢为基础发展起来的耐热钢系列。18-8 型耐热钢是在 18-8 型奥氏体不锈钢基础上发展起来的,图 4-1 是锅炉用奥氏体耐热钢的发展历程。

石化装置中转化炉和裂解炉的关键部件包括炉管辐射段、集气管、猪尾管等,服役温度通常在 750~1 080 ℃,其制造用材料主要为具有良好抗氧化、抗渗碳、耐腐蚀和抗蠕变性能的 Fe-Cr-Ni 基奥氏体耐热钢。

在 20 世纪 50 年代以前,转化炉管和裂解炉管的材料主要为锻造 HT 奥氏体合金,但该种合金因 C 质量分数较低,抗蠕变性能较差。从 20 世纪 50 年代开始,出现了离心铸造 HK40(25Cr-20Ni 耐热钢,国内牌号 ZG30Cr25Ni20)和 HP40(25Cr-35Ni 耐热钢,国内牌号 ZG45Ni35Cr25)奥氏体耐热钢,与锻造 HT 奥氏体合金相比,其蠕变极限、抗氧化性能以及高温持久强度都得到显著提升。进入 20 世纪 80 年代后,不断提高的转化炉工艺参数对炉管材料的强度和寿命提出了更高的要求,在 HP40 奥氏体耐热钢的基础上,通过添加 Nb 和微量的 Ti、W、Zr、Re 等元素,开发出了一系列改进型的 HP40Nb、HPMA(MA 指微合金化的钢,常用元素为 Zr 和 Ti)奥氏体耐热钢,并逐渐得到了推广应用。

转化炉中集气管和猪尾管等管件的服役温度略低于炉管辐射段,其材料一般为 800 或 800H 奥氏体耐热钢。由于 800 系列奥氏体耐热钢的 C 质量分数较低,抗蠕变性能相对较差,因此在其成分的基础上添加了质量分数为 1% 的 Nb,开发出了 20Cr32NiNb(国内牌号 ZG10Ni31Cr20Nb1)奥氏体耐热钢,其蠕变强度与 HK40 奥氏体耐热钢相当,目前,20Cr32NiNb 奥氏体耐热钢已逐渐成为集气管件的理想材料。

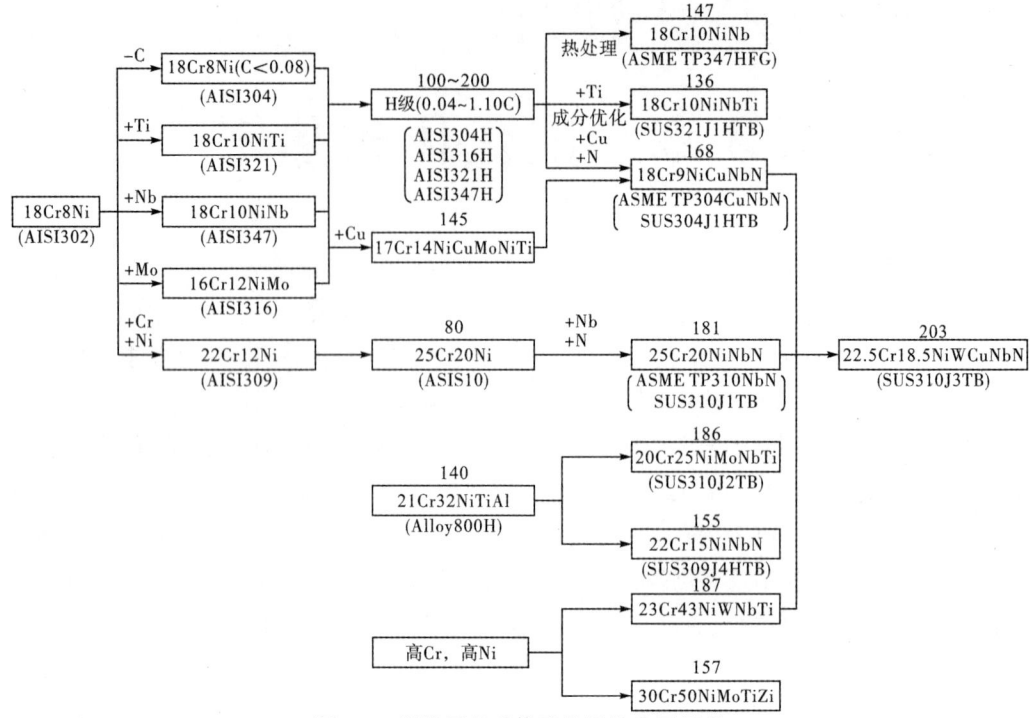

图 4-1 锅炉用奥氏体耐热钢的发展历程

[方框内为国内牌号,括号内为相应国外牌号,方框上方数字表示 600 ℃下 10^5 h 的持久强度(MPa)]

转化炉用奥氏体耐热钢的发展如图 4-2 所示,目前已形成多种铸造的 Fe-Cr-Ni 基奥氏体耐热钢。不同钢的原始铸态组织不尽相同,其制件在服役过程中也表现出了不同的抗高温蠕变特性,表 4-1 列出了几种典型转化炉用 Fe-Cr-Ni 基奥氏体耐热钢的化学成分。

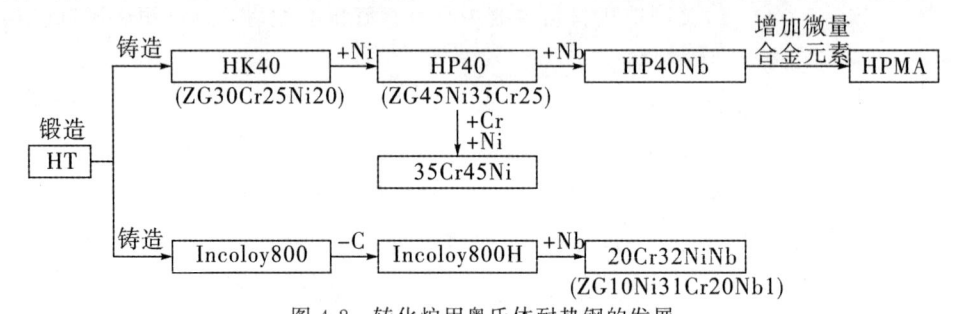

图 4-2 转化炉用奥氏体耐热钢的发展

(方框内为国外牌号,括号内为国内相应牌号)

表 4-1 典型 Fe-Cr-Ni 基奥氏体耐热钢的化学成分

牌号	元素质量分数/%							
	C	Ni	Cr	Nb	Ti	Si	P	S
HK40	0.35~0.45	19.0~22.0	24.0~26.0	—	0.20~0.60	≤0.75	≤0.03	≤0.02
HP40	0.37~0.45	34.0~37.0	24.0~27.0	—	≤0.60	≤2.0	≤0.03	≤0.02

(续表)

牌号	元素质量分数/%							
	C	Ni	Cr	Nb	Ti	Si	P	S
HP40Nb	0.38~0.45	34.0~37.0	24.0~27.0	0.60~1.25	—	0.50~1.50	≤0.03	≤0.03
HPMA	0.38~0.45	34.0~37.0	24.0~27.0	0.60~1.25	Ti、Zr 微量	0.50~1.50	≤0.03	≤0.03
Incoloy800	≤0.1	30.0~35.0	19.0~23.0	—	0.15~0.60	≤1.0	≤0.015	≤0.015
Incoloy800H	0.05~0.10	30.0~35.0	19.0~23.0	—	0.15~0.60	≤1.0	≤0.015	≤0.015
20Cr32NiNb	0.05~0.15	31.0~35.0	19.0~22.0	0.50~1.50	—	0.50~1.50	≤0.03	≤0.03

为进一步提高奥氏体耐热钢的力学性能,主要采用两种强化方式,一种是增加 Ni 的质量分数,进一步增强钢的高温稳定性;另一种是通过添加 Nb、Ti、Zr、W、Mo、Re 等微量元素,细化晶粒,同时增强二次碳化物的弥散固溶作用,预防 Cr_3C_2、σ 相等低熔点、低强度相的大量析出,从而有效提高了材料的高温蠕变强度和抗渗碳能力,延长使用寿命。但这些措施也带来了一些新问题,如高的 Ni 质量分数不仅使材料的成本上升,也显著降低了材料用于石化裂解装置时的抗结焦能力。

在 800 ℃以上的温度下服役时,通常铸造状态材料的持久强度比锻造状态或热轧状态材料要高,这是由于为保证良好的锻造性能,限制了合金元素的种类和添加量,而铸造材料既能提高 C 质量分数,又能添加可以改善耐热钢热强性的 Co、W、Mo、Ni、Al、Ti、B 等合金元素,同时,铸造材料的晶粒比锻件要粗大,持久强度比细晶材料更高,因此近年来高温炉管广泛采用离心铸管。

美国材料试验协会(ASTM)采用美国合金铸造研究所(ACI)的牌号,将 HA、HC、HD、HE、HF、HH、HI、HK、HL、HN、HP、HT、HU、HW、HX 共 15 种高温承压用 H 系列耐热合金("H"表示用于超过 650 ℃使用的铸钢)列入标准,其牌号和化学成分见表 4-2,最高使用温度和基本性能见表 4-3。

表 4-2　H 系列耐热合金的牌号和化学成分

代号	牌号	化学成分/%						
		C	Cr	Ni	Mn	Si	Mo	S	P
					不大于				
HA	9Cr	≤0.20	8.0~10.0	—	0.65	1.00	1.20	0.04	0.04
HC	28Cr	≤0.50	26.0~30.0	≤4.00	1.00	2.00	0.50	0.04	0.04
HD	28Cr-5Ni	≤0.50	26.0~30.0	4.0~7.0	1.50	2.00	0.50	0.04	0.04
HE	29Cr-9Ni	0.20~0.50	26.0~30.0	8.0~11.0	2.00	2.00	0.50	0.04	0.04
HF	19Cr-9Ni	0.20~0.40	18.0~23.0	8.0~12.0	2.00	2.00	0.50	0.04	0.04
HH	25Cr-12Ni	0.20~0.50	24.0~28.0	11.0~14.0	2.00	2.00	0.50	0.04	0.04

(续表)

代号	牌号	化学成分/%							
		C	Cr	Ni	Mn	Si	Mo	S	P
					不大于				
HI	28Cr-15Ni	0.20~0.50	26.0~30.0	14.0~18.0	2.00	2.00	0.50	0.04	0.04
HK	25Cr-20Ni	0.20~0.60	24.0~28.0	18.0~22.0	2.00	2.00	0.50	0.04	0.04
HL	29Cr-20Ni	0.20~0.60	28.0~32.0	18.0~22.0	2.00	2.00	0.50	0.04	0.04
HN	20Cr-25Ni	0.20~0.50	19.0~23.0	23.0~27.0	2.00	2.00	0.50	0.04	0.04
HP	26Cr-35Ni	0.35~0.75	24.0~28.0	33.0~37.0	2.00	2.50	0.50	0.04	0.04
HT	15Cr-35Ni	0.35~0.75	15.0~19.0	33.0~37.0	2.00	2.50	0.50	0.04	0.04
HU	19Cr-39Ni	0.35~0.75	17.0~21.0	37.0~41.0	2.00	2.50	0.50	0.04	0.04
HW	12Cr-60Ni	0.35~0.75	10.0~14.0	58.0~62.0	2.00	2.50	0.50	0.04	0.04
HX	17Cr-60Ni	0.35~0.75	15.0~19.0	64.0~68.0	2.00	2.50	0.50	0.04	0.04

表 4-3　H 系列耐热合金的最高使用温度和基本性能

牌号	最高使用温度/℃	组织类型	性能特点
HC	1 093	铁素体	好的抗硫蚀和抗氧化性能
HD	1 093		有极好的抗硫蚀、抗氧化性能和焊接性能
HE	1 093	铁素体+奥氏体	比 HD 合金有更好的抗高温和抗硫蚀性能
HF	871		816 ℃时有适度的机械性能和极好的抗普通腐蚀性能
HH	1 093		760~982 ℃时有好的强度和抗氧化性能
HI	1 093		比 HH 合金有更好的抗氧化性能
HK	1 149	奥氏体	1 038 ℃时比 HH 合金有更高的强度和更好的抗氧化性能
HL	982		比 HK 合金有更好的抗硫蚀性能
HN	1 093		高温强度好
HP	1 093		高温时兼有抗氧化和抗碳化性能
HT	1 149		有良好的抗热冲击和抗热疲劳性能,兼有良好的抗渗硫性能
HU	1 149		比 HT 合金有更高的高温强度
HW	982		随 Ni 质量分数的增加,有更好的抗热冲击、抗热疲劳和抗碳化性能
HX	1 149		有良好的抗蒸汽循环疲劳性能,不产生变形和裂纹

  HP 耐热钢根据用户的不同要求已衍生出很多新型钢种,而未合金化的 HP 耐热钢只占市场供应量很少的部分。新改进的 HP 耐热钢具有更优异的高温蠕变强度和延伸率,更好的抗渗碳、抗氧化性能和更高的工作温度,能在 1 100 ℃的环境中使用。衍生的 HP 耐热钢在本质上可分为两类,第一类添加元素 Nb 和 W 以改进蠕变断裂性能(如 HP-40Nb),第二类在第一类的基础上进一步加入 Ti 等微合金元素(如 HPMA),比第一类 HP 耐热钢有更高的断裂性能。在这类 HP 耐热钢中,为了适于在高碳势环境下使用,在其中又增加了 Si 的质量分数。图 4-3 示出了法国玛努尔工业有限公司开发出的 HP 系列耐热钢牌号和演变过程,微量元素的添加在新钢种的开发过程中起到了决定性的作用。

  以下分别介绍常用的 18-8 型、HK40 型、HP 型和 Incoloy800 型奥氏体耐热钢。

第 4 章 奥氏体耐热钢

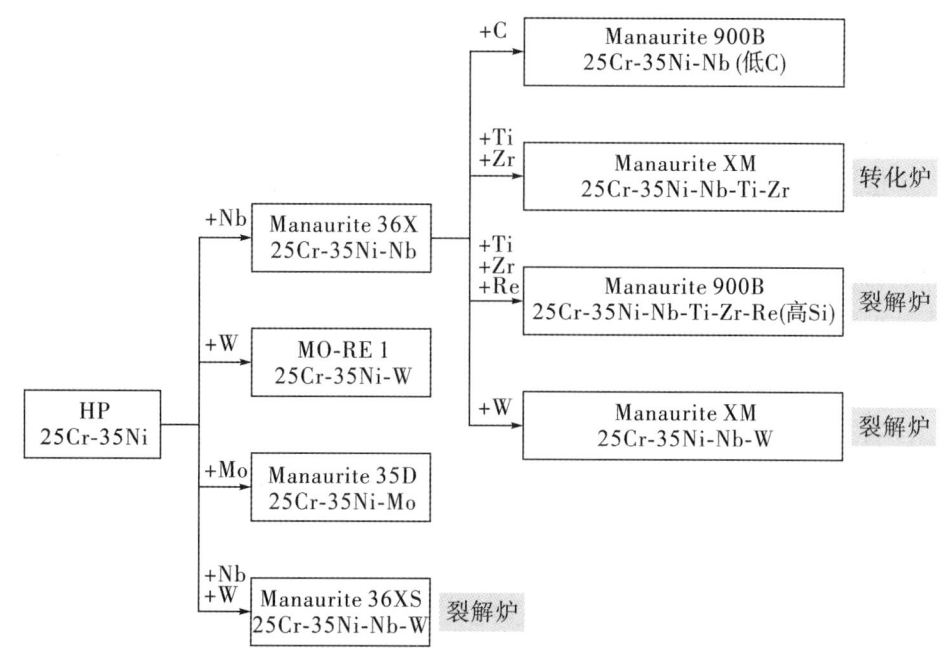

```
HP              +Nb   Manaurite 36X        +C    Manaurite 900B
25Cr-35Ni             25Cr-35Ni-Nb              25Cr-35Ni-Nb(低C)

                                          +Ti   Manaurite XM
                                          +Zr   25Cr-35Ni-Nb-Ti-Zr       转化炉

                                          +Ti
                                          +Zr   Manaurite 900B
                                          +Re   25Cr-35Ni-Nb-Ti-Zr-Re(高Si)  裂解炉

                +W    MO-RE 1             +W    Manaurite XM
                      25Cr-35Ni-W               25Cr-35Ni-Nb-W           裂解炉

                +Mo   Manaurite 35D
                      25Cr-35Ni-Mo

                +Nb
                +W    Manaurite 36XS   裂解炉
                      25Cr-35Ni-Nb-W
```

图 4-3 法国玛努尔工业有限公司 HP 系列合金发展历程

4.1　18-8 型奥氏体耐热钢

18-8 型奥氏体耐热钢是成分比较简单的 Cr-Ni 钢,含有质量分数为 18% 左右的 Cr,主要是为了使钢具有高的抗氧化性;含有质量分数为 9% 左右的 Ni 是为了形成单相奥氏体组织。18-8 型 Cr-Ni 耐热钢 C 质量分数比常用的 18-8 型 Cr-Ni 耐酸不锈钢要高,一般提高到 0.1%,即所谓 H 级不锈钢。而 18-8 型耐酸不锈钢,如 304(0Cr18Ni9)、321(0Cr18N9Ti)等的 C 质量分数一般不超过 0.08%,适当提高 C 质量分数,对提高钢的热强性是有利的。为了进一步提高这类钢的热强性,加入了适量的合金元素 Mo、Ti、W、Co、Nb 等,如 1Cr18Ni19Mo、1Cr18Ni9Ti、1Cr18Ni9Nb、1Cr18Ni12Mo2 钢等。

18-8 型奥氏体耐热钢主要用于工作温度比珠光体耐热钢高的场合,一般在 550 ℃ 以上,其正常工作温度可过 700 ℃,无负荷时在 800~850 ℃。

18-8 型奥氏体耐热钢的热处理制度一般是固溶处理加快速冷却,得到过饱和奥氏体组织,这种奥氏体组织是不稳定的,会随着服役时间延长而发生变化。

4.1.1　18-8 耐热钢的组织变化

随着服役时间的延长,18-8 型耐热钢基体组织中的滑移线、孪晶和层错逐渐消失,位错密度逐渐降低,位错线趋于直线,晶内第二相数量先增多后减少,颗粒尺寸无明显变化,晶界第二相数量逐渐增多、尺寸逐渐增大。无稳定化元素的奥氏体耐热钢如 304 和 316,当服役时间不长时,析出的第二相主要为 $Cr_{23}C_6$ 和 Cr_7C_3,随着服役时间的增加,会逐渐析出金属间化合物 σ 相。有稳定化元素 Nb、Ti 等的奥氏体耐热钢如 321 和 347,组织演变过程与304和316类似,但第二相除了 $Cr_{23}C_6$、Cr_7C_3 和 σ 相外,还有 NbC、TiC 和金属间化合物拉弗斯相(Laves phase)。

4.1.2　18-8耐热钢的性能变化

总的来说,若没有明显的蠕变损伤,奥氏体耐热钢的抗拉强度随着服役时间的增加有总体升高的趋势,并且存在两个上升较快的区间,一个大致在服役初期10～100 h,这是由于碳化物快速析出形成了弥散强化的结果;另一个大致在10 000 h以后,这是由于σ相的析出和尺寸逐渐变大所致,硬度的变化趋势和强度变化趋势基本一致。

奥氏体耐热钢长期在高温下服役时,随着晶内和晶界析出的第二相数量增多,对基体变形的阻碍作用不断增强,使得钢的塑性和韧性指标随着运行时间或时效时间的增加呈明显下降趋势。图4-4和图4-5分别为时效时间和σ相质量分数对耐热钢冲击韧性的影响,可以看出,随服役时间增加和σ相质量分数增加,钢的冲击韧性明显下降。

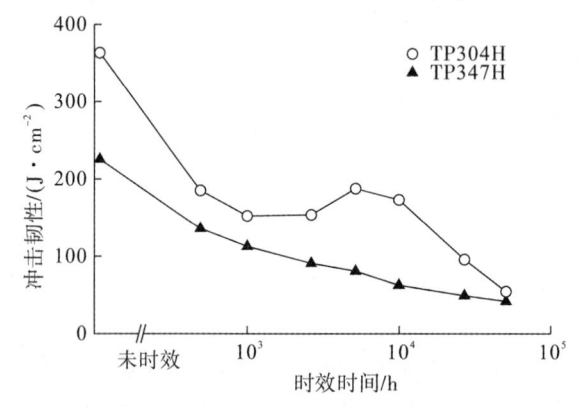

图4-4　冲击韧性随时效时间的变化

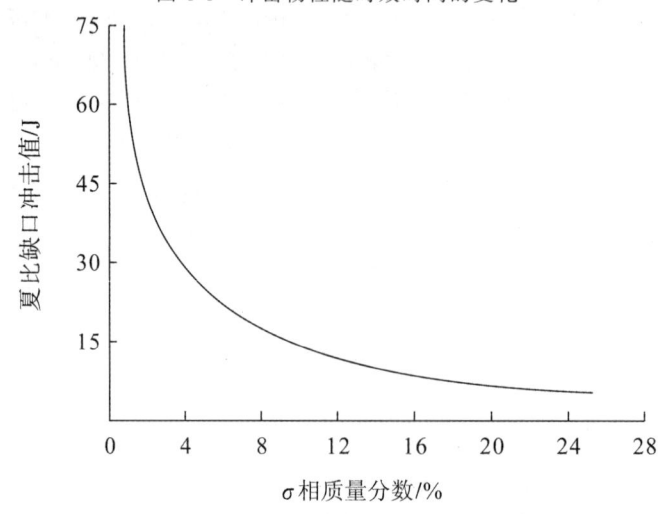

图4-5　σ相质量分数对Fe-Cr-Ni系奥氏体耐热钢冲击韧性的影响

第二相的析出不仅导致材料的塑性和韧性下降,而且在晶界上析出,且尺寸逐渐变大的第二相的弹性模量和力学性能与基体有差异,在第二相颗粒附近因变形不协调而产生应力集中,同时,这些第二相的热膨胀系数和导热率与基体也有差异,在材料服役冷热交替过程中,易在第二相颗粒附近形成热应力集中,这些因素都会导致在该处产生微观损伤。析出相对耐热钢性能的影响不仅取决于析出相的数量,还与析出相的形态、大小和分布状态有关,析出相在晶界上呈连续片状或者在晶内呈针状分布时对钢的性能影响最大。

4.1.3　18-8耐热钢微观组织的劣化分级及其特征

18-8耐热钢微观组织的劣化主要取决于服役温度和服役时间,主要有以下劣化特征:(1)微观组织形态的变化,即滑移线、孪晶、层错、位错等的变化;(2)第二相析出数量增多、颗粒粗化、相结构变化,包括新相的生成和旧相的转变等。

根据18-8型奥氏体耐热钢制锅炉管第二相析出的特性,把18-8型奥氏体耐热钢锅炉管分为两类,一类是不含稳定化元素的钢种如304和316,另一类是含稳定化元素Ti、Nb的钢种如321和347,两类钢的组织劣化均分为五级。表4-4是非稳定化18-8奥氏体耐热钢制锅炉管微观组织劣化分级和特征,图4-6为前4级对应的金相图谱。表4-5是稳定化18-8奥氏体耐热钢锅炉管组织劣化分级和特征,图4-7为前4级对应的金相图谱。

参考珠光体耐热钢组织劣化分级标准,一般在18-8奥氏体耐热钢组织劣化到4级时,即认为其不能保证安全服役,该构件即可判废。

表4-4　非稳定化18-8奥氏体耐热钢制锅炉管微观组织劣化分级和特征

劣化程度	劣化级别	微观组织特征
未劣化(原始态)	1	晶界和晶内分布有少量细小的第二相
轻度劣化	2	晶内分布着大量细小的第二相,并向晶界附近偏聚,晶界出现少量第二相颗粒
中度劣化	3	晶内第二相向晶界转移,晶内第二相数量减少,晶界第二相数量增多,颗粒尺寸有所增大
完全劣化	4	晶内存在少量第二相,晶界第二相数量增多,颗粒尺寸粗化,部分三叉晶界处有粗大第二相,部分晶界第二相成链状,晶界粗化
严重劣化	5	晶内存在少量第二相,大部分晶界第二相成链状,并严重粗化,较多三叉晶界处有粗大第二相

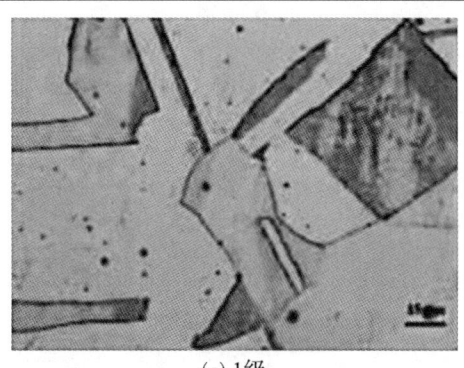

(a) 1级 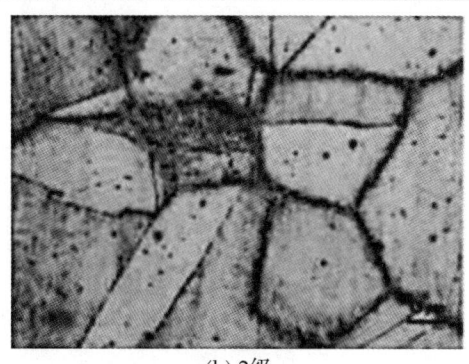　　　　　　　　　　(b) 2级

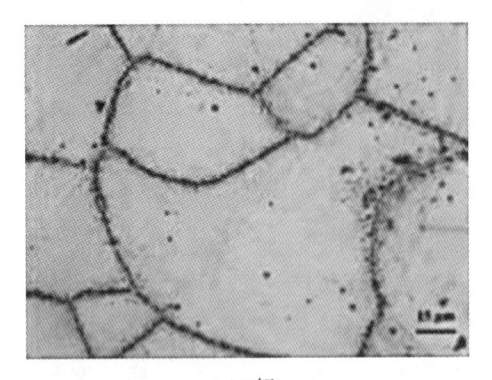

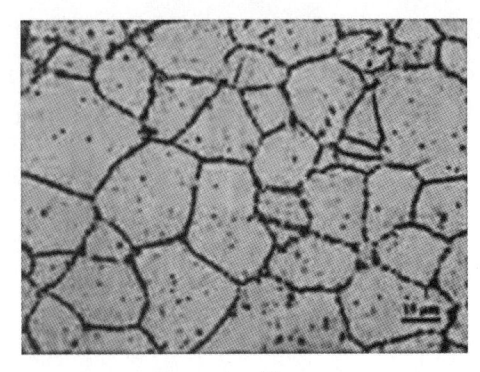

(c) 3级　　　　　　　　　　　　　　(d) 4级

图 4-6　非稳定化奥氏体耐热钢锅炉管不同组织老化级别金相图谱

表 4-5　稳定化 18-8 奥氏体耐热钢锅炉管组织劣化分级和特征

劣化程度	劣化级别	微观组织特征
未劣化(原始态)	1	晶界和晶内分布有少量细小的第二相
轻度劣化	2	晶内分布着稍多的细小第二相,晶界析出少量第二相颗粒
中度劣化	3	晶内第二相颗粒稍有粗化,晶界第二相数量增多,颗粒尺寸有所增大
完全劣化	4	晶内分布的第二相数量及颗粒尺寸基本不变,晶界第二相数量明显增多,颗粒尺寸粗化
严重劣化	5	晶内分布的第二相数量及颗粒尺寸基本不变,大部分晶界第二相成链状,并严重粗化,较多三叉晶界处有粗大第二相

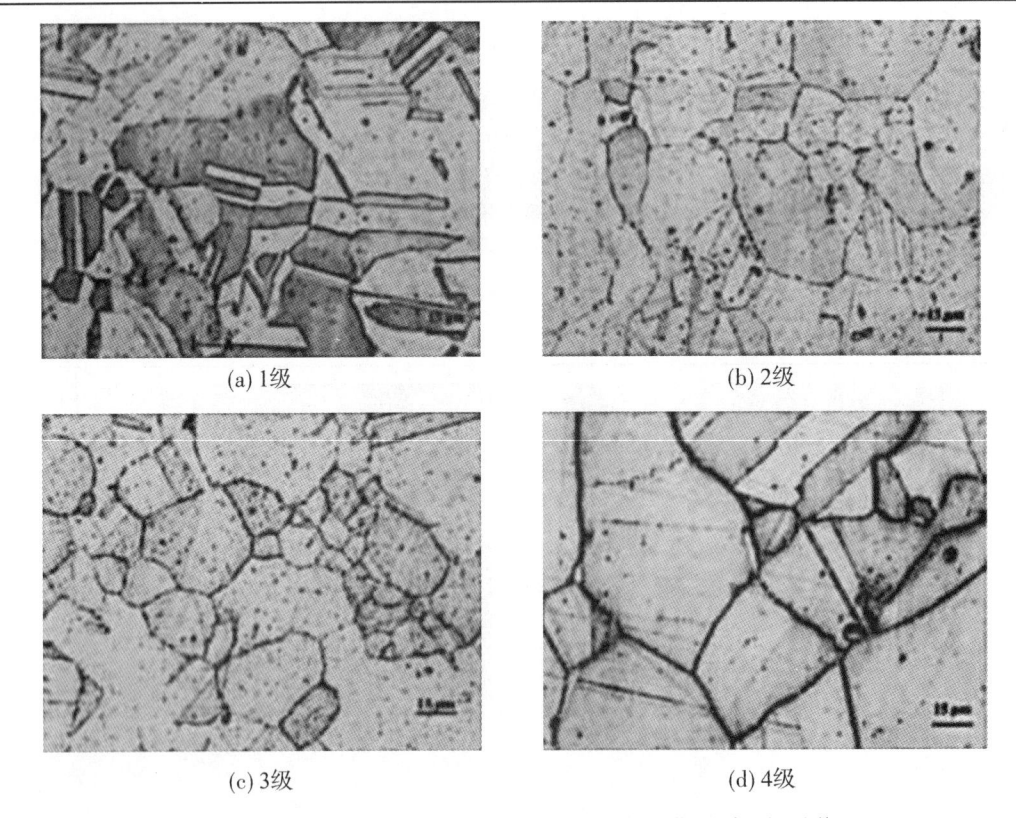

(a) 1级　　　　　　　　　　　　　　(b) 2级

(c) 3级　　　　　　　　　　　　　　(d) 4级

图 4-7　稳定化奥氏体耐热钢锅炉管不同组织老化级别金相图谱

4.1.4 组织劣化对耐热钢性能的影响

奥氏体耐热钢长期高温服役后会产生组织劣化,析出的第二相阻碍了晶内和晶界的变形,使材料的塑性和韧性降低,并且这些第二相的弹性模量、热膨胀系数、导热率等性能指标与基体有差异,容易因变形不协调而产生应力集中导致微空洞、微裂纹等损伤。同时,在晶界析出 $Cr_{23}C_6$ 和 σ 相,结果导致晶界附近贫 Cr,使晶界敏化,容易发生晶间腐蚀。

需要指出的是,18-8 型各种耐热钢的持久强度虽有差别,但都远大于 Cr-Mo 系列珠光体耐热钢,尤其是含有稳定化元素 Nb 的 347 钢的持久强度更高。

4.2 HK40 奥氏体耐热钢

20 世纪 50 年代,离心铸造的 HK40 耐热合金凭借其优异的综合性能迅速在石化行业中得到推广应用。HK40(ZG30Cr25Ni20)奥氏体耐热钢广泛用作转化炉的转化管,也常用作温度较低型裂解炉的裂解管或其他耐热部件。

HK40 耐热钢的 Cr 质量分数达到 25%,Ni 质量分数达到 20%,均高于 18-8 型奥氏体耐热钢,因此它们的热强性、耐高温腐蚀性能及抗高温氧化性能也明显高于 18-8 型奥氏体耐热钢,其在纯氧化条件下使用温度可达 1 000 ℃,用作转化管或裂解管时,其工作温度在 800~950 ℃,并能承受一定的压力,具有良好的抗渗碳性能、高的高温强度和塑性,以及较好的焊接性能,使用寿命可达 $1×10^5$ h。

HK40 钢制转化管和裂解管都是采用离心铸造法制造,这是因为离心铸管组织比较致密,持久强度和抗蠕变能力高,所制炉管质量较好而且比较稳定。

4.2.1 化学成分

HK40 耐热钢的化学成分见表 4-1,C 质量分数在 0.4%左右,同时添加了较高质量分数的 Cr 和 Ni,并加入一定量的 Si 和 Mn。钢中加入这些元素的主要目的是使钢具有高的高温强度、高的抗氧化性能和良好的组织稳定性,同时又能使 HK40 钢具有比较好的铸造性能、焊接性能和抗渗碳能力。

C:与 Cr 元素结合形成共晶碳化物,时效时从母相奥氏体中析出二次碳化物来保障钢具有一定的高温强度,图 4-8 是 HK40 耐热钢 C 质量分数和持久强度关系曲线。由图 4-8 可知,虽然不同温度下的变化幅度不同,但其总体趋势是一样的,即随 C 质量分数的增加,钢的持久强度也增加,因此,为保证钢具有一定的高温强度,应适当增加 C 质量分数。我国已将 C 质量分数的下限提高到 0.38%,日本神户制钢所提出的改良型 HK40 钢也将 C 质量分数下限从 0.35%提高到 0.4%。

Cr:保证钢具有高的高温强度和抗高温氧化性能的主要元素,Cr 与 O 的亲和力比 Fe 与 O 的亲和力大,会发生选择性氧化形成 Cr_2O_3 氧化膜,这种氧化膜结构致密稳定,与基体结合牢固,阻碍了氧化过程的进一步进行,所以从炉管损伤原因的统计数据来看,HK40 钢的氧化现象并不严重。但 Cr 是促进钢中 σ 相形成的元素,过多的 Cr 会促使形成较多的 σ 相,降低钢的性能,所以 Cr 质量分数以下限为宜。

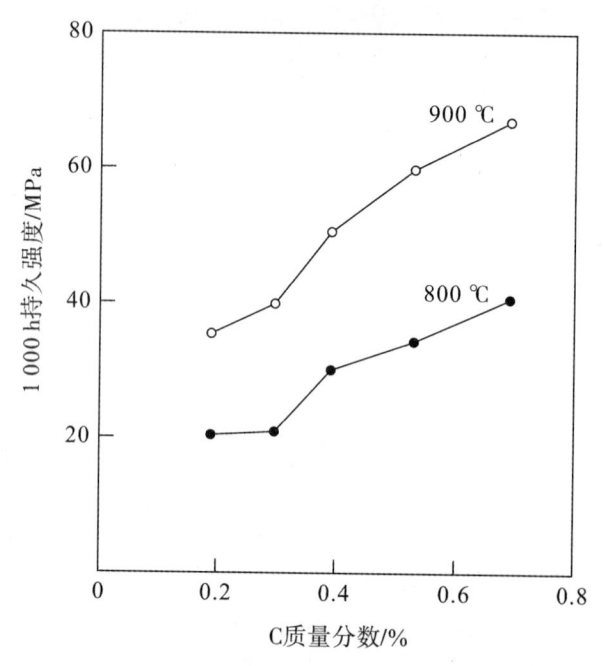

图 4-8 HK40 钢的持久强度和 C 质量分数的关系

Ni：使钢获得稳定奥氏体组织的主要元素，并能抑制 σ 相的形成，从而保证钢的高温强度和韧性以及较好的焊接性能，同时 Ni 也能提高钢的抗渗碳能力，所以，钢中 Ni 质量分数稍高一些是有益的。

Si：可以提高钢的抗高温腐蚀能力，也能提高钢的铸造性能和抗渗碳能力，但 Si 也是促进 σ 相形成的元素，因此质量分数不能过高，否则，不仅会降低钢的高温性能，也会恶化钢的焊接性能。

Mn：是奥氏体形成元素，如果 Mn 质量分数不多，一般对高温强度没有什么影响，但如果 Mn 质量分数较多时，会使钢的抗高温氧化性能下降，所以应控制其质量分数。

4.2.2 物理性能和力学性能

HK40 耐热钢的密度为 7.75×10^3 kg/m³，熔点为 1 400 ℃，常温下的弹性模量 $E \approx 1.55 \times 10^5$ MPa，随温度升高，HK40 耐热钢的弹性模量下降，见表 4-6，不同温度范围 HK40 耐热钢的平均线膨胀系数见表 4-7，导热系数见表 4-8。

表 4-6 不同温度下 HK40 耐热钢的弹性模量

温度/℃	弹性模量 $E/10^4$ MPa	温度/℃	弹性模量 $E/10^4$ MPa
20	15.5	200	9.8
900	8.0	1 000	7.4
1 100	5.3		

第4章 奥氏体耐热钢

表 4-7 不同温度范围 HK40 耐热钢的平均线膨胀系数

温度/℃	线膨胀系数 α/(10^{-6}℃)	温度/℃	线膨胀系数 α/(10^{-6}℃)
20～100	15.5	20～300	16.3
20～500	17.1	20～700	17.7
20～900	18.4	20～1 100	19.1

表 4-8 HK40 耐热钢的导热系数

温度/℃	导热系数 λ/[W·(m·K)$^{-1}$]
100	15.9
1 100	31.8

HK40 耐热钢规定的常温及高温短时力学性能见表 4-9。

表 4-9 HK40 耐热钢常温及高温短时力学性能

常温力学性能			高温短时力学性能/982 ℃	
断裂强度/MPa	屈服强度/MPa	延伸率/%	断裂强度/MPa	延伸率/%
≥440	≥246	≥10	61.9	15

大量试验数据表明,HK40 钢的常温力学性能与高温短时力学性能数据之间没有直接关系。对耐热钢而言,最重要的力学性能指标是持久强度,这也是高温部件主要的设计依据。对于使用寿命较长的高温部件,可以通过加速蠕变试验外推长时持久强度。

4.2.3 铸态宏观组织

HK40 钢转化炉管是离心铸造管,一般情况下,管壁最外层组织为细小的等轴晶,中间为柱状晶,内壁则是较粗大的等轴晶。但是由于离心铸造时冷却条件的不同,管壁组织也可能出现全是柱状晶,如图 4-9 所示,或者是两层柱状晶中间夹着一层等轴晶的情形,但无论是什么样的宏观组织,晶粒的形态只有两种,即柱状晶和等轴晶。由于离心力和重力的作用,柱状晶往往与管的径向成一定的角度,不同的组织形态对炉管的性能有一定影响。

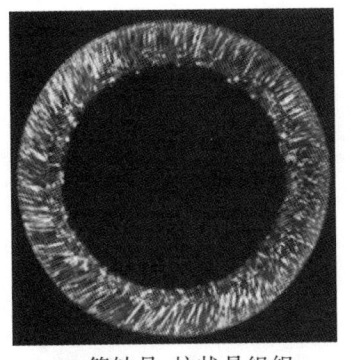

(a) 等轴晶+柱状晶组织　　(b) 全柱状晶组织

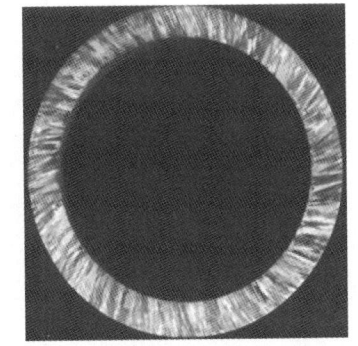

图 4-9 HK40 耐热钢铸管的宏观组织

4.2.4 铸态显微组织

HK40 钢在接近平衡状态,即缓慢冷却时,室温组织应该是奥氏体＋共晶碳化物

$M_{23}C_6$,但由于离心铸造冷却速度很快,凝固为一不平衡过程,先结晶的 M_7C_3 型碳化物来不及转变成 $M_{23}C_6$ 型碳化物,所以室温下的铸态组织是过饱和的奥氏体和共晶碳化物 M_7C_3,如图 4-10 所示。

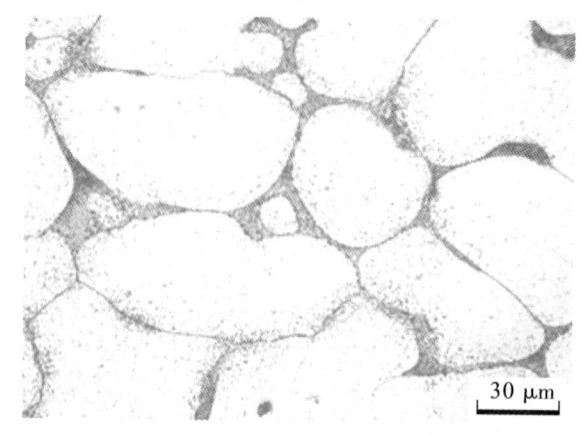

图 4-10　HK40 耐热钢铸态的显微组织(奥氏体+共晶体)

共晶碳化物主要有骨架状和块状两种形态,骨架状分布在晶界上,块状分布在枝晶间。在其他条件一定情况下,共晶碳化物的数量与 C 质量分数成正比。铸态时最初形成的共晶碳化物为 M_7C_3 型,在高温环境服役过程中,M_7C_3 会很快地转变成 $M_{23}C_6$,试验结果表明,在 850 ℃时效 10 h,不平衡的 M_7C_3 就能全部转变成 $M_{23}C_6$,并随着时效温度的提高而加速。M_7C_3 转变成 $M_{23}C_6$ 的过程是就地发生晶型转变,因此看不出形态的变化,但骨架状共晶碳化物是不稳定的,经高温长期运行后,骨架状共晶碳化物会转变成网链状,如图 4-11 所示。温度越高,运行时间越长,炉管组织的网链状越明显,链球相距越远。

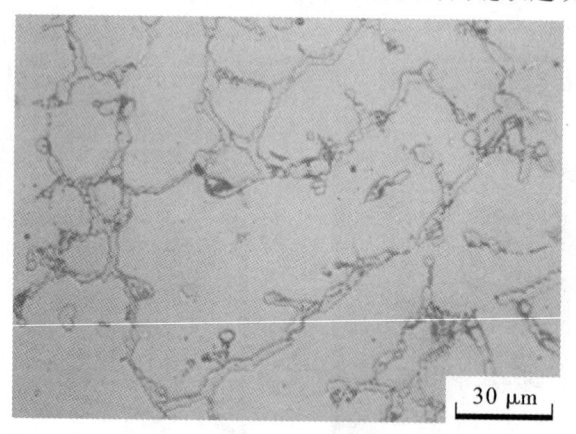

图 4-11　网链状碳化物(1 000 ℃,500 h 时效)

研究表明,骨架状共晶碳化物能提高钢的持久强度,同时也使沿晶界裂纹不易扩展。对某些裂纹的宏观观察表明,在同一横截面上,裂纹易在柱状晶界上产生和发展,而很少在等轴晶界上发生,这除了晶界的走向原因外,还有一个重要因素是同一横截面上等轴晶的骨架状共晶碳化物多于柱状晶的共晶碳化物。

4.2.5 二次碳化物

在 HK40 耐热钢的铸态组织中,奥氏体是含 C 的过饱和固溶体,在高温服役过程中会析出 M_7C_3 型二次碳化物,并在随后的服役过程中逐渐转变为 $M_{23}C_6$ 型碳化物,但是,由于显微组织成分偏析,在奥氏体晶粒内部,各部分的过饱和度是不一样的,在晶界与枝晶界含 C 较多,过饱和度大,而在枝晶轴区 C 质量分数较低,所以,在时效过程中,两个区域二次碳化物的析出速度是不一样的,在晶界或枝晶界附近,二次碳化物析出较多,如图 4-12 所示。

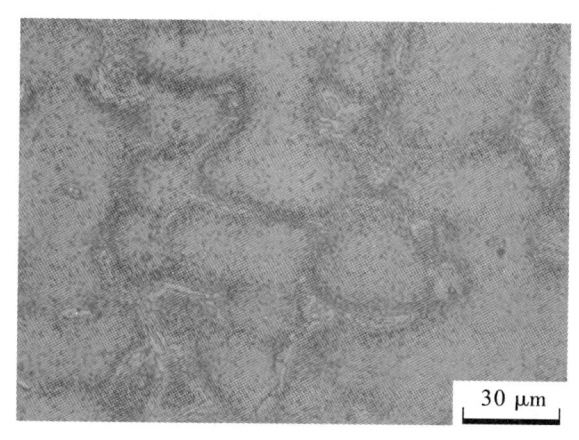

图 4-12 HK40 钢中二次碳化物的析出(1 000 ℃,200 h 时效)

对长期高温状态下运行的 HK40 耐热钢铸管的解剖分析表明,二次碳化物的大小主要与运行的温度和时间有关,而二次碳化物的数量主要与 C 质量分数有关,所以二次碳化物的弥散程度取决于钢材的 C 质量分数、运行温度和时间。

二次碳化物主要呈点状,也有四边形和棒状。棒状 $M_{23}C_6$ 型碳化物的形成与 C 质量分数和时效温度有关,一般认为,低的 C 质量分数和高的运行温度有利于棒状碳化物的形成。电子探针分析表明,$M_{23}C_6$ 的质量分数除 C 外,还含有约 63% 的 Cr、30% 的 Fe 和 6% 的 Ni。

总之,HK40 钢离心铸管在高温运行时,随时间的进行,奥氏体内部经历着二次碳化物弥散析出及粗化过程,对于运行时间相同的炉管来说,二次碳化物的粗化程度反映了运行温度的高低。

二次碳化物的弥散析出,提高了钢的高温持久强度。单位体积内二次碳化物数量越多、尺寸越小,则弥散度越高,一般用二次碳化物的平均直径来表示其弥散程度。随运行时间的增加,二次碳化物粗化,弥散程度降低,钢的持久强度和硬度也降低。在钢的 C 质量分数一定的情况下,二次碳化物粗化,即意味着平均直径增大。研究表明,奥氏体基体的维氏硬度 HV 值与二次碳化物平均直径呈直线关系,如图 4-13 所示。所以也可以用 HV 值代替二次碳化物的平均直径来反映其弥散程度。同时,钢的 HV 值与断裂时间之间存在类抛物线规律,如图 4-14 所示,可见,随着二次碳化物的粗化,钢的断裂时间降低,使用寿命缩短。

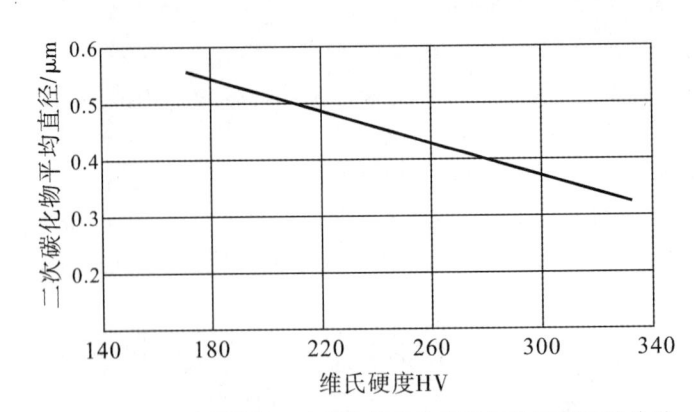

图 4-13　HK40 耐热钢二次碳化物平均直径与维氏硬度的关系

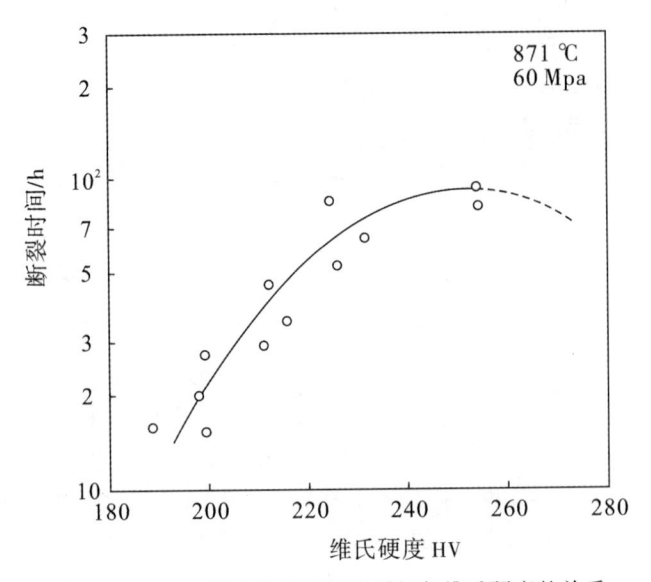

图 4-14　HK40 耐热钢蠕变断裂时间与维氏硬度的关系

4.2.6　晶界碳化物

HK40 耐热钢中,晶界碳化物在时效初期由 M_7C_3 型转变为 $M_{23}C_6$ 型,其形态也由骨架状转变为网链状。研究表明,随时效时间增加,晶界碳化物数量增加并逐渐粗化,基体硬度不断降低,如图 4-15 所示。HK40 耐热钢铸态直接时效,在较低温度时基体中保留骨架状碳化物形态,其断裂强度高于固溶处理后时效呈网链状碳化物形态的试样,而在较高温度时,铸态骨架状共晶碳化物会转变成网链状,此时断裂强度与固溶试样无明显差别,这可能是骨架状形态的碳化物晶界曲折,对晶界滑移和裂纹扩展起到了阻碍作用。实际上,晶界碳化物对材料性能的影响不仅和本身的形态和数量有关,还和晶内二次碳化物的粗化程度有关。

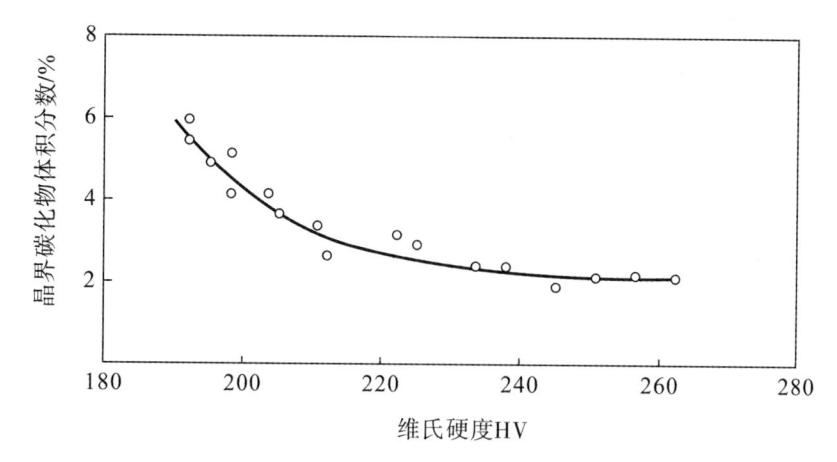

图 4-15 HK40 耐热钢晶界碳化物体积分数与维氏硬度的关系

4.2.7 σ相

奥氏体耐热钢在 700～850 ℃运行时,基体组织中会析出 σ 相。在 HK40 钢中,σ 相为 Fe-Cr 系合金,其成分范围大致是 Fe、Cr 质量分数均在 40% 以上,Ni 质量分数在 7%～10%,Si 质量分数在 2.5%～5%,Mn 质量分数在 0.1%～1.4%。

σ 相的二维形态有块状和针状两种,如图 4-16 所示。块状 σ 相主要分布在晶界和枝晶间,而针状 σ 相主要分布在奥氏体基体上。

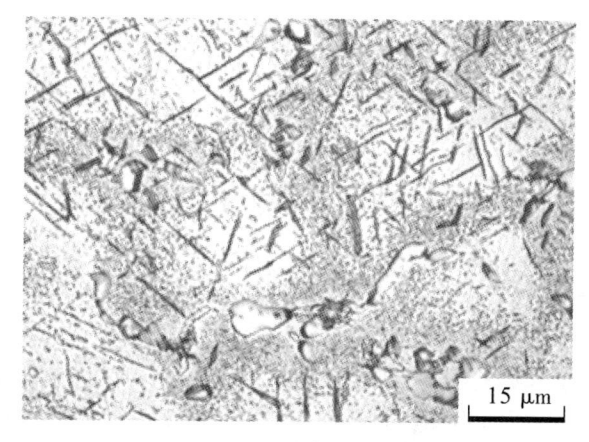

图 4-16 HK40 耐热钢铸管中 σ 相的形态

研究表明,钢的化学成分、服役温度、服役时间、塑性变形等因素均影响 σ 相的形成过程。对 HK40 耐热钢来说,含 C 越高,σ 相越少;含 Cr 越高,σ 相越多。在 HK40 钢中,σ 相最易析出的温度为 750～800 ℃。塑性变形会使基体缺陷增多,体系能量增加,应力增大且呈不均匀分布,促进了 σ 相的形成,并改变 σ 相的分布。

关于 σ 相对炉管高温持久强度,或者说对炉管寿命的影响,是国内外学者和使用者十分关注的问题,尽管目前的研究结果还不统一,但倾向性的结论是:晶界上块状 σ 相对 HK40 耐热钢的持久强度无明显影响;分布在晶内的小针状 σ 相对钢持久强度的影响也很小,但是大针状 σ 相,特别是穿过整个晶粒时,将会明显降低持久强度。相反地,如果 σ

相呈弥散分布,反而会提高钢的抗拉强度。

对 HK40 耐热钢炉管解剖分析表明,运行温度较低管段的 σ 相数量相对较多,而处于较高温度的管段,σ 相体积分数一般在 6% 以下。实际上,炉管产生蠕变断裂,通常就发生在运行温度高、σ 相量少的区域,据此可以认为,使炉管寿命降低的主要原因是共晶碳化物形态的改变和二次碳化物的粗化,与 σ 相关系不大,但 σ 相的形成会显著地降低耐热钢的常温塑性和韧性,而对高温短时拉伸性能影响不大,如图 4-17 所示。

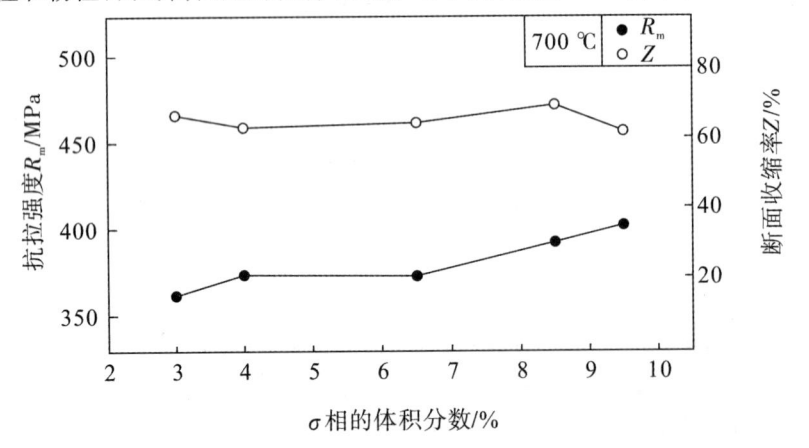

图 4-17　HK40 耐热钢炉管中 σ 相对高温短时拉伸性能的影响

由于 HK40 系列耐热钢中的强化元素质量分数有限,其蠕变强度较低,因此人们通过提高 HK 系列耐热钢中 Ni 元素的质量分数开发了 HP 系列耐热钢。

4.3　HP 系列奥氏体耐热钢

HP 系列奥氏体耐热钢是当前用作乙烯裂解炉管的主要耐热钢,也是近年来转化炉管为了减薄管壁、节约能耗、提高效率,代替 HK40 耐热钢所选用的换代耐热钢,以下从作为裂解炉管材料这一角度来介绍 HP 系列奥氏体耐热钢。

作为乙烯裂解炉管材料,应具有良好的抗渗碳性能,因为裂解管的工作压力并不高,一般不超过 0.5 MPa,从强度要求来讲,HK40 钢就可以满足要求,但是,由于裂解管服役温度比较高,而且是在强渗碳性气氛下工作,在运行过程中,管内壁会产生渗碳层,使炉管组织和性能发生变化,同时在管内壁产生附加应力,结果导致裂解炉管局部开裂或腐蚀穿孔,因此,裂解管应选用抗渗碳性能好的材料。当前作为抗渗碳性材料,主要选用 HP 系列耐热钢,特别是添加 Nb、W、Si 等合金元素的 HP 系列耐热钢,它们有远优于 HK40 耐热钢的抗渗碳性能。

4.3.1　化学成分

HP 系列耐热钢的基本化学成分(质量分数)是 25% 的 Cr 和 35% 的 Ni,其中 Ni 质量分数比 HK 系列提高了 15%。增加 Ni 质量分数的目的是适应乙烯裂解炉高温区的需要,提高裂解管的抗高温氧化和抗渗碳能力,表 4-10 列出了一些常用 HP 系列奥氏体耐热钢的化学成分。

第4章 奥氏体耐热钢

表 4-10 常用 HP 系列奥氏体耐热钢的化学成分(%)

牌号	C	Si	Cr	Ni	其他
HP	0.50	1.0	25	35	—
HiSi-HP	0.50	1.8	25	35	—
HP-Nb	0.35~0.45	≤2.0	23~27	33~37	0.7%~1.5%Nb
HiSi-HP-Nb	0.50	1.8	25	35	0.5%~1.5%Nb
Manaurite36×S	0.40	1.8	25	35	1.5%W+0.7%Nb
2Si-32-35	0.50	2.0	32	35	—
KHR-35H	0.42	1.0	25	35	1%~1.5%Mo
KHR-35CW	0.45	1.0	25	35	W+Mo+Nb≤3%
HP-50WZ	0.50	≤2.5	25	35	5%W+0.1%~1.0%Zr
HP-AA	0.50	1.8	29	35	W+Mo+Nb+Ti
Manaurite XU	0.40	≤2.0	24/27	32/35	W+Nb+Cu
Manaurite XA	0.50	≤2.0	20/27	33/40	Nb
Manaurite XT	0.40	≤2.0	32/37	42/46	W+Nb+Cu

HP 系列耐热钢有较小的蠕变速率和较高的蠕变断裂强度,最高使用温度可达 1 100 ℃。同时,Ni 质量分数的增加也减少了 C 在奥氏体中溶解度,提高了钢的抗渗碳能力,图 4-18 是含质量分数为 25% 的 Cr,不同 Ni 质量分数的 HP 系列耐热钢在 1 000 ℃ 渗碳性气氛、300 h 时效后测定的钢中渗碳层深度的变化趋势,可见,随 Ni 质量分数增加,钢的抗渗碳能力增强。

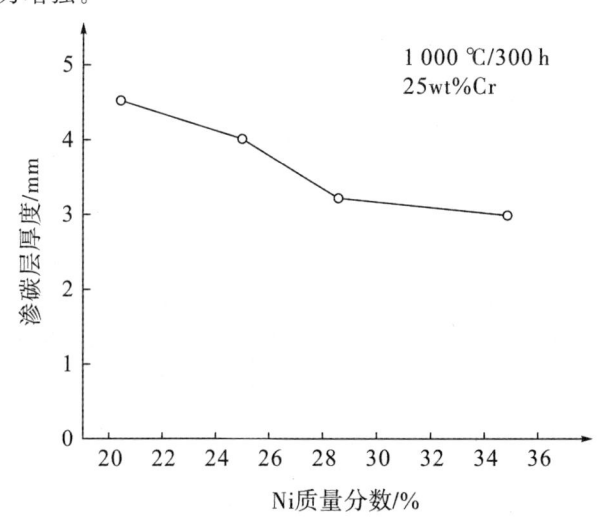

图 4-18 Ni 质量分数对钢抗渗碳能力的影响

HP 耐热钢的铸态组织基本上与 HK40 相同,但由于 Ni 的增加,减少了 C 在奥氏体中的溶解度,在 C 质量分数相同的条件下,HP 耐热钢比 HK40 耐热钢在晶界上有更多且形态更复杂的共晶碳化物。

在 HP 耐热钢的基础上添加 Nb,既会增加钢材的抗渗碳性,又可提高钢材的高温蠕变断裂强度和高温塑性。通常加入质量分数为 1.0%~1.5% 的 Nb 即可获得明显效果。

添加 Nb 能提高蠕变断裂强度是由于在晶界上形成了枝条状共晶 NbC,阻碍了裂纹的扩展。在 HP 耐热钢中添加 W、Mo 等元素也能提高钢抗渗碳性能,图 4-19 示出了添加某些元素对 HP 耐热钢炉管抗渗碳性能的影响,复合加入这些元素时效果更加明显。

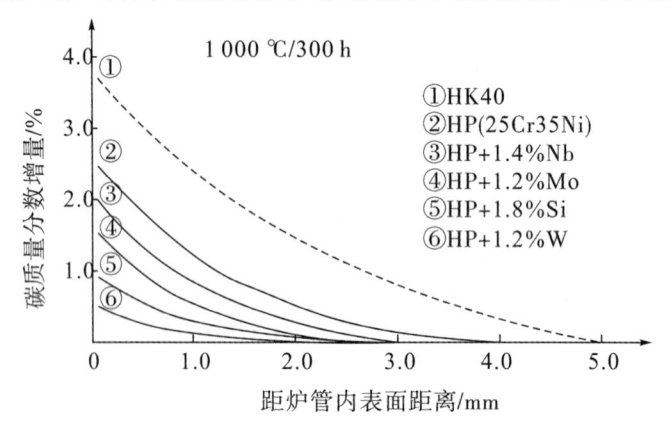

图 4-19 合金元素对 HP 耐热钢抗渗碳性能的影响

4.3.2 宏观铸态组织

HP 耐热钢离心铸造后的炉管组织比较致密,宏观铸态组织与 HK40 钢类似,也明显的分为三个区域:细小等轴晶、柱状晶和粗大等轴晶。离心浇铸开始时钢水进入铸型,金属铸模产生相当大的过冷度以及成分过冷,使管壁最外层产生了大量的非均质形核,最终形成了一层细小的等轴晶,同时,在先凝固的激冷层前沿也形成了一个剧烈的温度梯度,使随后形成的晶核沿温度梯度的方向优先生长,形成柱状晶区。随着温度梯度的减弱以及钢水温度的降低,非均质形核阻止了柱状晶的生长,最后在管壁内层形成了粗大的等轴晶。

在离心力和重力的作用下,柱状晶与径向往往呈一定的角度。不同的铸造、浇注以及凝固条件下,柱状晶层和等轴晶层的厚度各不相同,一般希望炉管有较多的柱状晶组织,因为柱状晶比例越高,炉管的高温持久性能越好,这与柱状晶的组织更加致密、晶界面积小以及在高温下受力的方向性有关。影响柱状晶形成的因素有铸模的冷却能力、熔化温度、浇注温度、浇注速度等,通过控制这些因素可增加温度梯度和液体金属的过冷度,减少异质形核,从而减少等轴晶的形成。通过对离心铸造工艺的研究,发现影响柱状晶比例的决定性因素是温度,特别是钢水的浇注温度和型筒温度,一般地,浇注温度越高,柱状晶的比例越高,甚至可以达到全柱状晶的状态。

影响柱状晶比例的因素还有涂料种类,主要是涂料的保温性能。一般导热性能好的锆英粉较石英粉涂料更容易形成柱状晶组织,但要形成相同数量的柱状晶,使用锆英粉涂料的浇注温度要高于石英粉涂料 100 ℃ 以上。

4.3.3 组织演变

HP 系列耐热钢在服役过程中,组织变化过程基本上与 HK40 耐热钢相同,但其二次碳化物 $Cr_{23}C_6$ 长大较慢,且不易产生 σ 相。HP 耐热钢原始铸态组织由奥氏体基体和共晶 M_7C_3、$Cr_{23}C_6$ 及 MC 型碳化物组成,短时时效后,晶内析出 $Cr_{23}C_6$ 型碳化物,晶界上分

布的 M_7C_3 型碳化物向 $Cr_{23}C_6$ 型碳化物转变,且富 Nb 的 MC 型碳化物转变为 G 相。HP 系列耐热钢在服役过程中组织变化最明显的特征是枝晶界析出相的聚集和长大、枝晶内二次碳化物的析出和粗化以及富 Nb 碳化物向 G 相的转变。Ti 和 W 元素的添加不仅降低了析出相的粗化程度,阻止富 Nb 碳化物的转变,还有利于提高服役过程中显微组织的稳定性。对炉管的解剖表明,服役 8 年的 HP40 合金炉管的组织转变为亚稳定的 G 相和 $Cr_{23}C_6$ 型碳化物,在更高的服役温度($>1\,000\,℃$)存在更稳定的 M_6C 型碳化物和 NbC。

HP40Nb 合金在高温服役或时效过程中的显微组织演变过程示意图如图 4-20 所示,实际的组织演变过程如图 4-21 所示,组织劣化分级和特征见表 4-11。

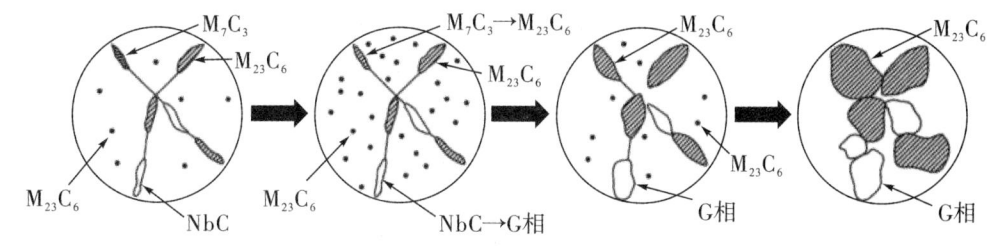

图 4-20 HP40Nb 合金的显微组织演变过程示意图

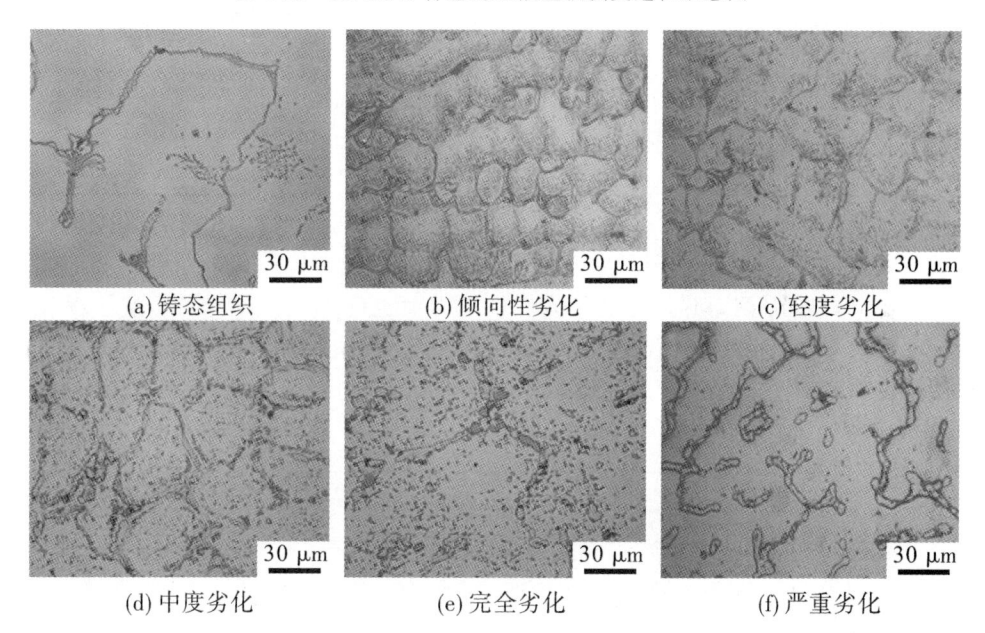

图 4-21 HP40Nb 的组织演化过程

表 4-11 HP 系列耐热钢组织劣化分级和特征

劣化程度	劣化级别	微观组织特征
未劣化(原始态)	0	固溶态奥氏体组织+晶界共晶碳化物
倾向性劣化	1	二次碳化物弥散析出
轻度劣化	2	二次碳化物粗化,弥散程度降低,晶界碳化物向网链状发展
中度劣化	3	二次碳化物进一步粗化,弥散程度降低,晶界碳化物呈网链状
完全劣化	4	晶内二次碳化物稀少,晶界碳化物呈链状
严重劣化	5	晶内二次碳化物消失,晶界碳化物呈链状,链球相距更远

4.3.4 力学性能

部分 HP 系列耐热钢的室温及高温短时拉伸性能指标见表 4-12。

表 4-12　部分 HP 系列耐热钢的室温及高温短时拉伸性能指标

性能指标	温度/℃	HP	HiSi-HP	HP-Nb	HiSi-HP-AA
抗拉强度/MPa	室温	500	550	560	560
	600 ℃	460	450	420	420
	800 ℃	270	290	330	380
	900 ℃	180	180	220	200
	1 000 ℃	110	110	140	130
屈服强度/MPa	室温	270	300	290	270
	600 ℃	210	220	180	170
	800 ℃	160	160	170	140
	900 ℃	120	120	130	130
	1 000 ℃	90	90	90	80
伸长率/%	室温	15	15	12	12
	600 ℃	17	18	16	12
	800 ℃	19	20	19	30
	900 ℃	30	33	30	45
	1 000 ℃	41	42	41	55

高温蠕变断裂强度的高低是决定材料寿命的主要性能指标之一，图 4-22 为几种耐热钢的蠕变断裂强度的比较，由图可见，HP 系列耐热钢都具有比 HK40 耐热钢高的蠕变断裂强度。此外，HP 系列耐热钢在抗热疲劳性能方面也优于 HK0 耐热钢，这一性能对裂解管是非常重要的，因为裂解管在运行和停、开炉时，承受很大的热应力，尤其是在管内结焦渗碳情况下变得更加严重。由于裂解炉管需要及时清除结焦，因此停开车比较频繁，所以对抗热疲劳性能有更高的要求。

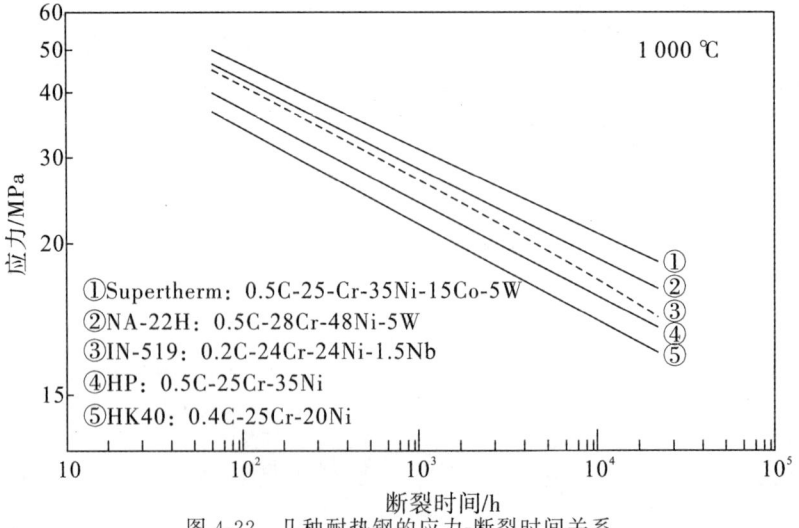

图 4-22　几种耐热钢的应力-断裂时间关系

① Supertherm：0.5C-25Cr-35Ni-15Co-5W
② NA-22H：0.5C-28Cr-48Ni-5W
③ IN-519：0.2C-24Cr-24Ni-1.5Nb
④ HP：0.5C-25Cr-35Ni
⑤ HK40：0.4C-25Cr-20Ni

4.4 Incoloy800 奥氏体耐热钢

Incoloy800 奥氏体耐热钢是一种约含质量分数为 21% 的 Cr、32% 的 Ni 的奥氏体固溶强化型 Ni-Fe-Cr 基耐热合金,由于 Ni 质量分数相对较高,所以奥氏体比较稳定,属于单相奥氏体合金,且不易析出脆性的 σ 相。该合金除具有优异的耐热、耐蚀性能和良好的力学性能外,还有优良的成型和焊接性能。

4.4.1 Incoloy800 系列耐热钢的发展

Incoloy800 系列合金是美国因科公司(Inco-corporation)于 20 世纪 50 年代开发的 Fe-Cr-Ni 耐蚀合金,主要为满足 Ni 质量分数较低的耐腐蚀合金的需求。Incoloy800 合金投入市场后,由于其相对低廉的价格以及优异的性能迅速引起了人们的关注。早期的合金牌号是 Incoloy800(以下简称 800 合金),该合金在高温下能长时间保持稳定的奥氏体结构,并在高温环境下具有高的强度、良好的抗氧化和抗渗碳性能,在液体环境下具有较好的抗腐蚀能力。

由于高 C 质量分数的 Incoloy800 合金比低 C 质量分数的 Incoloy800 合金具有更好的蠕变性能,美国国际超合金公司(SMC)在 Incoloy800 合金的基础上发展了 C 质量分数为 0.05%~0.10% 的 Incoloy800H 合金。Incoloy800H 合金因为含有 Al、Ti 元素而且 C 质量分数限制更严格,故具有较好的综合力学性能以及优异的耐腐蚀性能。此外,其较高的 Ni 质量分数使其在水溶性腐蚀介质中具有很好的抗应力腐蚀开裂性能,高 Cr 质量分数使之具有较好的耐点腐蚀和晶间腐蚀的性能。为了提高许用应力,SMC 公司在 Incoloy800H 合金的基础上又发展出了 Incoloy800HT 合金。Incoloy800HT 合金 C 质量分数为 0.06%~0.10%,(Al+Ti)质量分数下限比 Incoloy800H 合金高 0.5% 左右。虽然上述三种合金的化学成分略微不同,但 Incoloy800H 和 Incoloy800HT 比 Incoloy800 合金的蠕变断裂强度要高得多,表 4-13 为三种合金的化学成分。

表 4-13 Incoloy800 系列合金的化学成分范围(%)

元素	C	Cr	Ni	Al	Ti	Al+Ti	Fe
Incoloy800	≤0.10	19.0~23.0	30.0~35.0	0.15~0.60	0.15~0.60	0.30~1.20	余量
Incoloy800H	0.05~0.10	19.0~23.0	30.0~35.0	0.15~0.60	0.15~0.60	0.30~1.20	余量
Incoloy800HT	0.06~0.10	19.0~23.0	30.0~35.0	0.25~0.60	0.25~0.60	0.85~1.20	余量

Incoloy800 系列合金具有优良的耐高温腐蚀和抗高温蠕变性能,早期应用于军事和航空领域,20 世纪 50 年代广泛地应用于石油、化工、冶金、环保、核电以及航空航天等领域。在石化领域,Incoloy800 耐热钢广泛用于制氢炉的下集气管和下猪尾管,有些裂解炉的裂解管也采用 Incoloy800 制造。此外,石化工业中的催化管、对流管、急冷管、裂化管,冶金工业炉中的辐射管、套管、蒸馏釜及炉中构件,发电厂的过热管,冷却核反应堆中的高温热交换器及其配件等也大量采用 Incoloy800 耐热合金制造。

4.4.2 组织特点

Incoloy800 和 Incoloy800H 虽然成分相近,但性能却不相同。Incoloy800 是经 980 ℃固溶退火处理,其组织为奥氏体和少量的块状 TiC,晶粒细小,具有高的强度,并且 C 都以 TiC 的形式存在,所以奥氏体基体中的 C 质量分数很低,从而具有较高的耐蚀能力。

Incoloy800H 是经 1 150 ℃高温固溶处理,其组织为奥氏体,晶粒粗大,几乎所有的 C 和 Ti 都固溶于基体中。Incoloy800H 的沉淀曲线如图 4-23 所示,虽然屈服强度和断裂强度低于 Incoloy800,但由于在 550~800 ℃的温度范围能析出成分为 $Ni_3(Ti,Al)$ 的强化相 γ',产生了时效硬化,因此具有较高的高温持久强度。并且由于 γ' 相是可塑性的,所以不降低冲击韧性。γ' 相具有高温固溶和低温再析出的特点,所以在 800 ℃以上就观察不到 γ' 相。

Incoloy800H 虽然在高温区晶内沉淀析出 TiC 相及低温区晶界上沉淀析出 $M_{23}C_6$ 相,但不影响其高温持久性能。

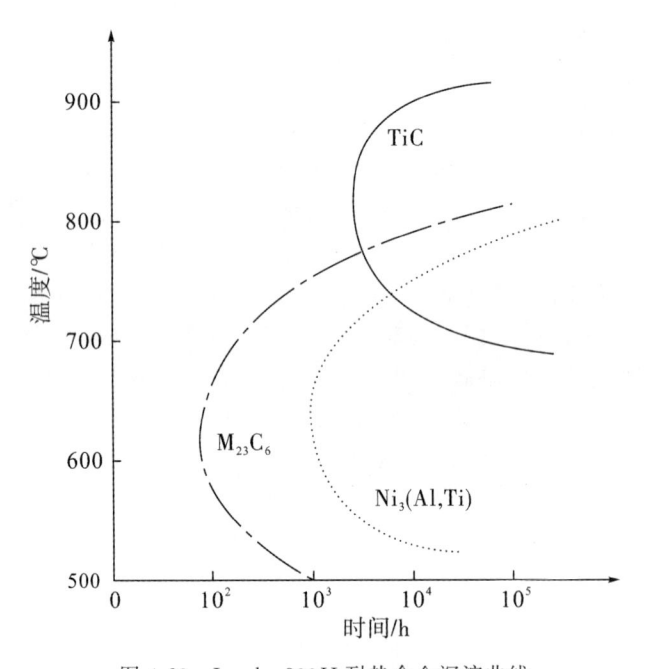

图 4-23 Incoloy800H 耐热合金沉淀曲线

4.4.3 物理性能

Incoloy800H 合金的密度为 7.95×10^3 kg/m³,熔点为 1 370 ℃左右,不同温度下的线膨胀系数、热导率和电阻率见表 4-14,不同温度下的杨氏模量、剪切模量和泊松比见表 4-15。

表 4-14　不同温度下 Incoloy800H 的导电和导热性能

温度/℃	线膨胀系数/(μm/m·℃)	热导率/(W/m·℃)	电阻率/(μΩ·m)
20.0	—	11.5	0.989
100	14.4	13.0	1.035
200	15.9	14.7	1.089
300	16.2	16.3	1.127
400	16.5	17.9	1.157
500	16.8	19.5	1.191
600	17.1	21.1	1.223
700	17.5	22.8	1.251
800	18.0	24.7	1.266

表 4-15　不同温度下 Incoloy800H 的杨氏模量、剪切模量和泊松比

温度/℃	杨氏模量/GPa	剪切模量/GPa	泊松比
20.0	196.5	73.5	0.339
100	191.3	71.2	0.343
200	184.8	68.5	0.349
300	178.3	66.1	0.357
400	171.6	63.0	0.362
500	165.0	60.3	0.367
600	157.7	57.4	0.373
700	150.1	54.3	0.381
800	141.3	50.7	0.394

4.4.4　力学性能

Incoloy800 系列耐热钢的力学性能与其热处理工艺有很大关系,其中的关键是晶粒度的大小。晶粒大小与热处理温度和热处理时间有关,随温度的升高和时间的延长而长大。就 Incoloy800H 耐热钢而言,温度在 1 010 ℃ 以下时,微细的 Cr 的碳化物颗粒的存在阻碍了晶粒长大,超过此温度时,Cr 的碳化物开始溶解,晶粒开始加速长大,温度高于 1 093 ℃ 时,晶粒迅速长大。Incoloy800H 耐热钢晶粒度-力学性能-温度的关系曲线如图 4-24 所示,表 4-16 为 Incoloy800H 耐热钢常温力学性能数据,表 4-17 和表 4-18 分别为 Incoloy800H 耐热钢高温短时和高温持久性能数据。

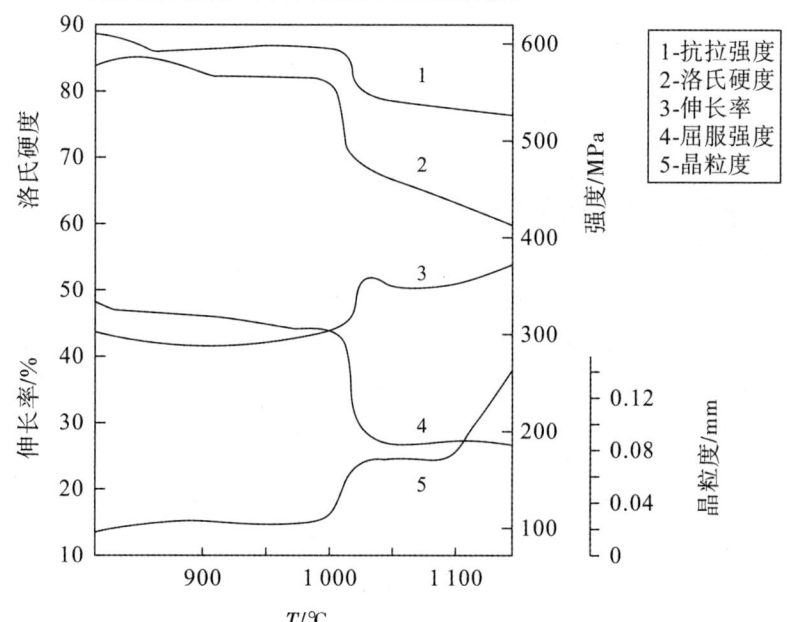

图 4-24　Incoloy800H 合金的晶粒度-力学性能-温度曲线

表 4-16 Incoloy800H 耐热钢常温力学性能

材料状态		热处理状态	晶粒度	抗拉强度/MPa	屈服强度/MPa	伸长率/%
标准 ASTM B409		退火	≤5 级	≥450	≥170	≥30
锻件		退火	2.5～5	555	193	48
14 mm 厚板材	轧向	退火	3～4	610	250	43
	横向			605	250	43
14 mm 厚板材	轧向	退火	4	615	260	42
	横向			615	270	41
14 mm 厚板材	轧向	退火	5	630	270	39
	横向			625	270	42

表 4-17 Incoloy800H 耐热钢高温短时力学性能

温度/℃	性能指标	
	断裂强度/MPa	屈服强度/MPa
室温	555	186
425	465	130
540	432	90
650	378	93
705	332	109
760	236	90

表 4-18 Incoloy800H 耐热钢高温持久性能/MPa

温度/℃	时间/×10⁴ h			
	1	3	5	10
650	121	103	97	90
705	76	66	61	55
760	50	43	40	37
815	36	30	28	26
870	24	21	19	17
925	13	11	10	8.3
980	8.3	6.9	6.2	5.5

4.5 奥氏体耐热钢的氧化行为

良好的抗氧化性能是保障耐热钢安全服役的重要指标，在高温环境中，几乎所有的金属在有氧环境中服役均会发生氧化反应，为了对基体进行有效防护并降低氧化反应速率，通常的思想是通过合金化使其表面能生成均匀致密的氧化膜，其中 Cr 是最重要的元素之一，在服役过程中可以生成 Cr_3O_2 氧化膜，但在一些情况如高温水蒸气环境中，Cr_3O_2 容易与水分子形成性能不稳定的氢氧化物，无法保持氧化膜的致密性，从而失去了保护作用，这会导致如蒸汽发生器用钢的服役温度下降了几百度。与 Cr_3O_2 相比，Al_2O_3 氧化膜在高温高压的服役环境下具有更稳定更优良的抗氧化性能，研究表明，Incoloy800H 耐热钢在 700 ℃ 以上的服役环境下所生成的氧化膜无法起到有效保护作用，通过添加适量的 Nb 元素代替 Ti 以形成更加弥散稳定的碳化物,通过增加 Al 元素形成 Al_2O_3 氧化膜,不仅能提高钢的高温性能,也能提高钢的抗氧化性能。设计了两种成分的合金,分别在 Incoloy800H 的基础上添加了质量分数为 0.4% 的 Nb 代替 Ti,同时 Al 质量分数增加到 2%(CHDG-1)和 3%(CHDG-2),图 4-25 和图 4-26 分别是两种合金在不同温度时的氧化动力学曲线,由图中可以看出,两种合金的氧化动力学曲线整体符合抛物线规律,且 CHDG-2 合金的平均氧化增重明显小于 CHDG-1 合金,其主要原因是 CHDG-2 合金中 Al 质量分数较多,能够形成更加致密的氧化膜,但两种合金 100 h 的氧化增重均小于 Incoloy800H,如图 4-27 所示。

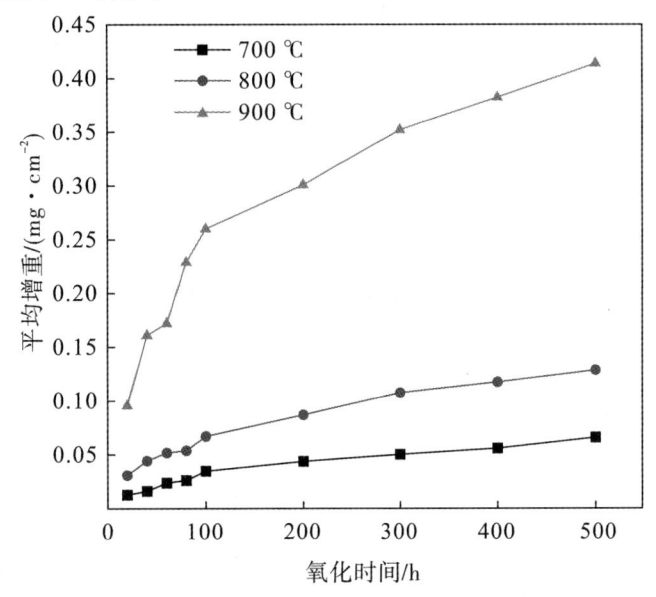

图 4-25　CHDG-1 合金在不同温度时的氧化动力学曲线

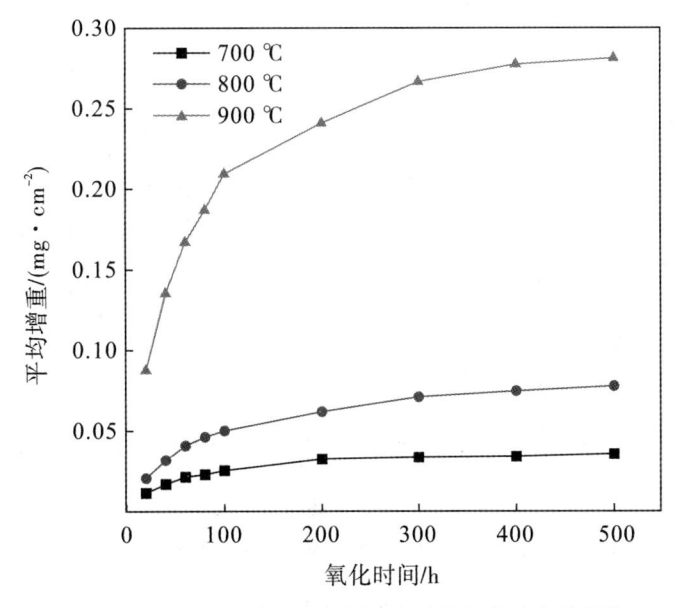

图 4-26　CHDG-2 合金在不同温度时的氧化动力学曲线

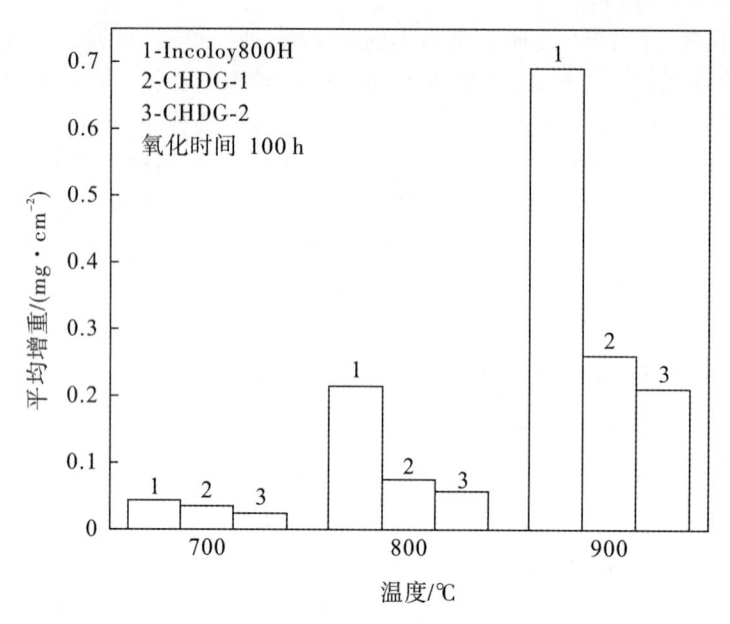

图 4-27 三种合金 100 h 氧化平均增重量

新型奥氏体耐热钢 C-HRA-5 是在传统奥氏体耐热钢 Fe-22Cr-25Ni 的基础上添加了 W、Co、Cu、Nb、Mo、N 等合金元素,形成了多元复合强化手段,并具有较好的抗氧化性能。测试表明,其氧化动力学曲线服从抛物线规律,不同温度、1 000 h 的氧化增重量如图 4-28 所示。我国标准 GB/T 13303—1991 规定,钢的氧化速率小于 $0.1 \text{ g/m}^2 \cdot \text{h}$ 即属于具有完全抗氧化性,而 C-HRA-5 在 750 ℃ 时的氧化速率仅为 $0.43 \times 10^{-7} \text{ g/m}^2 \cdot \text{h}$,可见,C-HRA-5 具有良好的抗氧化性能。

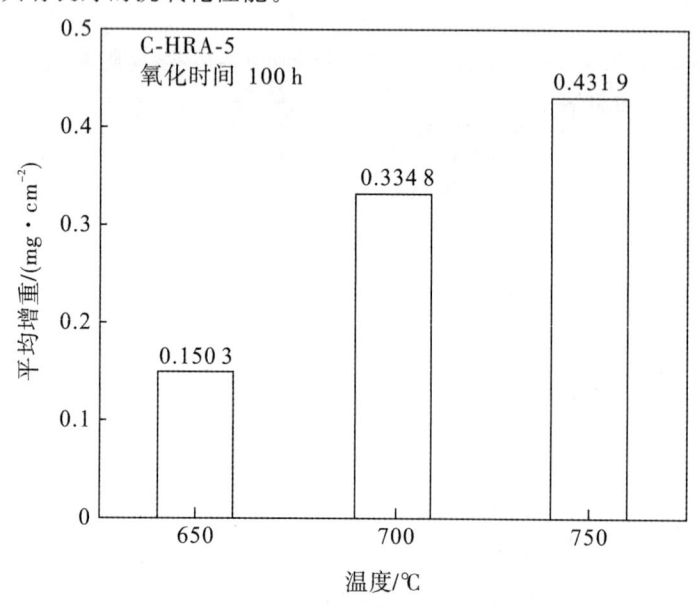

图 4-28 C-HRA-5 耐热钢不同温度时氧化平均增重量

在 C-HRA-5 耐热钢中可以形成 Fe、Ni、Cr 和 Mn 四种氧化物,并且生成氧化物的标准吉布斯自由能逐渐降低,但由于 Mn 质量分数较低且 Cr 的氧活性较高,因此在初始阶段首先生成 Cr 的氧化物 Cr_2O_3,随氧化时间增加,氧化物逐渐覆盖了基体表面形成氧化膜,在氧化膜继续生长的同时,在基体和氧化膜之间会发生固相聚合反应进一步生成致密的尖晶石结构的复合氧化物 $FeCr_2O_4$,这种氧化物的标准吉布斯自由能更低,因此其性能更稳定,结构更致密,所以在钢的表面形成了双层氧化物膜,阻碍了金属离子和氧离子的扩散,从而降低了氧化速度。

C 质量分数对奥氏体耐热钢的抗氧化性能也有影响。对 C 质量分数分别为 0.035%（1 号样样)和 0.1%（2 号试样)的 Cr25Ni20 耐热钢,其在 800 ℃和 1 100 ℃时不同氧化时间循环氧化增重曲线如图 4-29 所示,由图可见,800 ℃时两种试样均表现出较好的抗氧化性能,同样时间内 1 100 ℃时氧化增重明显增加,且随时间的延长氧化增重缓慢增加,这说明在循环氧化过程中由于试样受外界温度冷-热循环的不断变化,表面氧化膜遭到破坏,氧化膜剥落处的金属基体又发生氧化形成新的氧化膜,2 号试样的氧化增重明显高于 1 号试样,这说明较高的 C 质量分数降低了耐热钢的抗高温循环氧化能力。

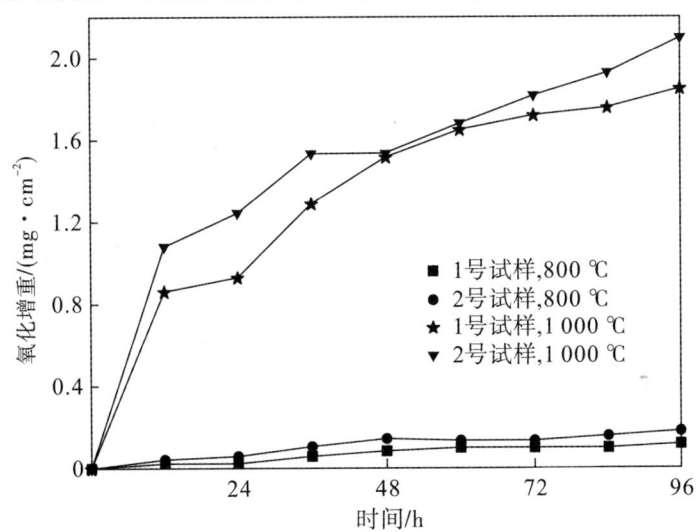

图 4-29 不同 C 质量分数 Cr25Ni20 钢氧化增重曲线

进一步的分析表明,Cr25Ni20 耐热钢氧化膜由细小杂乱的菱形结构和尖晶石结构的氧化物组成,随温度升高,菱形结构向尖晶石结构转变,细小弥散的晶粒也转化为粗大均匀的晶粒,氧化膜出现分层,外层为尖晶石结构的 $MnCr_2O_4$,内层为较厚的 Cr_2O_3,同时随温度升高,氧化膜与基体的黏附力明显降低,C 质量分数较高时降低更甚。

石化装置和火电机组的很多部件都是在蒸汽环境下服役,提高奥氏体耐热钢抗蒸汽氧化性能的方法除增加 Cr 质量分数外,表面处理方法如细化晶粒、喷丸处理、冷加工、热喷涂等也能有效地提高耐热钢的抗蒸汽氧化能力,其中喷丸处理工艺简单、成本低、效果好,得到了广泛的应用。喷丸就是将弹丸在一定压力下高速喷向钢管内壁表面,使其表层发生塑性变形,形成微米级的喷丸硬化层,喷丸层由外到内可以分为三个区域,最外层为碎化晶粒层,由碎化的奥氏体纳米级细晶粒和稍大些的碎化晶粒以及动态再结晶晶粒组成；中间层为多滑移层,由大量的滑移带和高密度位错线群、层错和形变孪晶组成,金相组织为奥氏体和形变诱发马氏体;内层为单滑移层,主要由密度稍低的滑移带和位错组成,组织为奥氏体。内壁喷丸层的存在促进了基体原子向表层扩散,形成隐性保护层,可显著提高奥氏体钢的抗蒸汽氧化性能。国外某厂锅炉过热器和再热器使用 SUS321H 钢管,运行 10 年,未喷丸钢管内壁氧化皮厚度为 $150\sim200~\mu m$,而喷丸钢管内壁氧化皮厚度仅为 $1\sim2~\mu m$,对 SUS316H、321H 钢管,运行 6 年,喷丸钢管内壁氧化皮厚度仅为未喷丸钢管内壁氧化皮厚度的 5%。国内使用 TP304H 钢管,运行 7 474 h 后,喷丸管氧化皮厚度仅为未喷丸管的 3%。TP304H 喷丸管氧化皮厚度为未喷丸管的 1/4。喷丸奥氏体钢抗蒸汽氧化性提高的原理在于:在蒸汽氧化的过程中,喷丸所产生的碎化晶粒晶界、滑移带和位错为 Cr 原子从基体向表面扩散提供了更多的短路通道,加快了基体内 Cr 原子向表层扩散的速率,使基体中的 Cr 原子通过喷丸层及时扩散到表面,使表面的 Cr 质量分数达到临界质量分数以上,在喷丸层表面生成了一层稳定致密的富 Cr 层,减小了基体进一步被氧化的速率,提高了材料的抗蒸汽氧化性。奥氏体耐热钢抗蒸汽氧化性能的好坏取决于能否形成连续、致密且稳定的 Cr_2O_3 保护膜,这与临界 Cr 质量分数 N_{Cr}^{crit} 有关,虽然目前对 N_{Cr}^{crit} 的具体数值尚未有统一的结论,但基本确定 N_{Cr}^{crit} 应在 20%~25%,不同 Cr 质量分数及喷丸奥氏体钢的氧化层组成及结构示意图见表 4-19。

表 4-19　不同 Cr 质量分数及喷丸奥氏体钢的氧化层组成及结构示意图

基体 Cr 质量分数 /%	氧化层结构(从基体到外层)	氧化层结构示意图
$<N_{Cr}^{crit}$	$Cr_2O_3/(Fe,Cr)_3O_4/(Fe_3O_4/Fe_2O_3)$	外层 Fe_3O_4/Fe_2O_3;内层 $(Fe,Cr)_3O_4$、Cr_2O_3;基体
$>N_{Cr}^{crit}$	$Cr_2O_3/(Fe,Cr)_3O_4$	$(Fe,Cr)_3O_4$、Cr_2O_3;基体
喷丸	喷丸层/Cr_2O_3/$(Fe,Cr)_3O_4$/(Fe_3O_4/Fe_2O_3)	外层 Fe_3O_4/Fe_2O_3;内层 $(Fe,Cr)_3O_4$;喷丸层 Cr_2O_3;基体

目前喷丸工艺目前主要应用在 18-8 系奥氏体钢上,这是因为 18-8 型奥氏体钢的 Cr 质量分数小于 N_{Cr}^{crit},本身抗蒸汽氧化性能较差,但 18-8 钢的 Cr 质量分数接近 N_{Cr}^{crit},因此可以采用喷丸处理提高抗蒸汽氧化性能,而 Cr 质量分数达到 25% 以上的新型奥氏体钢其本身就具备了较好的抗蒸汽氧化性能。对于 9%~12%Cr 马氏体钢,由于 Cr 质量分数更低,喷丸是否能使基体的 Cr 充分扩散到表层,在马氏体基体表面也形成一层保护层,提高马氏体钢的抗蒸汽氧化性,还无明确的结论。

参考文献

[1] 李益民,范长信,杨百勋,等. 大型火电机组用新型耐热钢[M]. 北京:中国电力出版社,2013.

[2] 王富岗,王焕庭. 石油化工高温装置材料及其损伤[M]. 大连:大连理工大学出版社,1991.

[3] JOHN C L, DAMIAN J K. 不锈钢焊接冶金学及焊接性[M]. 陈剑虹,译. 北京:机械工业出版社,2008.

[4] 马红,贺锡鹏,郑坊平,等. 18-8 型奥氏体不锈钢锅炉管服役特性研究(一)[J]. 热力发电,2012,1:46-49.

[5] 马红,史志刚,贺锡鹏,等. 18-8 型奥氏体不锈钢锅炉管服役特性研究(二)[J]. 热力发电,2012,2:42-46.

[6] 马红,史志刚,贺锡鹏,等. 18-8 型奥氏体不锈钢锅炉管服役特性研究(三)[J]. 热力发电,2012,3:42-47.

[7] 马红,郑坊平,贺锡鹏,等. 18-8 型奥氏体不锈钢锅炉管服役特性研究(四)[J]. 热力发电,2012,4:51-56.

[8] 史志刚,马红,郑坊平,等. 18-8 型奥氏体不锈钢锅炉管服役特性研究(五)[J]. 热力发电,2012,5:61-64.

[9] 马红,张磊,郑坊平,等. 18-8 型奥氏体不锈钢锅炉管服役特性研究(六)[J]. 热力发电,2012,6:32-35.

[10] 汤文新,陈继志,刘小义,等. Incoloy800H 合金的开发[J]. 材料开发与应用,2000,15(4):10-13

[11] 洑阳成明,郭晓峰,巩建鸣. 蒸气转化炉用 Fe-Cr-Ni 基奥氏体耐热合金的研究进展[J]. 机械工程材料,2018,42(12):1-8.

[12] 孙楠. Al、Ti 质量分数及固溶处理对 Incoloy800H 合金组织和性能的影响[D]. 南京:南京航空航天大学,2017.

[13] 潘家栋. Super304H、HR3C 耐热钢管高温老化规律的研究[D]. 合肥:合肥工业大学,2013.

[14] 侯君丽. 合金元素 Nb,Al 对耐热合金 HP40 的高温性能和显微组织的影响[D]. 包头:内蒙古科技大学,2012.

[15] 刘致远. 铝元素对 HP40 耐热铸造合金组织和性能影响研究[D]. 兰州:兰州理工大学,2008.

[16] 黄双,何新民,王志宽,等.制氢转化炉炉管失效国内情况调查及建议[J].石油化工设备,2015,44(2):61-66.

[17] 车俊铁,于静.HK40和HP40裂解炉管材料性能对比[J].石油化工设备,2007,36(1):29-31.

[18] 杨锦明.Incoloy800H合金的应用和性能分析[J].炼油设计,2002,32(6):18-20.

[19] 曹宇.Incoloy800H合金热加工过程中微观组织演变和力学性能研究[D].沈阳:东北大学,2016.

[20] 王雪俊.新型奥氏体耐热合金力学性能及高温抗氧化机理研究[D].镇江:江苏大学,2019.

[21] 贾建文.新型奥氏体耐热钢C-HAR-5的高温氧化和腐蚀行为研究[D].太原:太原理工大学,2020.

[22] 刘靖,王云平.碳质量分数对Cr25Ni20型奥氏体耐热钢高温氧化性能的影响[J].中国冶金,2019,29(2):34-38.

[23] 张骏,蔡文河,杜双明,等.喷丸奥氏体耐热钢抗蒸汽氧化性的研究与使用现状[J].表面技术,2020,49(9):133-140.

第 5 章 高温环境损伤

长期在高温下服役的部件,会产生各种各样的损伤。由于化学反应速率和扩散速率都随温度的升高而加快,因此,高温下材料与环境的交互作用比常温下更为剧烈,所产生的损伤对部件性能的影响也比常温更显著。

一切使承载能力下降的材料状态的变化都可以认为产生了损伤,据此可以把损伤分为两大类:材料的承载面积减小和材料本身强度的降低。高温环境下部件可能产生的损伤种类和形式很多,除蠕变损伤外,还有氧化、脱碳、渗碳、高温氢腐蚀、高温硫腐蚀、高温钒腐蚀、高温氯化腐蚀、硫酸露点腐蚀、环烷酸腐蚀、Na_2SO_4 盐膜下的热腐蚀、熔融碳酸盐腐蚀、$Li-Li_2O$ 熔盐腐蚀等,并且往往多种损伤形式同时存在,对部件的安全服役造成很大的隐患。

5.1 蠕变损伤

高温环境下服役部件产生蠕变是不可避免的。服役温度超过一定值时,材料会在应力作用下发生缓慢的塑性变形,这种变形经长期累积后会导致微空洞或微裂纹的产生,随服役时间的延长,微空洞或微裂纹不断聚集长大形成宏观裂纹,宏观裂纹达到一定尺寸后失稳扩展导致材料破裂。低碳钢和低合金钢的蠕变温度为 300～350 ℃,合金钢为 400～450 ℃,低于这一温度,可以不考虑蠕变的影响。

5.1.1 蠕变损伤类型

蠕变损伤可以分为以下几种类型,如图 5-1 所示。

1. 外截面积损失

在恒定的拉伸载荷下材料发生蠕变时,随长度的增加,横截面积减小,实际承载应力增大,蠕变逐渐加速[图 5-1(a)(b)],如果没有其他损伤作用,材料截面积减小到零时发生断裂。纯金属和单相固溶体合金只有在 $0.8T_m$(T_m 为金属的熔点)以上时才有可能因截面积减小而断裂,而大多数工程材料发生蠕变时都会伴随其他形式的损伤,因而经过有限的截面收缩后就会发生断裂。

2. 内截面积损失

蠕变过程中空洞有可能在晶内形核[图 5-1(c)],但大多数情况下在垂直于应力轴的晶界上形核和长大[图 5-1(d)]。空洞的形核和长大使试样的承载面积减小,承载应力增大,蠕变逐渐加速,蠕变的加速又反过来促进了空洞的进一步长大。许多纯金属和工业用

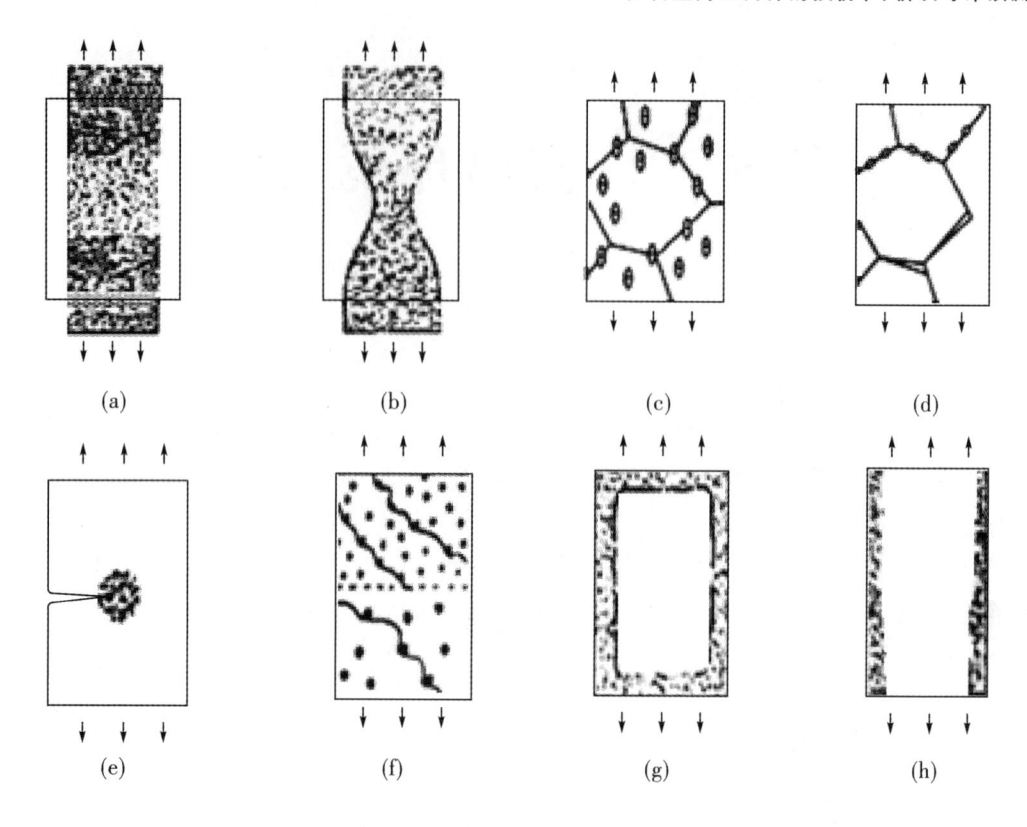

图 5-1 蠕变损伤的类型

合金如 Ni 基高温合金、不锈钢等在实际服役过程中基本上以这种方式断裂。应力较低时,空洞呈近似球形,应力较高时,空洞倾向于形成楔形微裂纹,并进一步扩展形成宏观裂纹。裂纹本身就是一种严重损伤,同时在裂纹尖端还会产生二次损伤[图 5-1(e)],这种损伤对横截面比较大且在低应力下长期服役的如能源和石化装置的构件具有特别重要的意义,应引起足够的重视。

3. 材料组织的劣化

大多数高温下服役的结构材料是第二相粒子强化材料,如 γ' 相析出强化的 Ni 基高温合金、金属间化合物强化的 Al 合金、碳化物强化的耐热钢等,这些材料在高温长期服役过程中会发生第二相粒子的粗化,包括粒子尺寸增加、粒子数量减少、粒子间距增大等[图 5-1(f)],或逐渐被高温下更稳定的另一种化合物所代替。这些组织变化使材料的变形抗力降低,蠕变加速。珠光体耐热钢高温服役时发生的珠光体球化和石墨化就属于组织劣化,会显著降低材料的蠕变抗力。

4. 环境损伤

材料在高温服役过程中会发生氧化,因此,大多数高温材料都含有 Cr、Al 等元素,这些元素在材料表面形成致密的保护性氧化膜。这种氧化膜很薄,对材料或构件蠕变速率的影响是有限的。但是,在某些条件下材料可能发生内氧化或形成疏松的非保护性氧化膜,使材料的有效承载面积减小[图 5-1(g)],蠕变速率加快。氧化膜一般都很脆,当蠕变速率较快时,氧化膜与基体变形的不协调会使氧化膜破裂,从而失去了保护性,使金属材料的氧化损伤持续发展,蠕变不断加速[图 5-1(h)]。

一般来说,材料蠕变过程中多种损伤形式同时或依次发生,但在很多情况下,一种损伤机制占优势,其他损伤处于次要地位。

5.1.2 空洞形核位置

材料高温蠕变过程中,一般在滑移带、晶界坎、第二相粒子和三叉晶界处形成空洞。

1. 滑移带

在塑性变形过程中,晶内位错运动集中在滑移带,滑移带和晶界相交处将产生应力集中,引发空洞形核,如图 5-2 所示。

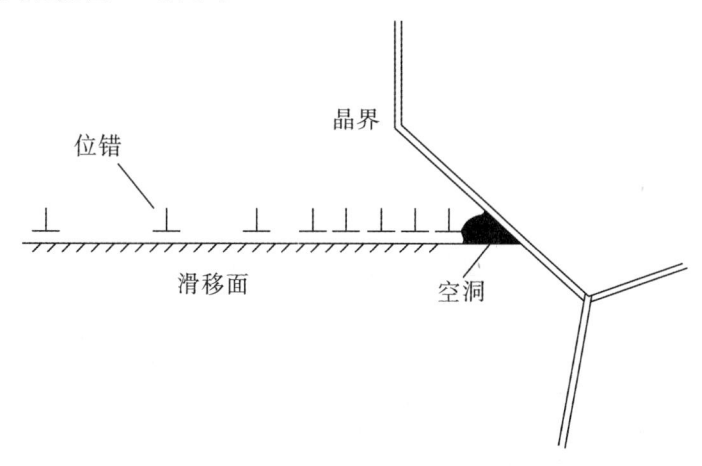

图 5-2 晶内滑移带形成晶界空洞

许多研究中观察到这一现象,例如,在 Cu 多晶体中发现晶界空洞间距与晶内滑移带的间距相等,且在 500 ℃、10~100 MPa 的应力范围内,二者都与应力的倒数成正比;在 Ni 基高温合金中观察到空洞在晶内滑移带与晶界碳化物交汇处形核,空洞间距与滑移带间距近似相等。

蠕变变形主要是通过晶内滑移实现的,因此,按空洞形核的滑移带机制,空洞密度,即单位面积晶界上空洞的数目,应当和蠕变应变量密切相关,图 5-3 给出了经受了冷变形 NImonic80A 合金空洞密度与蠕变应变量之间的关系,可以看出,不论蠕变前的冷变形量大小,空洞密度与蠕变应变量总是成正比。

2. 晶界坎

如果位错在晶界处塞积产生的应力集中引发了相邻晶粒滑移时,晶界上就会形成滑移台阶及晶界坎,如图 5-4 所示。

除了滑移产生的坎以外,晶界上也会存在一些内在的坎。根据坎相对滑移方向的取向不同,有些晶界坎受拉应力,另一些晶界坎受压应力[图 5-4(a)]。受拉应力的坎上可能形成空洞,

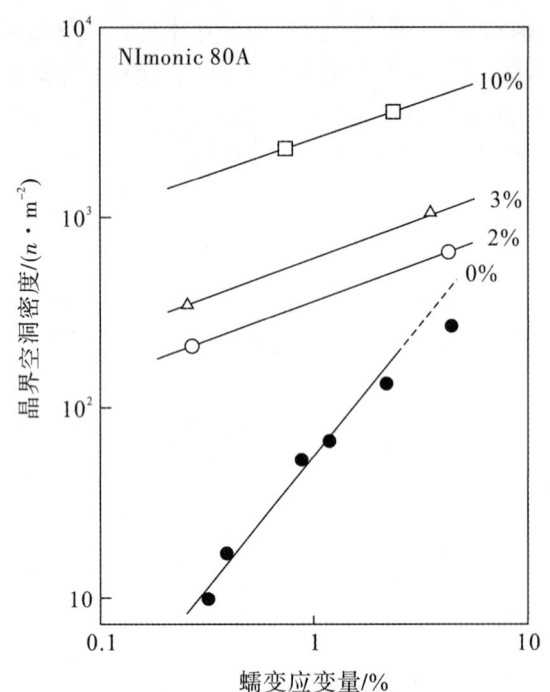

图 5-3　晶界空洞密度与蠕变应变量的关系
（图中数字为蠕变实验前的冷变形量）

(a) 晶界滑移产生晶界坎　　　　(b) 晶内滑移产生晶界坎

图 5-4　晶界坎形成空洞示意图

受压应力的坎上不形成空洞。由晶内滑移产生的晶界坎是受压型的[图 5-4(b)]，但在拉应力或压应力作用下形成的晶界坎在随后的压缩或拉伸变形中受拉应力。研究表明，预先压缩变形的多晶体材料在拉伸蠕变时优先在倾斜晶界上形成空洞，证实了上述推论。在 Fe-Sn 合金中观察到有晶界迁移所产生的较大的晶界坎在晶界滑动时形成微裂纹而不是空洞，而在晶界与亚晶界交会处易形成空洞。

应当指出，在纯金属中空洞易在晶界坎上形核，而对工程合金来说在晶界第二相粒子处形核占优势，晶界坎不是主要的形核位置。

3. 第二相粒子

大多数工程合金是第二相粒子强化合金,在服役过程中有第二相粒子析出。许多研究表明,晶界第二相粒子在空洞形核中起重要作用,例如,低合金钢的蠕变空洞往往在晶界碳化物颗粒上形核,Cr-Mo 钢中首先在 Mo_2C 上形核,而含 V 钢中优先在 VC 粒子上形核。除了碳化物以外,在夹杂物与基体交界面处也是空洞形核的主要位置,例如,焊接结构热影响区容易析出 MnS 夹杂物,空洞往往在此形核,这是焊接热影响区蠕变强度降低的重要原因之一。奥氏体耐热钢中空洞在晶界碳化物上形核,若析出 σ 相时,空洞极易在 σ 相与基体界面处形核,这是电站设备中 316 钢过热管早期损坏的重要原因。另外如 Mn-Ni 奥氏体钢中空洞在晶内 Cr_2N 颗粒与基体界面上形核,Ni 基高温合金中空洞在晶界粗大的 $M_{23}C_6$ 碳化物上形核,尤其是在晶内滑移带与晶界 $M_{23}C_6$ 颗粒交汇处更容易形成空洞。

空洞容易在晶界第二相粒子处形核可能有以下原因:首先,第二相粒子阻碍晶界滑动,在粒子与晶界交汇处产生应力集中;其次,第二相粒子与基体的结合力较弱,热性能不同,蠕变过程中二者变形不协调;最后,第二相粒子与晶界交汇处容易形成沉淀空位,而这是空洞形核的重要机制。

4. 三叉晶界

在高应力下发生蠕变的材料中经常可以观察到三叉晶界处形成楔形微裂纹,图 5-5 是倾斜晶界滑动使水平晶界形成楔形微裂纹示意图。

(a) 解理断裂形成微裂纹　　(b) 空洞连接形成微裂纹

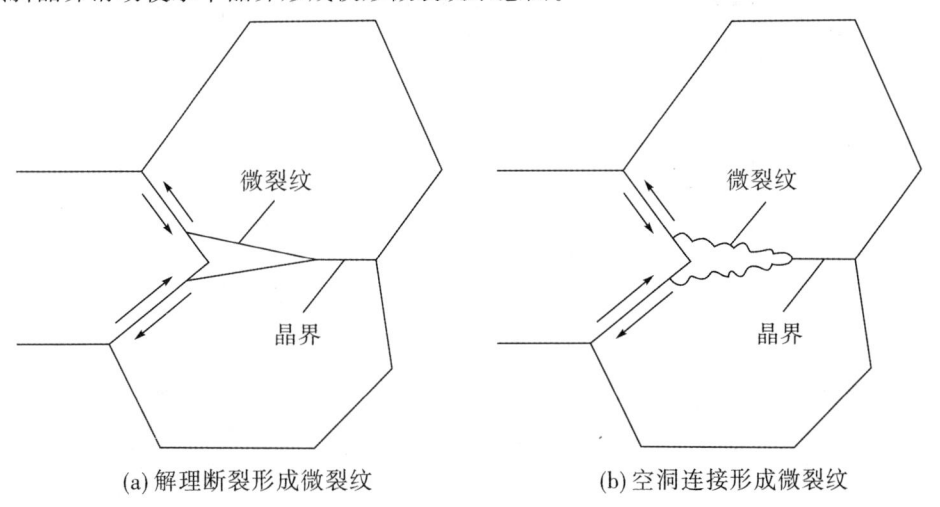

图 5-5　三叉晶界处形成微裂纹

三叉晶界微裂纹通常是局部脆性解理断裂的结果[图 5-5(a)],但在有些情况下三叉晶界微裂纹不是脆性解理断裂造成的,而是通过空洞不断连接形成的,从微裂纹的锯齿形态就可以看出这一点[图 5-5(b)],但实际上,仅从金相观察来分辨脆性解理还是空洞连接是比较困难的,因为样品制备过程的细微差别都会影响观察结果。若裂纹是通过空洞合并和连接形成的,则经常会看到微裂纹前方的晶界上有细小的蠕变空洞,这也是判断是蠕变损伤还是其他损伤的重要依据。Ni 基高温合金在 700~950 ℃下应力超过 150 MPa、奥氏体耐热钢在 500~650 ℃下应力超过 200~250 MPa 时都在三叉晶界处形成微裂纹,从蠕变空洞损伤向楔形裂纹损伤的转变称为 Strh-McLean 转变,图 5-6 为 740H 合金中晶界空洞和楔形裂纹。

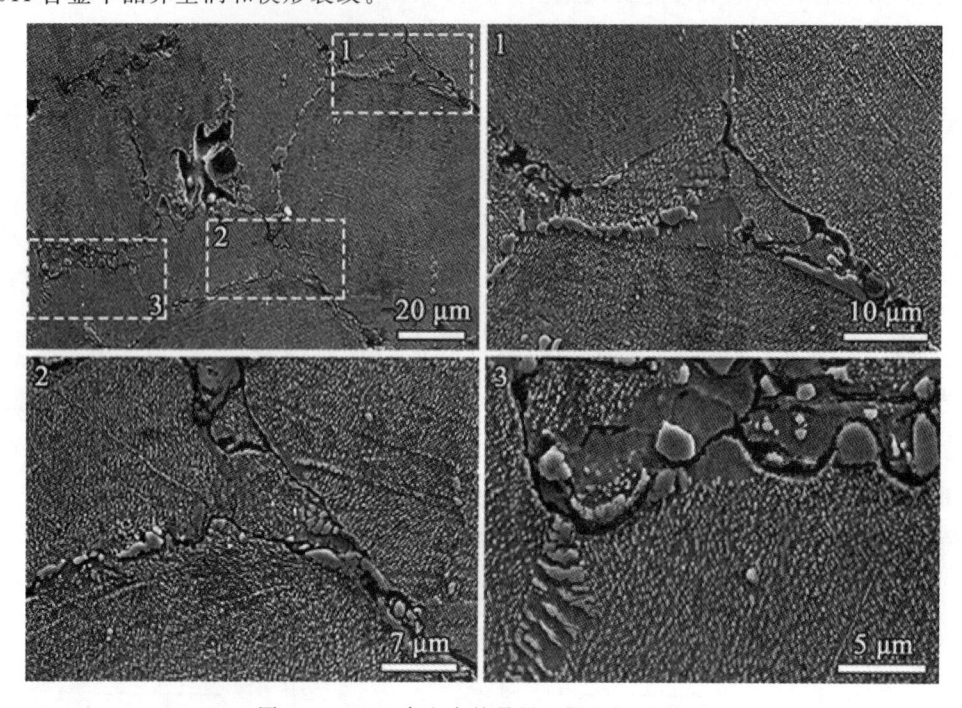

图 5-6 740H 合金中的晶界空洞和楔形裂纹

5.2 高温氧化

高温氧化可以分为广义氧化和狭义氧化。广义氧化是指高温环境下材料从表面开始向金属化合物转变的现象,包括高温氮化、高温硫化、高温卤化、高温碳化与金属粉化等,形成的化合物包括氮化物、硫化物、卤化物、碳化物、氢氧化合物等;狭义氧化是指金属材料在高温气相环境中和氧或含氧物质如水蒸气、CO_2、SO_2 等发生化学反应形成金属氧化物的过程,我们通常所说的氧化就是指这类氧化,在大多数情况下,生成的氧化物是固态,只有少数是气态或液态,其反应式为

$$x\text{M} + \frac{y}{2}\text{O}_2 \rightarrow \text{M}_x\text{O}_y$$

5.2.1 金属的氧化过程

金属的初期氧化是氧在金属表面吸附并参与反应的过程,也是氧化膜的二维生长过程,在一般氧化条件下,这一界面过程进行得非常迅速。初期氧化膜覆盖金属表面后,金属/氧化膜的界面反应过程以及离子在氧化膜中的传质过程对金属的进一步氧化有明显影响。

一般的氧化过程可以分为 5 个阶段:

(1) 气-固反应:气相氧分子与固体金属表面发生碰撞。

(2) 物理吸附:氧分子以范德华力与金属形成物理吸附。

第5章 高温环境损伤

(3) 化学吸附:氧分子分解为氧原子并与基体金属的自由电子相互作用形成化学吸附。

(4) 氧化膜形成:逐渐在金属表面形成氧化膜。

(5) 氧化膜长大:氧化膜形成之后,将金属基体与气相氧隔离开,反应物质,包括氧离子与金属离子,经过氧化膜扩散传质,对金属形成进一步氧化,使氧化膜逐渐增厚长大,最终形成保护性和非保护性两类氧化膜。

氧化膜形成以后,氧化过程的继续进行取决于两个因素:一是界面反应速度,即金属/氧化物界面和氧化物/气体界面的反应速度;二是参与反应的物质通过氧化膜的扩散行为。物质通过氧化膜的扩散分为三种情况:第一种是仅金属离子向外扩散,在氧化物/气体界面上进行反应;第二种是仅氧向内扩散,在金属/氧化物界面上进行反应;第三种是金属离子和氧都扩散,在氧化膜内进行反应。

由热力学理论可知,任何自发反应系统的吉布斯自由能 $\Delta G<0$。氧化过程体系的自由能变化为

$$\Delta G = RT\ln\frac{1}{p_{O_2}} - RT\ln\frac{1}{p_{MO}}$$

式中:p_{MO} 为氧化物的分解压;p_{O_2} 为气相中氧的分压。因此,可以通过比较温度 T 时 p_{MO} 和 p_{O_2} 的大小来判断氧化反应是否进行:

当 $p_{MO} > p_{O_2}$ 时,$\Delta G > 0$,反应向氧化物分解的方向进行;

当 $p_{MO} < p_{O_2}$ 时,$\Delta G < 0$,反应向生成氧化物的方向进行;

当 $p_{MO} = p_{O_2}$ 时,高温氧化反应达到平衡。

在通常的大气条件下,氧分压可视为定值,$p_{O_2} = 21.28$ kPa,因此,金属的稳定性可以通过氧化物分解压的大小进行判断:

当 $p_{MO} > 21.28$ kPa 时,反应向氧化物分解的方向进行,即金属不易被氧化;

当 $p_{MO} < 21.28$ kPa 时,反应向生成氧化物的方向进行,即金属容易被氧化;

当 $p_{MO} = 21.28$ kPa 时,氧化反应达到平衡。

几种氧化物的分解压 p_{MO} 见表 5-1。

表 5-1 几种氧化物的分解压

氧化物种类	分解压 p_{MO}/kPa	反应式
FeO	1.7×10^{-13}	$Fe + 1/2 O_2$
Fe_3O_4	2.8×10^{-11}	$3FeO + 1/2 O_2$
Fe_2O_3	1.7×10^{-4}	$2FeO + 1/2 O_2$
CoO	1.6×10^{-10}	$Co + 1/2 O_2$
NiO	1.7×10^{-8}	$Ni + 1/2 O_2$
Cr_2O_3	2.3×10^{-20}	$2Cr + 3/2 O_2$
Al_2O_3	1.3×10^{-33}	$2Al + 3/2 O_2$
MnO	1.1×10^{-22}	$Mn + 1/2 O_2$
Mn_3O_4	2.2×10^{-4}	$3MnO + 1/2 O_2$
SiO_2	1.1×10^{-26}	$Si + O_2$

5.2.2 金属氧化的动力学规律

纯金属氧化的动力学规律取决于金属的种类、温度和时间,同一金属在不同温度下可能遵循不同的氧化规律,而在同一温度下,随着氧化时间的延长,氧化的动力学规律也可能发生转变。金属氧化的动力学规律大致有直线规律、抛物线规律、对数规律和立方规律。

1. 直线规律

金属氧化时,如果不能生成保护性氧化膜,或在反应中生成气相或液相产物而在金属表面脱落,则氧化速率直接由形成氧化物的化学反应所决定,因而氧化膜的生长速度不变,膜厚度与氧化时间呈直线关系,即

$$y = kt + C \tag{5-1}$$

式中:y 为氧化膜厚度;t 为氧化时间;k 为与材料有关的氧化速度常数。C 为初始氧化膜厚度,若是洁净的金属表面,则 $C=0$。

式(5-1)也可表示为

$$\Delta m = k_1 t + C_1 \tag{5-2}$$

式中:Δm 为单位面积氧化膜增加的质量;C_1 为初始氧化膜质量。

碱金属、碱土金属的氧化一般遵循直线规律,图 5-7 为不同温度下纯镁的氧化动力学曲线,遵循直线规律。

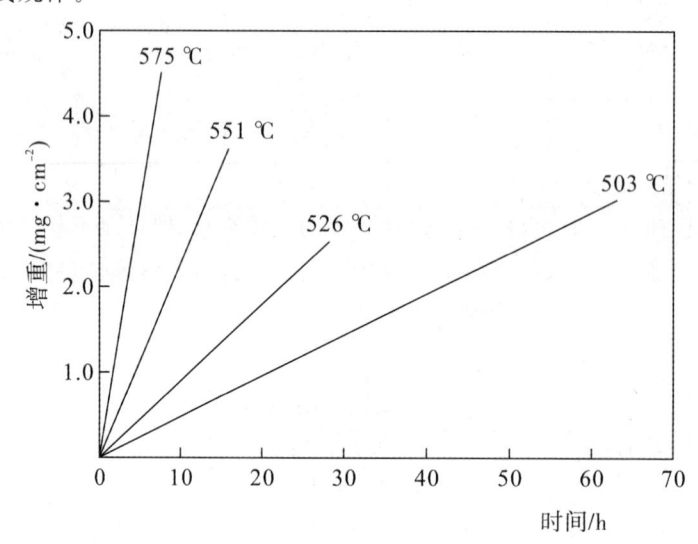

图 5-7 不同温度下纯镁的氧化动力学曲线-直线规律

2. 抛物线规律

当生成的氧化膜具有保护性时,氧化动力学一般遵循抛物线规律,即

$$y^2 = kt + C \tag{5-3}$$

式中:y 为氧化膜厚度。t 为氧化时间。k 为与材料有关的氧化速度常数。C 为初始氧化膜厚度,若是洁净的金属表面,则 $C=0$。同样地,也可以用单位面积氧化膜增加的质量 Δm 来表示氧化过程。

事实上，当生成具有保护性的氧化膜后，氧化反应主要受金属离子在氧化膜中的扩散过程控制，氧化膜越厚，对金属离子扩散的阻滞越大，因此，氧化速度与膜厚成反比。不过，在实际中人们发现，许多金属的氧化偏离平方抛物线规律，这可能是由于氧化膜中存在的应力、空洞或缺陷等造成的，图 5-8 为不同温度下纯铁的氧化动力学曲线，遵循抛物线规律。

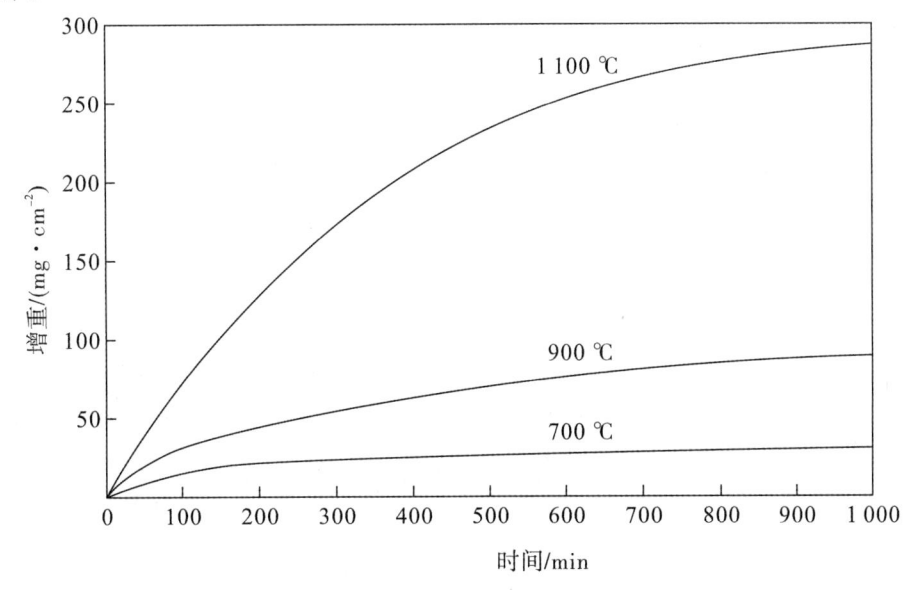

图 5-8　不同温度下纯铁的氧化动力学曲线-抛物线规律

3. 对数规律

有些金属在低温或室温氧化时，氧化膜的形成特点是开始反应很迅速，随着反应的继续进行，反应速度变得缓慢，服从对数或反对数规律，即

$$y = k_1 \lg(k_2 t + k_3) \tag{5-4}$$

或

$$\frac{1}{y} = k_4 - k_5 \lg t \tag{5-5}$$

式中：y 为氧化膜厚度；t 为氧化时间；k_n 为氧化速度常数。这两种规律都是在氧化膜很薄时才有效，意味着氧化过程所受到的阻滞比抛物线规律大，图 5-9 为不同温度下纯铁的氧化动力学曲线，遵循对数规律。

4. 立方规律

在一定的温度范围内，一些金属的氧化服从立方规律，即

$$y^3 = kt + C \tag{5-6}$$

式中：y 为氧化膜厚度；t 为氧化时间；k 为与材料有关的氧化速度常数；C 为初始氧化膜厚度，若是洁净的金属表面，则 $C=0$。

立方规律通常仅限于一定温度范围、较薄氧化膜时出现，如 Zr 在 600~900 ℃、101.325 kPa 氧压和 Cu 在 100~300 ℃、各种气压下等温氧化均服从立方规律，这可能与氧化物空间电荷区的输送有关。

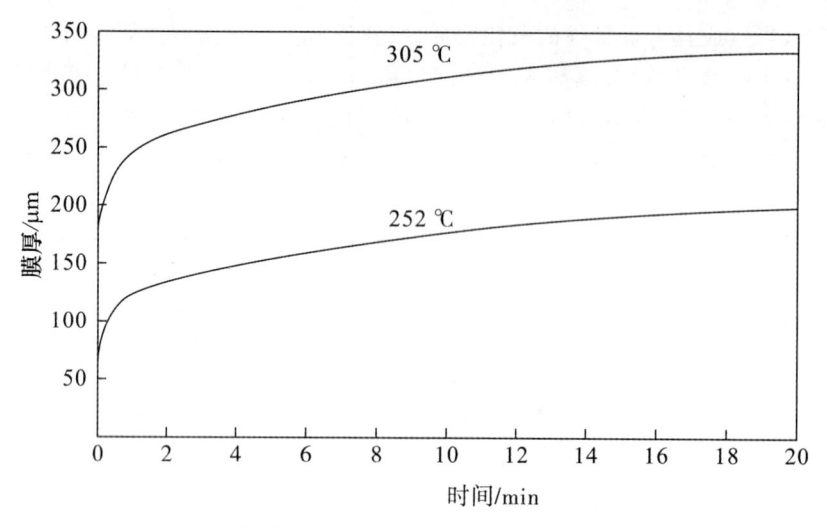

图 5-9　不同温度下纯铁的氧化动力学曲线-对数规律

不同氧化动力学规律如图 5-10 所示,部分金属在不同温度下氧化所遵循的规律见表 5-2。从图 5-10 可以看出,除直线规律外,其余氧化规律随时间增加,氧化膜生长所受阻滞作用越来越大,即膜生长速率越来越慢。几种氧化规律中,按氧化速率大小,依次为直线规律、抛物线规律、立方规律和对数规律。从表 5-2 可知,在低温和氧化膜较厚的情况下,对数规律具有代表性。

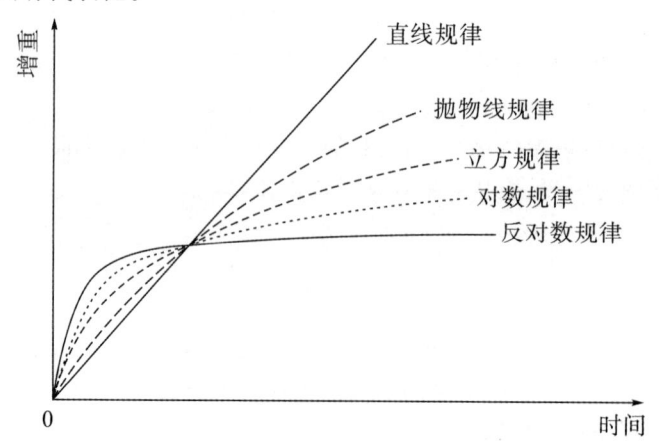

图 5-10　不同规律氧化动力学曲线示意图

表 5-2　部分金属不同温度下氧化动力学规律

金属种类	温度/℃										
	100	200	300	400	500	600	700	800	900	1 000	1 100
Mg	对数		抛物线	抛物线-直线	直线						
Ca	对数			抛物线	直线	直线					
Ce	对数	直线									
Tb			抛物线		直线	直线					
U	抛物线	抛物线-直线									

(续表)

金属种类	温度/℃ 100	200	300	400	500	600	700	800	900	1 000	1 100
Ti			对数	立方	立方	抛物线 直线			抛物线 直线		
Zr			对数	立方		立方			立方	立方	直线
Nb			抛物线	抛物线	对数-直线		直线		直线		
Ta	对数	反对数		抛物线	对数-直线		直线		直线		
Mo			抛物线	对数-直线	对数-直线		直线		直线		
W				抛物线		抛物线	对数-直线	对数-直线		对数-直线	
Fe		对数	对数	抛物线	抛物线	抛物线	抛物线	抛物线			抛物线
Ni			对数	对数	立方	抛物线		抛物线			抛物线
Cu		对数	立方			抛物线	抛物线	抛物线			
Al	对数	反对数	对数	抛物线	直线						
Ge	对数 反对数	对数	抛物线	直线							
Zn		对数	对数	抛物线							

当钢的温度超过 300 ℃时,就在其表面出现氧化层,随着温度的升高,钢的氧化速度也随之增加,温度超过 570 ℃时,氧化特别强烈。

Fe 与 O 可以形成三种类型的氧化物:FeO、Fe_3O_4 和 Fe_2O_3,这与 O 的质量分数和温度有关。图 5-11 为 Fe-O 状态图,由图中可以看出,铁在 570 ℃以下氧化时,氧化物仅由

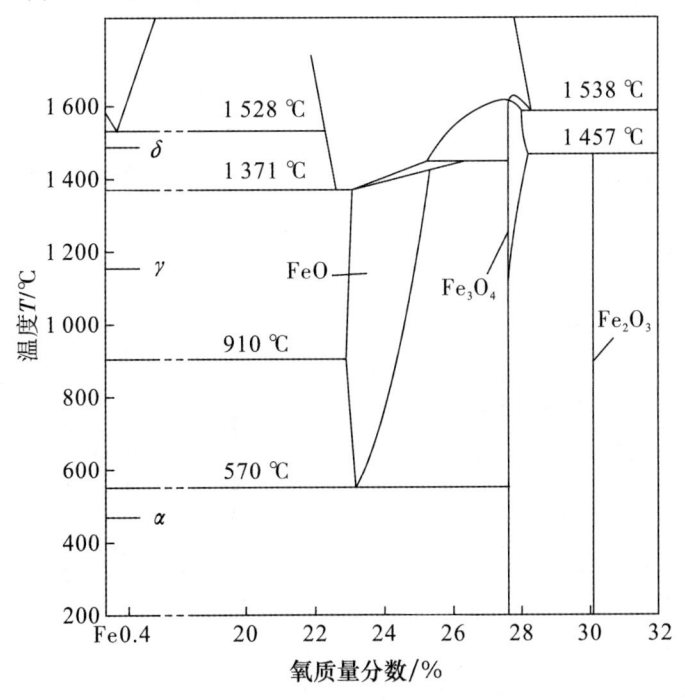

图 5-11 Fe-O 状态图

Fe$_3$O$_4$ 和 Fe$_2$O$_3$ 组成,这两种氧化物具有复杂的晶格结构,组织比较致密,原子在其中扩散比较困难,而且这种结构的氧化层与基体结合比较紧密,因此,一旦氧化层形成,可以阻止基体的进一步氧化,显示出一定的抗氧化性。当温度在 570 ℃ 以上时,形成的氧化物由 Fe$_2$O$_3$、Fe$_3$O$_4$ 和 FeO 三层组成,FeO 在最内层,三层的厚度比大致为 1∶10∶100,即氧化物的主要成分是 FeO,如图 5-12 所示。FeO 为简单立方晶格结构,结构疏松,空位较多,与基体结合力也较差,外部的氧原子很容易通过这些空隙扩散到基体,从而导致基体的进一步氧化,温度越高,氧化越严重。氧化的不断进行,导致氧化层越来越厚,最后剥落露出新的基体表面,氧化过程又重新进行。氧化物的剥落与两个条件有关,一是氧化物的厚度要达到临界值,这与材料及温度有关;二是基体与氧化物之间,或者氧化物本身各层之间的应力要达到临界值,这与材料、温度及氧化物的特性有关。

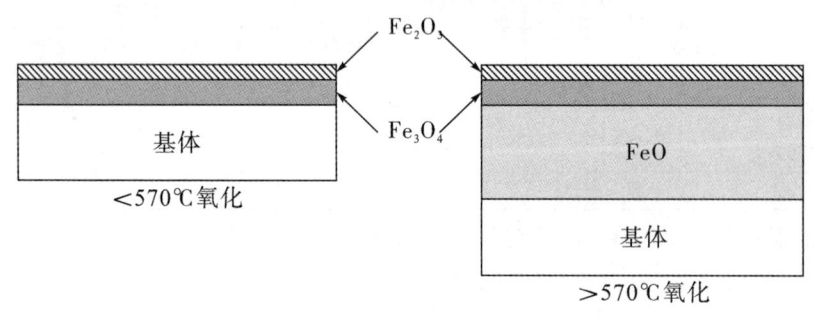

图 5-12 不同温度下铁的氧化层结构示意图

在氧化膜/金属界面上存在着不同类型的微观缺陷,如失配位错、取向位错、台阶、断接等,如图 5-13 所示。

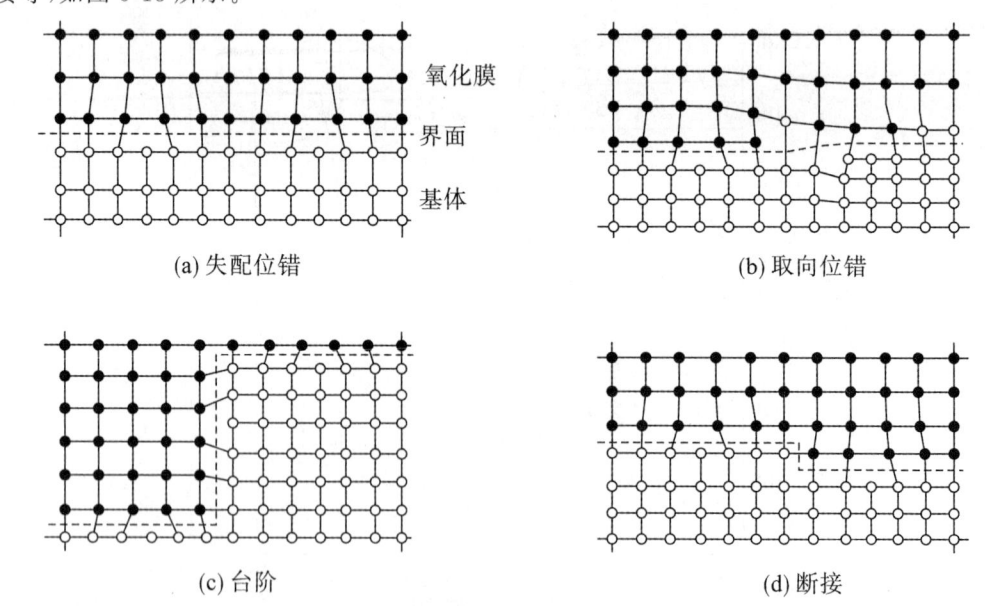

(a) 失配位错 (b) 取向位错 (c) 台阶 (d) 断接

图 5-13 氧化膜/金属界面上缺陷类型

金属氧化过程和冷却过程中,在氧化膜内和氧化膜/金属界面分别存在着生长应力和热应力。生长应力包括氧化时因阳离子的外扩散和金属中的体积发生变化诱发的几何应力和膜横向生长产生的应力,热应力是温度发生变化时,氧化膜与基体金属的热膨胀系数不同而在二者界面产生的应力,应力弛豫是导致氧化膜开裂或剥落的直接原因。

氧化物如 Cr_2O_3、Al_2O_3 等的变形抗力一般都大于基体金属,如果表面形成致密的、与基体金属紧密结合的氧化膜,且在蠕变过程中不发生破裂和剥落,那么至少在理论上这种氧化膜将提高金属的蠕变抗力,实际上也确实发现在相同的应力和温度下,部分金属在空气中的持久强度高于真空中的持久强度。但是,致密的、保护性的氧化膜其生长服从抛物线动力学规律,生长速率很慢,氧化膜厚度也很薄,它对整个试样蠕变抗力的影响非常微弱,实际上可以忽略。另一方面,由于氧化膜的和基体变形的不协调产生的应力可能使氧化膜在蠕变过程中开裂或剥落,其结果使氧化膜不仅丧失了承载能力,还丧失了保护性,反而促使氧化进程加剧。

为了防止金属材料的高温氧化,就要设法阻止或减弱 FeO 的形成。实践证明,在钢中加入适当的合金元素如 Cr、Si 或 Al 等,都能在一定程度上提高材料的抗氧化性能,因此,高温部件所用材料大量使用含 Cr 钢材,如一段转化炉和裂解炉炉管常选用 Cr25Ni35 型的 HP 耐热钢,换热器常选用 21/4Cr-1Mo 钢。

Cr 是抗氧化不起皮钢的主要元素,一般 Cr 质量分数越高,钢的抗氧化性越好,这是由于 Cr 的氧化物结构致密且与基体结合比较牢靠,避免了氧化的进一步进行。

5.3 脱 碳

钢在 700 ℃ 以上的高温环境中服役时,除发生氧化外,钢中的碳活性增强,会与脱碳性气氛发生反应,造成表层碳质量分数降低形成低碳组织,这就是钢的脱碳现象,图 5-14 为 42CrMo 钢 900 ℃ 保温 1 h 后表面出现的完全脱碳层和部分脱碳层,由图可见,完全脱碳层内铁素体晶粒粗大,部分脱碳层内铁素体沿晶界连续分布,形成粗大的网状铁素体组织,网状铁素体组织从钢表面到内部由粗变细与钢基体没有明显边界。

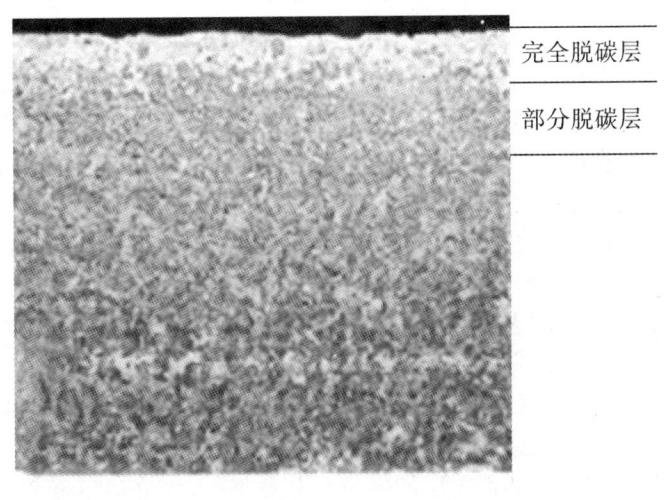

图 5-14　900 ℃ 保温 1h 42CrMo 钢表面脱碳层

5.3.1 钢的脱碳机理

脱碳的过程就是钢中的 C 在高温下与 H_2、O_2 或水蒸气发生反应生成 CH_4 或 CO 的过程,其反应如下:

$$Fe_3C+2H_2 =\!=\!= 3Fe+CH_4$$
$$2Fe_3C+O_2 =\!=\!= 6Fe+2CO$$
$$Fe_3C+CO_2 =\!=\!= 3Fe+2CO$$
$$Fe_3C+H_2O =\!=\!= 3Fe+CO+H_2$$

脱碳是原子扩散作用的结果,脱碳过程中,一方面氧向钢内扩散,另一方面钢中的碳向外扩散,只有脱碳速度超过氧化速度时才能形成脱碳层。当氧化速度很大时,脱碳层产生后即被氧化生成氧化物,因此,钢可能不发生明显的脱碳现象,而在氧化作用相对较弱的气氛中,钢有可能产生较深的脱碳层。

5.3.2 脱碳对钢力学性能的影响

脱碳使钢的力学性能降低,特别是降低了表面硬度和抗疲劳强度,所以高温环境下服役的材料或设备要注意这个问题。

脱碳对钢材力学性能的影响主要表现在以下几个方面:

1. 对锻(轧)件力学性能的影响

锻造加热过程如果气氛控制不好,加热温度过高、保温时间过长,锻件毛坯表面会发生氧化和脱碳现象,锻造过程及锻造后冷却时也会发生不同程度的氧化和脱碳现象,对于需要后续加工的锻件,如果整个锻造过程锻件毛坯脱碳深度较浅,脱碳层厚度小于锻件的加工余量时,对锻件性能不产生影响,如果脱碳或氧化严重,脱碳层深度较深,对于不加工面或脱碳层深度大于加工余量时,脱碳的结果使锻件表面碳质量分数降低,碳的强化作用减弱,会降低锻件的强度。对于一些轧件,如果轧制工艺控制不当造成钢坯保温时间过长导致脱碳层超标,会造成产品合格率降低。

2. 脱碳对热处理件的影响

虽然热处理加热温度相对于锻件加热温度降低,但也存在脱碳及氧化现象,因此,热处理时的氧化和脱碳问题也是造成热处理件缺陷和性能不合格的问题之一。热处理时加热温度过高或保温时间不合适,会形成过深的脱碳层,实际生产中对于一些表面不加工的铸件,会遇到因脱碳而使表面硬度达不到要求的情况。对于奥氏体锰钢耐磨件,因表面脱碳,表层将得不到完全的奥氏体组织,这使耐磨件在使用过程中冷作强化程度降低,不仅降低了耐磨性,而且表面脱碳造成组织不均匀,由于变形不均匀易产生裂纹,导致耐磨件早期失效。

热处理过程中由于钢的表面脱碳,造成表层与心部的组织状态不一样,不同的组织其热膨胀系数不一样,加热或冷却过程中会产生应力,容易引起热处理件的变形或开裂,淬火时因表面脱碳会发生不同的组织转变,造成组织应力,容易造成零件表面产生裂纹。

3. 脱碳对零部件使用性能的影响

热加工过程的脱碳使零部件表层的碳质量分数降低,淬火后不能完全发生马氏体转变或形成低碳马氏体组织,降低淬火件表面硬度和耐磨性。对于一些轴承钢,由于表面脱碳会形成软点,降低接触疲劳寿命。对于一些工具钢,表面脱碳会降低工具钢的红硬性,降低工具钢使用寿命。脱碳使钢的表面组织不均匀,降低疲劳强度寿命,导致构件使用过程过早地因发生疲劳破坏而失效。

5.3.3 影响钢脱碳的因素

影响钢脱碳的因素主要有化学成分、服役温度、服役时间和炉气成分。

1. 化学成分

钢中 C 质量分数是影响钢脱碳敏感性的最重要因素,C 质量分数越高,脱碳倾向越大,而合金元素主要是通过影响钢中 C 的活度和扩散系数影响钢的脱碳敏感性,这些元素大致可以分为三类,第一类元素促进钢的脱碳,主要有 W、Al、Si、Co 等,其中 Al 和 Si 会使钢中的 C 游离或石墨化,从而促进了钢的脱碳;第二类元素抑制钢的脱碳,主要有 Cr、Mn、Mo、B 等,Cr 能在钢的表面形成一层致密的保护膜,阻止 O 与钢中的 C 发生氧化反应,而且 Cr 是强碳化物形成元素,碳化物的存在提高了钢中 C 的扩散激活能,降低了 C 的扩散系数,从而抑制了钢的脱碳,图 5-15 为 42CrMo 钢氧化层和脱碳层之间存在的 Cr 元素富集层,其成分为 $FeO \cdot FeCr_2O_3$,结构致密,阻碍了 C 原子的扩散,降低了钢的脱碳倾向;第三类元素对钢的脱碳行为影响不大,如 P、S 等,这些元素在钢中的质量分数少,与钢中 C 的反应弱,脱碳作用可以忽略不计。

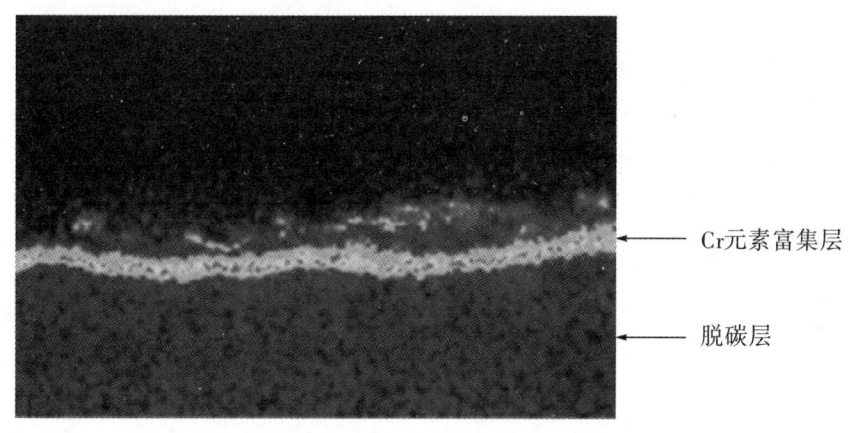

图 5-15 42CrMo 钢表面氧化层和脱碳层之间 Cr 元素富集层

2. 服役温度

温度是影响钢脱碳的最重要因素之一,随着服役温度的提高,C 的扩散速率增加,脱碳速度加快,脱碳层深度增加,一般情况下,服役温度低于 1 000 ℃ 时,钢表面的氧化层会阻碍 C 的扩散,脱碳速度比氧化速度慢,温度再升高,虽然氧化速度增加,但氧化层下 C 的扩散速度也加快,达到某一温度时脱碳反而比氧化快,此时氧化层失去了保护能力,例如 GC15 钢在 1 100~1 200 ℃ 温度下会发生强烈的脱碳现象。大量研究表明,只有当脱碳速度大于氧化速度时,钢材才能形成脱碳层。许多钢在加热过程中随着温度升高,脱碳层深度会出现峰值,这是因为在峰值前后其氧化与脱碳的速度不同,在峰值前,脱碳速度大于氧化速度,脱碳层深度持续增加,在峰值后,氧化速度大于脱碳速度,使得一部分脱碳层被氧化掉,脱碳层深度就开始减少,出现峰值的温度称为脱碳敏感温度,钢服役时应尽量避免在脱碳敏感温度附近区域。

3. 服役时间

服役时间越长,脱碳层越深,只不过不同钢种在不同的加热温度条件下增加的程度不尽相同。但研究发现,脱碳层深度并不与服役时间成正比,一般情况下,由于钢在发生脱碳的同时表面还会有氧化现象,生成的氧化膜会阻碍脱碳反应的继续进行,因此服役时间增长,虽然脱碳层厚度总体呈增长趋势,但是增长的幅度越来越小,脱碳层深度与服役时间之间近似服从抛物线变化规律。

4. 炉内气氛

炉内气氛的种类、质量分数和发生反应的程度都会影响钢的脱碳敏感性,氧化性气氛会引起钢的脱碳和氧化,其中脱碳能力最强的是 H_2O,以下依次是 CO_2、O_2、H_2,而 CO 和 CH_4 则会使钢增碳。加热炉内的空气过剩系数 α 对表面脱碳的强弱也有很大的影响:当 α 值很小时,燃烧的气体产物中会存在 H_2,钢在潮湿的 H_2 气氛中的脱碳层厚度会随 H_2O 质量分数的升高而增加,因此,钢即使是在煤气无氧化加热炉中保温时,只要炉气成分中含有较多的 H_2O 时也会发生表面脱碳。当 α 值很大时,由于氧化层变厚,可能会阻碍着钢表层的碳原子被氧化,因此较大的空气过剩系数可能会减小脱碳层厚度。

5.4 渗 碳

与脱碳相反,长期在高温、高碳势气氛中服役的部件如乙烯裂解炉炉管,管内烃类介质分解形成的活性碳原子会渗入钢中形成渗碳层,渗碳层和基体的热膨胀系数不同,恶化了炉管的受力状况,降低了炉管的热疲劳性能和冲击抗力,加速了裂解炉管的损伤,使裂解炉管的使用寿命大大降低,一般仅达到设计寿命的 60%。

5.4.1 渗碳过程动力学规律

渗碳过程实质上是一种化学热处理过程,但并非有碳的存在就可以发生渗碳。碳分子不具有活性,即使在高温环境下与金属接触也不会产生渗碳。当碳分子分解成为有活性的碳原子时才会在金属表面产生吸附,从而向金属的内部进行扩散迁移,形成一定厚度的渗碳层。整个过程包括:

1. 产生渗碳气氛

在乙烯裂解炉中,柴油或石脑油裂解过程中产生大量的烷烃、环烷烃、芳烃、烯烃等混合物,在高温下会发生分解并析出活性碳原子[C]:

$$CH_4 \Leftrightarrow 2H_2 + [C]$$
$$C_nH_{2n} \Leftrightarrow nH_2 + n[C]$$

2. 表面处活性碳原子的吸附

活性碳原子在金属表面发生吸附,吸附过程可以是简单的物理吸附,即由于范德瓦尔斯吸引力,在表面形成单原子或多原子吸附层。也可能发生化学吸附,在被吸附原子和金属表面原子之间形成强烈的化学结合。

3. 碳在金属中的扩散和碳化物的形成

在金属表面与基体碳浓度差的驱动作用下,吸附的活性碳原子会向金属内部扩散并与碳化物形成元素生成碳化物,这一过程取决于碳的扩散系数和碳浓度差。

第 5 章　高温环境损伤

渗碳主要发生在石油化工装置中,如乙烯裂解装置、碳纤维制备装置、煤化工装置以及存储 CO、CH$_4$、C$_3$H$_8$ 等容器。高温装置材料在服役过程中发生的渗碳会造成材料组织的不均匀,产生附加应力,加速蠕变和疲劳损伤。

大型乙烯裂解装置中的乙烯裂解炉管是典型的渗碳损伤部件。裂解炉管在 1 000 ℃ 高温下长期服役过程中,管内原料气中的碳原子渗入材料表面并扩散形成渗碳层,随着渗碳层中碳质量分数的增加,渗碳层厚度不断增大,渗碳层中析出大量的碳化物。由于渗碳层的密度及热膨胀系数与炉管母材有显著差异,弹性模量和强度也不同,因而会在炉管内部产生复杂的附加应力,包括恒温运行过程中渗碳层体积膨胀在未渗碳区产生的渗碳应力,升降温过程中渗碳层与母材热膨胀系数不同产生的热应力等,从而在材料内部形成了不断变化的应力场,在应力场的长期作用下,材料将经受蠕变损伤,产生空洞和裂纹,导致炉管失效。

裂解炉管在服役过程中的渗碳过程比较复杂,氧化过程和渗碳过程相互掺杂进行,渗碳过程是有氧参与的氧化-渗碳交替发生的过程。

渗碳过程本质上和内氧化相同,碳原子从金属表面向内部扩散并在亚表面析出碳化物,因此,渗碳的动力学规律和内氧化动力学类似,渗碳层深度或渗碳增重可用下式表示:

$$\zeta^2 = kt$$

式中:ζ 为渗碳深度或渗碳增重;k 为渗碳速率常数;t 为渗碳时间。实验室测试的 HK40 合金和 HP 合金在 1 000 ℃ 时的渗碳增重与渗碳时间的关系曲线如图 5-16 所示,实验结果证实了渗碳过程的抛物线动力学规律。

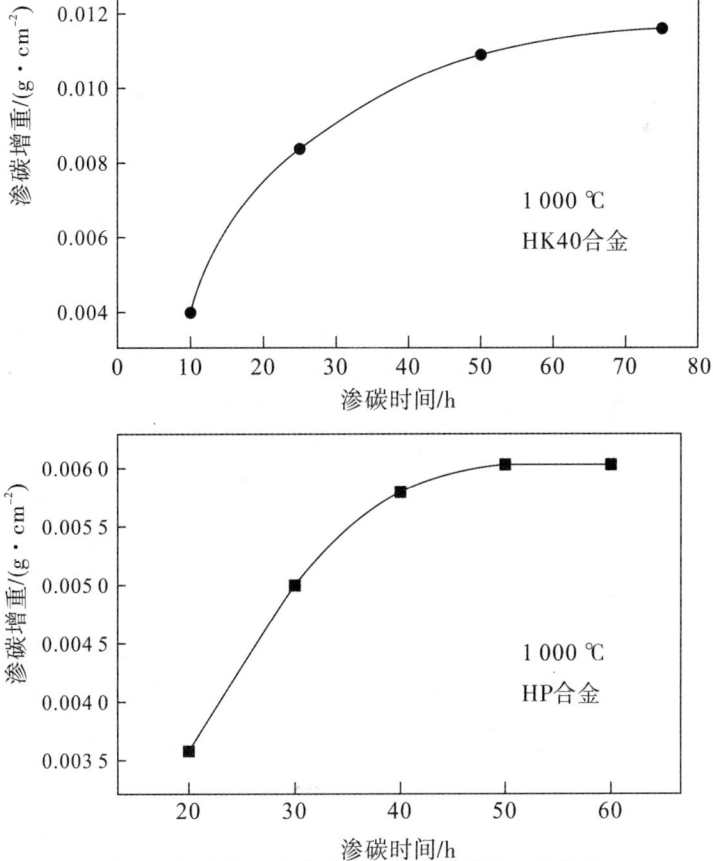

图 5-16　HK40 合金和 HP 合金渗碳动力学曲线

研究表明，HK40合金中渗碳层的热膨胀系数与碳质量分数的关系如图5-17所示，随碳质量分数的增加，渗碳层热膨胀系数显著降低。渗碳层与基体热膨胀系数的不同，使裂解炉管在升降温过程中产生附加应力，加速了炉管的失效过程。

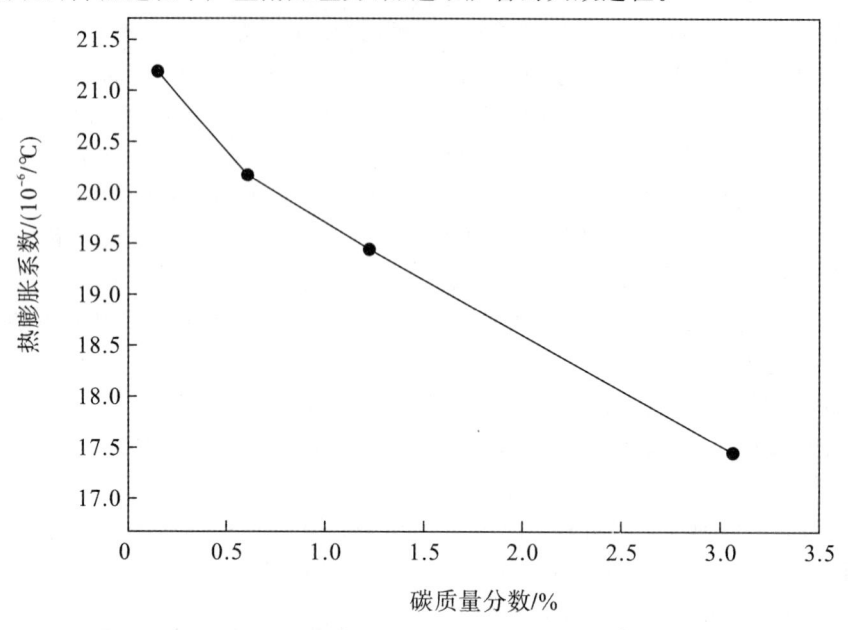

图 5-17　HK40合金中渗碳层的热膨胀系数与碳质量分数的关系

5.4.2　裂解炉管渗碳机制

对于裂解炉管内壁的渗碳机制，一直存在一些争议。早期人们普遍认为，造成裂解炉管内壁渗碳的主要原因是炉管内表面的结焦，炉管内壁结焦中的C原子从内壁扩散到炉管基体金属中，与基体中的Cr形成碳化物。但也有人认为，工件表面形成的炭黑或焦炭状的固态沉积物会对渗碳过程起到阻碍作用。国外学者提出一种裂缝腐蚀机制，他们在研究服役后的HK40裂解炉管时发现，炉管内壁的贫碳化物区和晶间氧化区的深度接近一致，于晶间氧化结束处开始出现渗碳区。他们认为，在炉管内壁的氧化层中会有一些空洞和裂缝，炉管内的裂解气体通过氧化层中的空洞和裂缝向炉管内部进行扩散，由于氧化层内形成Cr和Si的氧化物，裂解气中的氧化性气氛被消耗，从而在氧化层的孔洞和裂缝区域只存留碳氢气，在基体金属的催化作用下，碳氢气氛会分解形成活性碳原子，进而扩散到炉管的基体中去，然后形成碳化物析出，在炉管内壁形成渗碳区。相比于早期的结焦机制，裂缝机制解释裂解炉管内壁的渗碳现象似乎更加合理。国内的研究发现，在服役4年的裂解炉管内壁处，炉管内壁的贫碳化物区的深度要远远大于晶间氧化物区的深度，在此情况下炉管内壁也产生了严重的渗碳，仅利用裂缝机制去解释这种现象显得困难。他们认为，炉管内壁亚表层贫碳化物区及内部渗碳区的形成，与表面氧化层的剥落重建、晶间氧化区的形成、碳及合金元素在基体中的扩散速度以及形成碳化物的临界碳浓度有着密切关系。

5.5 氢损伤

氢损伤是指与氢的行为有关的材料损伤或构件破坏,它是由于金属中存在过多的氢,且在拉应力作用下造成的损伤。发生氢损伤的材料种类很多,氢的来源也是多种多样的,进入材料中的氢以多种机理起作用,因此工业中各种氢损伤问题的特性、评定和防护也是多种多样的。

人们很早就发现,当金属中氢质量分数较高时,光滑试样的强度和冲击韧性值无明显变化,但是其塑性和缺口拉伸强度会明显下降,材料的脆性大大增加,故将其称为氢脆。后来又发现氢除了使材料变脆外,在某些条件下,还会造成表面起泡等其他形式的损伤,而这类损伤和金属脆性的关系不大,但是由于历史的原因,人们在习惯上把起泡等损伤也称为氢脆。

5.5.1 氢损伤的类型

按氢的存在形式和作用机理,氢损伤可分成如下三类:

1. 氢原子导致的氢损伤

在外加应力或残余应力作用下,氢原子优先在裂纹尖端、晶界和位错、缺陷等应力集中处聚集,导致材料脆化,表现在塑性降低,甚至发生穿晶或沿晶的脆性断裂。工程上许多脆化或低应力破裂如酸洗脆化、某些应力腐蚀和焊接延迟开裂(冷裂)就属于这类损伤。

2. 氢分子导致的氢损伤

氢在材料内部以分子态的氢气聚集时会产生高压,使材料发生脆性断裂,比如高温熔炼时大量溶解的氢在冷却过程中以分子态的氢气在钢内析出,或直接在空洞、夹杂等缺陷处析出,导致这些缺陷在无须外力作用时就可扩展,工程上常见的氢鼓泡和白点就属于这类损伤。氢鼓泡是指过饱和的氢原子在缺陷位置如夹杂、气孔、微裂纹等处析出后形成氢分子,在局部地区造成高的氢压,引起表面鼓泡或造成内部裂纹使钢材撕裂的现象,也称氢诱发开裂,一般在 150 ℃以下发生,由于其受损的形式与氢蚀相似,因此早期常将二者混为一谈。当钢中含有过量的氢时,随着温度降低,氢在钢中的溶解度减小,如果过饱和的氢未能扩散逸出,便聚集在某些缺陷处形成氢分子,此时,氢的体积发生急剧膨胀,内压很大,足以将金属撕裂形成微裂纹,这种微裂纹的断面呈圆形或椭圆形,颜色为银白色,所以称为白点,一般在大型锻件中容易出现。

3. 氢化物导致的氢损伤

对于ⅣB或ⅤB族金属如 Ti、α-Ti 合金、Ni、V、Zr、Nb 及其合金,由于它们与氢有较大亲和力,极易生成脆性的氢化物使金属脆化,导致材料断裂。比如 Ti 合金和 Zr 合金在含氢环境中由于裂纹尖端逐渐形成脆性的钛氢化物或锆氢化物而导致的延迟开裂就属于这类损伤,工程上常见的氢腐蚀也属于这类损伤。氢腐蚀是钢在 200 ℃以上、高压、含氢环境下服役时,氢进入钢中,与钢中的渗碳体形成甲烷:$2H_2 + Fe_3C \leftrightarrow 3Fe + CH_4$,甲烷在钢中的溶解度很小且不易扩散析出,聚集在晶界的缺陷处及位错附近,降低了位错的易动性,使钢的韧性和塑性大大降低,在应力作用下,易产生局部裂纹或表面鼓泡,最后导致部件失效。

钢材产生氢腐蚀后,特别是在温度较高、氢分压较低时,在钢材表面会发生严重脱碳。提高温度,氢腐蚀速度加快,一定氢分压对应一定的氢腐蚀起始温度,低于该温度,不发生氢腐蚀。加大氢分压将加剧氢腐蚀,但也有起始点。低的氢分压所产生的甲烷压力也低,又可有一定量的甲烷逸出钢外,不足以引起裂纹。

氢腐蚀断裂具有脆性特征,其宏观特征是破口处形状不规则,边缘粗钝,管壁减薄很少,管子无明显胀粗,裂纹由破口处向外延伸。其微观特征是破口处及其附近的组织类型没有改变,管子内壁附近发生明显的脱碳,基本没有腐蚀产物,如图 5-18 所示,图 5-19 是焊接板材热影响区由于氢腐蚀造成的开裂。

图 5-18 氢腐蚀开裂管子的宏观形貌

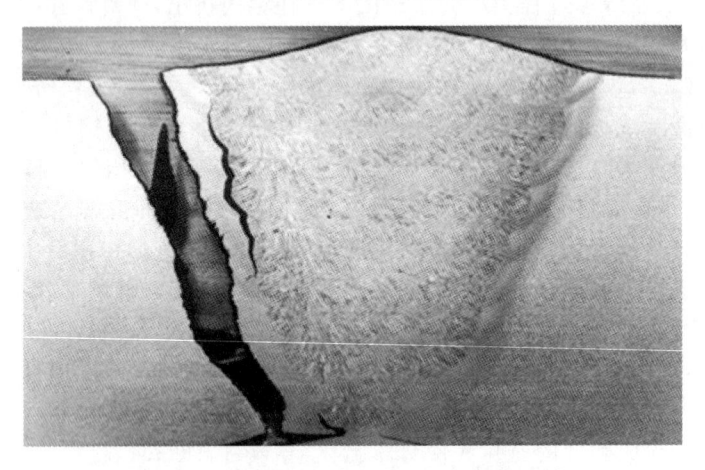

图 5-19 焊接板材热影响区的氢腐蚀开裂

5.5.2 氢的存在形式和传输方式

材料中氢的来源可分内含氢和外来氢两种。内含氢是指材料使用前其内部就已存在的氢,它是材料在冶炼、热处理、酸洗、电镀、焊接等过程中吸收的氢。外来氢是指材料本身氢质量分数很小,但在含氢环境服役过程中吸收了氢,如与含氢的介质接触或应力腐蚀的阴极析氢反应。在石化行业中设备或部件产生氢腐蚀的氢的来源一般是外来氢,在含氢或硫化氢的环境中,氢分子或硫化氢分子通过吸附分解出原子氢,然后侵入金属。

氢在金属中的溶解度取决于温度和压力,温度恒定时,金属中氢浓度与其平衡时氢压的平方根成正比。对铁而言,氢的溶解过程是吸热反应,因此随温度升高,氢的溶解度增大。固溶在金属中的少量氢原子占据着晶格的间隙位置,如体心立方金属的四面体间隙和面心立方金属的八面体间隙,绝大部分氢处于各种缺陷位置,如晶界、共格沉淀、非共格沉淀、位错、空位、孔隙等处,形成所谓的氢陷阱。过饱和的氢原子会结合成氢分子,能产生很大的内压,达到一定值时,就会使材料开裂。

氢在金属中的传输有扩散和位错迁移两种形式:

(1) 扩散

金属中存在氢的浓度梯度以及应力梯度时就会产生驱动力导致氢的扩散,即氢从浓度高的地方向浓度低的地方扩散,由应力低的地方向应力高的地方扩散。

(2) 位错迁移

位错是一种特殊的氢陷阱,位错能将氢原子捕获在其中,构成柯垂耳气团(Cottrell Atmosphere),在位错运动时柯垂耳气团与位错一起运动,带动氢的迁移。

5.5.3 氢腐蚀的影响因素

氢腐蚀是工程中常见的氢损伤形式,影响氢腐蚀的主要因素有:

(1) 暴露时间

钢材的氢腐蚀不是突然发生的,而是在高温高压下的一个渐进过程,从微观上看是一个甲烷气泡形成→集聚→成串的过程。孤立的甲烷气泡对钢材性能没有明显的影响,直到在晶界或夹杂物等处集聚后,对钢材性能才有影响,所以钢材从暴露在氢气氛中开始到内部有甲烷气泡集聚这段时间称为氢腐蚀的孕育期,孕育期的长短与很多因素有关,包括钢的类型、冷加工的程度、压力和温度等,设备在孕育期内操作是安全的。

(2) 操作压力

主要与介质中氢分压有关,而与操作总压几乎没有关系。随着氢分压的升高,腐蚀程度逐渐加重。氢分压为 0.8 MPa 左右时是个分界线,低于此值,氢的影响比较缓和,而高于此值时氢的影响变得非常明显,所以通常加氢裂化装置的选材等级要比加氢精制装置的高一些。当介质中的氢分压小于 0.7 MPa 时,钢材一般不会产生氢腐蚀。

(3) 操作温度

服役温度对钢材氢腐蚀程度影响很大,在大多数情况下,它比氢分压的影响更大,大约以 200 ℃ 为界线。服役温度小于 200 ℃ 时,钢材一般不出现氢腐蚀现象,因此,即使在高压加氢裂化装置中,设计温度在 200 ℃ 以下的设备,仍然可以选用碳钢,如 20R、16MnR 等,但当服役温度大于 200 ℃ 时,钢材氢腐蚀程度就会随温度的升高而逐渐加重,需要的材质等级也应相应提高,所以在选材时,首先要合理地确定设备的服役温度。

(4) 化学成分

从氢腐蚀机理看,氢腐蚀是由于扩散到钢中的氢与钢中的碳元素相作用而产生甲烷,因此,钢的氢腐蚀与碳质量分数有直接关系:碳质量分数增加,孕育期变短,钢的抗氢腐蚀性能也将变坏,因而选择碳质量分数低的材料对降低氢腐蚀是有益的。钢中加入足够数量的能形成稳定碳化物的元素,如 Ti、Zr、Nb、Mn、W、Cr 等,可使钢中碳化物不易分解,降低碳的扩散速度,因而减少了甲烷生成,降低了裂纹形核和扩展速率,使钢的抗氢腐蚀能力得到提高,这已成为改善钢的耐氢腐蚀性能的最主要手段。

(5) 热处理

钢的抗氢腐蚀能力与钢的显微组织有密切关系,不同热处理状态的材料有不同的抗氢腐蚀能力。淬火状态时只需经很短时间加热就出现了氢腐蚀,回火处理过程中,由于可形成稳定的碳化物,抗氢腐蚀性能就得到改善,且回火温度越高,效果越好。对于在氢环境下使用的 Cr-Mo 钢设备,采用焊后热处理同样可提高钢的抗氢腐蚀能力。试验表明,2.25Cr-1Mo 钢焊缝若不进行焊后热处理的话,则发生氢腐蚀的温度将比纳尔逊曲线(Nelson Curve)标示的温度低 100 ℃以上。碳化物的球化处理可减少表面积,使界面能降低,因而有助于延长孕育期,提高抗氢腐蚀的能力。

(6) 应力

热应力或冷加工产生的残余应力会加速高温氢腐蚀。冷加工变形增加了组织和应力的不均匀性,提高了氢的扩散能力,从而加速了钢的氢腐蚀。此外,焊接接头的抗氢腐蚀性能一般也比母材差,残余应变越大,出现氢腐蚀越迅速,因此,对于临氢压力容器的受压元件采用冷加工成型或焊接时,最好进行热处理以消除残余应力。

5.6 高温硫腐蚀

石化工业中,因为原料或燃料中或多或少都含有硫,所以在一定条件下会产生与硫有关的腐蚀,一般有高温硫化、硫酸的露点腐蚀和连多硫酸的应力腐蚀。

5.6.1 高温硫化

钢在有机 S 蒸气或 H_2/H_2S 的气氛中会产生高温硫化,在钢的表面生成硫化物,温度越高,硫化程度越严重,其反应式为

$$2M + S_2 = 2MS$$
$$M + H_2S = MS + H_2$$

研究表明,在含有硫化物的高温腐蚀中,虽然高温氧化仍然是主要的,但在氧化物的内层中存有硫化物,这说明硫化的发生先于氧化,此时,硫化速度远远大于氧化速度,所以,总的腐蚀速度显著大于单纯的氧化速度。

高温硫化与高温氧化的机理类似,但硫化速度比氧化速度要大几个数量级,其主要原因是:

(1) 硫化物点阵缺陷浓度远大于氧化物缺陷浓度,金属原子在硫化物中的扩散系数远大于在氧化物中的扩散系数,因此,硫化物比氧化物的形成和生长速度要大得多。

(2) 硫化物生成自由能的变化值较氧化物小,热力学稳定性差,而且不同金属硫化物的生成自由能变化差异很小,所以不容易发生单一金属的选择性硫化,同时硫化物稳定相的数目比氧化物多很多,导致硫化速度快。

(3) 硫化物的熔点比氧化物低,金属与其硫化物可生成低熔点的共晶化合物,导致硫化加速。

(4)硫化物生长产生的应力比氧化物生长产生的应力大得多,易使硫化物破裂,不能阻碍含硫气体的扩散,硫可直接与未硫化的基体金属接触加速硫化过程。

与氧化物相比,硫化物的种类多,熔点低,尤其是当硫化物与金属或其他硫化物形成共晶化合物时熔点更低,例如,Ni_3S_2 的熔点为 806 ℃,当它与 Ni 形成共晶时,其熔点降为 645 ℃,表 5-3 为部分硫化物的熔点。另外,虽然硫化物不像氧化物那样脆,但钢中生成的 FeS 比较疏松,易脱落。

表 5-3　部分硫化物的熔点

种类	熔点/℃	种类	熔点/℃	种类	熔点/℃
MnS	1 610	CrS	1 565	AlS	1 200
FeS	1 180	CoS	1 180	Al_2S_3	1 100
SiS_2	1 090	NiS_2	1 010	Al_2S	960

材料遭受硫腐蚀时,其损伤形式是多样的,包括全面腐蚀、坑蚀、氢鼓泡、氢诱发裂纹、氢脆及硫化物应力腐蚀破裂等,最终造成材料破裂,如图 5-20 所示。

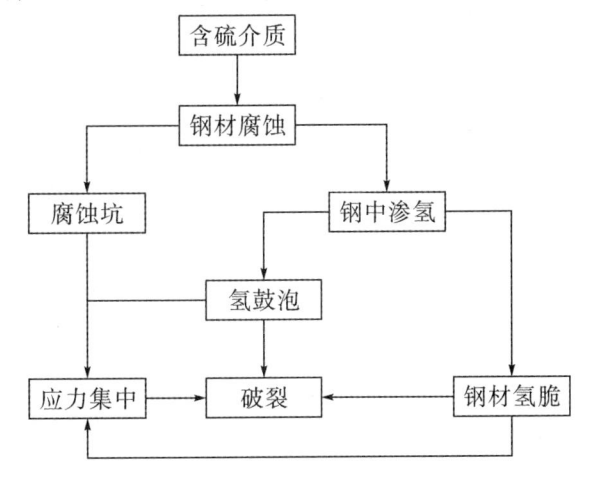

图 5-20　硫腐蚀引发的损伤

硫化氢引起的全面腐蚀可能导致金属表面均匀减薄,也可能导致金属表面凹凸不平。当金属表面遭受硫化氢的全面腐蚀时,表面有鳞片状的硫化物腐蚀产物沉积,而在生产实际中设备或构件遭受硫化氢腐蚀时,往往在某些区域有大量的黑色硫化铁腐蚀产物堆积,这些腐蚀产物有时呈片状,有时呈黑色污泥状,如果介质中含有氧,腐蚀产物中还会混杂有黄色的硫黄,如果介质中含有 CN^- 离子,腐蚀产物可能与 CN^- 发生反应生成络合物,遇空气后转变为呈蓝色的氰化物,图 5-21 为某炼油厂加氢精制装置由于高温硫化和氢腐蚀共同作用下导致失效的换热器管。

硫质量分数越高,硫腐蚀越严重;温度越高,腐蚀速率越大;管内介质流速越大,腐蚀越严重,装置中的弯头、大小头、三通、进出口接管等易产生湍流的部位腐蚀速率较高,而直管段的腐蚀速率较低。硫腐蚀的速度与钢中 Cr 质量分数有关,一般情况下,钢中 Cr 质量分数越高,硫腐蚀速度越低,Cr 质量分数大于 5% 的钢具有较好的抗硫腐蚀性能。高温硫腐蚀主要发生在蒸馏装置、焦化装置、催化装置、加氢裂化装置等。

图 5-21　高温硫化＋氢腐蚀导致管子失效

5.6.2　硫酸的露点腐蚀

出于节能的需要,要求加热炉的排烟温度越来越低,这往往导致在空气预热器、余热锅炉等余热回收设备的换热面上产生强烈的低温露点腐蚀,严重时产生的穿孔使加热炉不能正常工作,低温露点腐蚀已成为降低加热炉排烟温度、提高热效率的主要障碍。

1. 硫酸露点腐蚀机理

燃料油、气中有少量的 S 存在,燃烧后生成 SO_2,当燃烧室中有过量的 O_2 存在时,少部分 SO_2(1%～3%)进一步氧化为 SO_3,高温烟气中的 SO_3 气体不腐蚀金属,但当烟气温度降低到 400 ℃以下时,SO_3 可以与水蒸气反应生成 H_2SO_4 蒸气,即

$$SO_3(g) + H_2O(g) \rightarrow H_2SO_4(g)$$

当 H_2SO_4 蒸气在处于露点温度(acid dew-point temperature,ADT)以下时,装置的低温部分如锅炉的空气预热器、省煤器、烟道、烟囱以及脱硫装置处凝结形成露滴并腐蚀金属,称为硫酸的露点腐蚀(sulfuric acid dew-point corrosion,SADC),腐蚀过程中既有化学腐蚀,又有电化学腐蚀,反应类型复杂,腐蚀液腐蚀性很强,因此危害极大。同时,这些凝结在低温受热面上的硫酸液体还会黏附烟气中的灰尘形成不易清除的积垢,使烟气通道不畅甚至堵塞。

2. 硫酸露点腐蚀预防措施

为防止硫酸露点腐蚀,可以采取以下措施:

(1)降低燃料中的 S 质量分数:燃料中 S 质量分数越高,生成的 SO_3 越多,而露点温度随含 S 量的增加而增加,但超过 1%后,露点温度变化不大,因此,要降低露点温度,必须将烟气中的 S 质量分数控制在 1%以下,一般要求 S 质量分数在 0.5%以下,可以对燃料进行脱硫处理降低 S 质量分数。

(2)采用低氧燃烧:控制燃烧过剩空气量能有效减少 SO_3 的生成,减小露点腐蚀倾向,过剩空气系数与 SO_2 转化率的关系如图 5-22 所示,实际中一般要求将过剩空气系数控制在 1.1%以下。对于管式加热炉,要实现低氧燃烧,必须保证炉墙的密封性,并且严格控制每个燃烧器的进风量,否则极易引起不完全燃烧,增加排烟热损失。

(3)采用耐腐蚀材料:选择合适的金属材料,可以大大减轻硫酸露点腐蚀,比如 CORTEN 钢就比不锈钢和碳钢具有好得多的耐硫酸露点腐蚀性能。研究表明,在非氧化性的硫酸中,18-8 不锈钢比碳钢的腐蚀更为强烈,所以在锅炉等装置的低温区盲目使

第 5 章 高温环境损伤

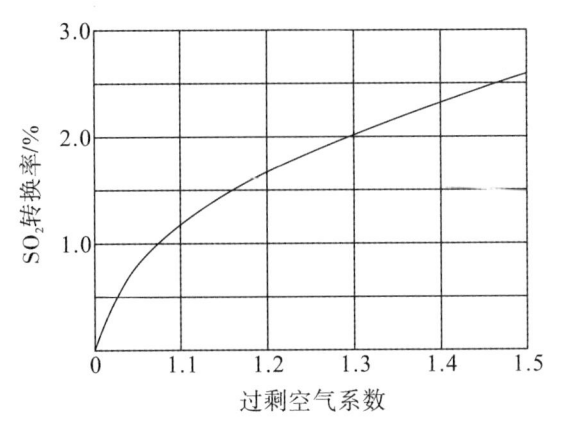

图 5-22 过剩空气系数与 SO_2 转化率的关系

用不锈钢,反而会带来相反的效果。对管式空气预热器的低温区也可采用非金属材料如硼硅玻璃管,或在管式空气预热器钢管外表面涂覆非金属涂层,回转式空气预热器冷端涂覆搪瓷材料等均可在一定程度上减轻硫酸露点腐蚀。采用玻璃管、搪瓷或陶瓷材料可在一定程度上减轻或避免构件的硫酸露点腐蚀,但这些材料存在脆性大、不能大型化、运输和安装过程中易损坏,其热膨胀系数和金属也有较大差异,温度波动时容易破裂的问题,限制了应用范围。也可选择一些耐腐蚀材料如矿物棉、玻璃棉、粒状熟料或泡沫玻璃等制成衬里隔绝硫酸溶液。

(4) 采用耐硫酸露点腐蚀钢:人们也在不断地研究开发耐硫酸露点腐蚀钢,通过添加 Cu、Cr、Sb 和适量的 S 等微量元素,采用特殊的冶炼或轧制工艺,在钢的表面形成一层富含微量元素的合金层,当钢处于露点条件下时能在钢的表面形成一层致密的含合金元素的钝化膜,降低腐蚀速率,提高钢的耐硫酸露点腐蚀能力,表 5-4 是目前国内部分常用的耐硫酸露点腐蚀低合金钢的牌号和化学成分。

表 5-4 国内常用的耐硫酸露点腐蚀低合金钢的牌号和化学成分

牌号	C	Si	Mn	P	S	Cu	Ni	Cr	其他
ND	≤0.01	0.25~0.35	0.35~0.65	≤0.035	≤0.035	0.25~0.40	<0.15	0.07~1.20	Mo≤0.10 Bi≤0.10 Sb≤0.15
JNS	≤0.15	≤0.55	≤0.90	≤0.035	≤0.035	≤0.50	—	≤1.20	Ti≤0.15
NS1-1	≤0.14	≤0.90	≤0.55	≤0.035	≤0.035	≤0.015	—	≤0.015	Ti≤0.15
NS1-2	≤0.14	≤0.90	≤0.55	≤0.035	≤0.035	≤0.015	—	≤0.015	Ti≤0.15 Sb≤0.15
NS1-3	≤0.14	≤0.70	≤0.55	≤0.035	≤0.035	≤0.015	—	—	Sb≤0.15
STEN1	≤0.15	≤0.55	≤0.70	≤0.025	≤0.025	0.25~0.50	≤0.50	—	Sb≤0.15

(续表)

牌号	元素质量分数/%								
	C	Si	Mn	P	S	Cu	Ni	Cr	其他
Q315NS	≤0.15	≤0.55	≤1.20	≤0.035	≤0.035	0.25~0.50	—	0.30~1.20	Sb≤0.15
Q345NS	≤0.15	≤0.55	≤1.50	≤0.035	≤0.035	0.25~0.50	—	0.30~1.20	Sb≤0.15
12MnCuCr	0.8~0.15	0.260~0.365	0.48~0.98	0.014~0.034	0.009~0.027	0.20~0.60	—	0.44~0.64	V:0.03~0.07
10Cr1Cu	≤0.13	0.20~0.50	0.30~0.60	≤0.035	≤0.035	0.25~0.45	—	0.90~1.30	—
B485NL	≤0.12	0.25~0.75	≤0.60	≤0.030	0.070~0.150	0.25~0.55	—	—	适量 Ni, Cr, Al

(5)提高预热器入口空气温度：提高空气预热器入口的空气温度可以提高预热器冷端换热面的壁温，防止腐蚀的产生，比如采用空气再循环的办法，把已预热的空气从再循环管道引入风机入口和冷空气混合来提高温度，或者利用装置的废气或低温热源通过暖风器，将冷空气预热到60~80 ℃后再进入空气预热器。

5.6.3 连多硫酸的应力腐蚀

石化行业中，一些奥氏体不锈钢制造的装置常在焊接热影响区产生腐蚀开裂，这可能是由于连多硫酸造成的应力腐蚀开裂。连多硫酸是一种无机酸，它的通用分子式为 $H_2S_xO_6$，其中 x 可以为3、4、5。连多硫酸的形成主要是由于介质中的 S 与 Fe 发生腐蚀作用，在材料表面形成了一层 FeS 腐蚀产物。设备在正常的高温、缺氧、缺水的干燥条件下运行时一般不会生成连多硫酸，而当设备停车或者大修时，随着温度下降，并与外界的大气接触时，材料表面的 FeS 膜与大气中的 O_2 和 H_2O 发生作用，形成了连多硫酸 $H_2S_xO_6$，其反应过程为

$$8FeS + 11O_2 + 2H_2O \rightarrow 4Fe_2O_3 + 2H_2S_xO_6$$

连多硫酸应力腐蚀开裂与氯化物应力腐蚀开裂既有相同点，也有不同点，相同点是二者的产生都需要有拉应力和湿气，不同点是前者为沿晶断裂，而后者多为穿晶断裂。

连多硫酸的应力腐蚀破坏与奥氏体钢的晶间腐蚀密切相关，往往是首先发生连多硫酸晶间腐蚀，接着引起连多硫酸应力腐蚀开裂，主要是因为奥氏体钢在 500~800 ℃服役时，易在晶界析出 $Cr_{23}C_6$ 而在基体内形成贫 Cr 区造成敏化，在超过一定浓度的连多硫酸作用下发生贫 Cr 区阳极溶解，在拉应力的作用下导致沿晶开裂。

可以通过降低钢中的 C 质量分数、降低连多硫酸的浓度或酸度、对焊接部位进行稳定化和消除应力处理等措施降低材料连多硫酸应力腐蚀敏感性。

5.7 高温钒腐蚀

燃料中存在的钒化物在燃烧时会生成 V_2O_5，其熔点为 690 ℃，易凝结在金属表面形

成熔融层,加速了材料的氧化,这种现象称为钒腐蚀或油灰腐蚀,其反应过程为

$$2Fe+3V_2O_5 = Fe_2O_3+3V_2O_4$$

$$Fe_2O_3+V_2O_5 = 2FeVO_4$$

$$6V_2O_4+3O_2 = 6V_2O_5$$

钒腐蚀反应包括氧自外部向金属表面扩散和腐蚀产物向外部析出两个过程,其实质就是金属表面附着的熔融状态的钒化物吸收外部的氧使金属氧化的过程,生成的氧化物薄膜又被熔融的盐所破坏,形成多孔质,起不到保护作用,从而发生严重的腐蚀。

钒腐蚀与环境中的氧密切相关,只有在含氧的环境中才会产生剧烈的钒腐蚀,在含氮气氛中,即使有钒存在,也不会产生钒腐蚀。

5.8 高温氯化腐蚀

如果工作介质中含有较高浓度的氯离子,由于氯离子的高活性使其在高温条件下几乎可以与所有的金属发生反应,形成的氯化物具有较低的熔点和较高的蒸气压,同时氯的存在提高了形成保护性氧化膜所需的氧分压,并使氧化膜变得疏松多孔,降低了氧化膜的附着能力和保护性。在还原性气氛中几乎所有的氯均以 HCl 形式出现,可以直接与氧化膜发生反应:

$$Fe_3O_4+6HCl = 3FeCl_2+3H_2O+\frac{1}{2}O_2$$

在氧化性气氛中 HCl 则氧化生成 Cl_2:

$$4HCl+O_2 = 2Cl_2+2H_2O$$

氯化物熔融盐如 NaCl 也可以和氧化物发生反应生成 Cl_2:

$$2NaCl+Fe_2O_3+\frac{1}{2}O_2 = Na_2Fe_2O_4+Cl_2$$

$$8NaCl+2Cr_2O_3+5O_2 = 4Na_2CrO_4+4Cl_2$$

上述反应生成的 Cl_2 以活化氧化的形式对材料进行腐蚀,在较高温度下界面形成的氯化物也可能呈液态存在,从而构成环境腐蚀介质-氧化膜、氧化膜-液态氯化物、液态氯化物-基体等多重界面结构,在界面处还可能发生氧化膜或者基体金属溶解反应。

对金属或合金在含氯环境中高温腐蚀的研究表明,无论气氛中有 Cl_2、HCl 还是表面沉积氯盐都能加速材料的腐蚀。与相同材料的高温氧化相比,氯化腐蚀速率大大增加,大多数金属或合金的氧化膜变得非常疏松,常有局部隆起、裂纹和空洞的产生,与基体结合程度也非常差,失去对基体的保护性。

氯化与氧化、硫化、碳化的差异在于金属氯化物比其氧化物具有更高的蒸气压和更低的熔点,例如,Fe_2O_3 的熔点为 1 565 ℃,Fe_3O_4 的熔点为 1 595 ℃,而 $FeCl_2$ 的熔点为 675 ℃,$FeCl_3$ 的熔点为 305 ℃,即使形成氯化物的凝聚相,也会立即发生氯化物分子的连续蒸发。金属氯化物的特殊性,使得高温氯化的机理与氧化有很大不同。研究表明,氯与金属及金属氧化物发生反应主要通过两个途径,一是金属与氯化物直接反应,二是金属或金属氧化物与沉积盐中的氯盐发生热腐蚀。

大多数氯化腐蚀环境中往往有 O_2 共同参与腐蚀,在氧化膜-基体界面处往往有高浓

度的氯化物沉积。按照活化氧化理论,高温氯化腐蚀大致包括以下过程:

(1) 形成 Cl_2

在金属氧化膜表面,HCl 与 O_2 或氯化物(如 NaCl)与氧化物(如 Fe_2O_3)及 O_2 反应形成 Cl_2:

$$4HCl + O_2 \Longrightarrow 2Cl_2 + 2H_2O$$

$$2NaCl + Fe_2O_3 + \frac{1}{2}O_2 \Longrightarrow Na_2Fe_2O_4 + Cl_2$$

(2) 形成金属氯化物 MCl

Cl_2 或 Cl^- 穿过氧化膜到达氧化膜-金属界面,与金属反应生成挥发性的金属氯化物 MCl:

$$M + \frac{1}{2}Cl_2 \Longrightarrow MCl$$

(3) 形成金属氧化物 MO

MCl 在连续向外挥发的过程中又被氧化形成金属氧化物 MO:

$$2MCl(g) + O_2(g) \Longrightarrow 2MO(s) + Cl_2(g)$$

MO 在氧化膜中生长,破坏了氧化膜的完整性,而部分 Cl_2 重新返回氧化膜-金属界面加入腐蚀过程,使反应持续更长时间,直至 Cl_2 被消耗殆尽。在这个过程中,Cl_2 起到了一种自催化作用,以上过程就是所谓的活化氧化过程。

目前对于氯化腐蚀机理人们倾向于以下观点:

(1) 挥发性氯化物对氧化膜造成机械性损伤

氯化腐蚀的典型特征是快速的线性腐蚀速率,腐蚀表面呈鼓泡状,腐蚀形貌表现为疏松多孔、附着性低,类似于熔融 Na_2SO_4 引起的热腐蚀,差异在于热腐蚀发生在熔盐中,而氯以气相出现时也能加速氧化,类似的现象在氯以 NaCl 蒸汽出现时也能观察到。由于反应形成的氯化物和氢氧化物具有较高的蒸气压,如果氧化膜有大量的空洞或裂纹,这些气相产物可以很快通过氧化膜的通道逸出,腐蚀虽然继续进行,但未对氧化膜造成大的损害。当气相产物不能顺利逸出时,在接近氧化膜表面被氧化使氧化膜内产生应力,最终导致氧化膜更严重的开裂或鼓泡,同时由于氧化膜与基体膨胀系数的差异,降低了氧化膜与基体界面的附着强度,氧化膜更容易脱落。

(2) 氯对氧化膜结构造成影响

氯影响金属腐蚀速率的另外方式可能是当氯以固溶形式溶解于氧化膜中时,改变了氧化膜中的缺陷结构,增加了迁移物质的扩散系数,提高了氧化速率。

(3) 挥发性氯化物影响气相传输过程

由于挥发性氯化物可以通过氧化膜逸出,人们认为氯对氧化膜的浸蚀最初是在靠近晶界处形成点蚀坑,氯优先通过这些蚀坑向内渗透,与金属反应后形成挥发性的氯化物,并在氧化膜内造成了氧分压和氯分压的梯度。在氧分压较高处氯化物被氧化而连续沉积,呈多孔和细晶结构。氯对氧化过程的影响主要在于通过产生挥发性的氯化物,建立阳离子从金属中向外迁移的浓度梯度,提供了金属向氧势较高的气相-氧化膜界面快速传输条件。这种离子的向外迁移由逆向流动的空位与之平衡,最后空位聚集形成孔洞,氧化膜-金属界面残留的氯化物与聚集空位的协同作用,减小了氧化物-金属界面的有效接触面积,进而降低了保护性氧化膜的附着能力。

研究表明,氯化-氧化环境中的腐蚀行为十分复杂,取决于混合气中各组分的相对质量分数、流速、温度、材料成分及沉积盐中氯化物和硫酸盐的种类和比例,氯化腐蚀的影响因素主要有:

(1)温度和气体成分的影响

温度和气体成分在腐蚀过程中的作用在于影响了氯化物和氧化物的生成顺序和稳定性,如纯 Fe 在 HCL 中腐蚀时,450 ℃以下形成二价氯化铁,腐蚀增重与时间呈抛物线关系,而在 600 ℃以上时没有增重,试样质量随时间呈线性降低。在 HCL 中加入氧后,除形成氧化铁外,也有利于形成低熔点和高蒸气压的三价氯化铁,腐蚀过程加快。高温含氯环境中水蒸气的存在对材料氯化腐蚀的影响比较复杂,如 18Cr8Ni 不锈钢在 200 ℃、$Cl_2 + H_2O(0.4\%)$ 环境中的腐蚀速率比在干燥的 Cl_2 中高 200 倍,但温度高于 300 ℃时,由于钢表面形成了氧化膜,腐蚀速率反而下降。

(2)合金成分的影响

碳钢与合金钢的氯化腐蚀很严重,而含 Al 的镍基合金有很好的抗高温氯化腐蚀性能。Cr 质量分数的提高不一定能提高合金的抗氯化腐蚀性能,甚至会出现随 Cr 质量分数提高,材料耐蚀性降低的现象。原因是 Cr_2O_3 氧化膜在 Cl_2 导致的活化氧化环境中容易因应力集中而产生破裂。Cr 对氯化腐蚀速率的影响与合金成分有密切关系,在某些合金中生成的氧化膜具有保护性,可以降低氯化腐蚀速率,但在另外一些合金中,生成的氧化膜疏松且容易剥落,则会加快氯化腐蚀速率。Si 有利于促进生成具有保护性的 Cr_2O_3 氧化膜,被认为对抗氯化腐蚀具有积极的影响。Mo 有很好的抗腐蚀能力,在整体上降低了材料的腐蚀速率。

5.9 环烷酸腐蚀

石油中含有各类酸性物质,其质量分数占 1%~2%,环烷酸是石油中含有的有机酸的总称。环烷酸腐蚀是处理高酸度石油的高温装置中常发生的腐蚀,例如,在石油精炼装置中的减压蒸馏塔及其内部塔板及填料等零部件以及加热炉和管线的腐蚀等。实际上,在这些装置中,常常是环烷酸腐蚀和硫化腐蚀同时存在,前者生成的环烷酸化合物是油溶性物质,所以在金属上一般并不留有腐蚀产物,而后者却留有腐蚀产物,因此,受环烷酸腐蚀的金属表面会产生大量蚀坑,若存在高速流体的冲刷,常产生沟状腐蚀形貌,图 5-23 为某炼油厂减压塔塔壁的环烷酸腐蚀形貌。

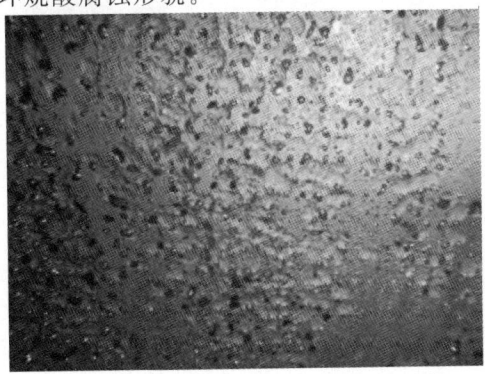

图 5-23 减压塔塔壁的环烷酸腐蚀形貌

1. 环烷酸腐蚀反应机理

环烷酸是非电解质溶液，与金属发生的腐蚀反应主要是化学反应过程。环烷酸腐蚀大部分都发生在液相中，若没有凝液和雾沫夹带，则气相中的腐蚀很小。一般认为，环烷酸的腐蚀机理可用下式表示：

$$C_nH_{2n+z}COOH + Fe \rightarrow (C_nH_{2n+z}COO)_2Fe + H_2$$

其反应物环烷酸亚铁是油溶性的，能够被油液带走脱离金属表面，因此无法在金属表面形成保护层，造成金属表面继续裸露在腐蚀环境中，环烷酸腐蚀仍可继续进行。介质中含有H_2S会加剧金属的腐蚀：

$$H_2S + Fe \rightarrow FeS + H_2$$

但腐蚀产物FeS不能溶于介质，而是形成保护层覆盖在金属表面，减缓了金属的环烷酸腐蚀。H_2S也可以与环烷酸亚铁发生反应：

$$H_2S + (C_nH_{2n+z}COO)_2Fe \rightarrow C_nH_{2n+z}COOH + FeS$$

反应产物FeS覆盖在金属表面，可以进一步减缓环烷酸腐蚀，从这个角度看，原油中含有一定的S对防止环烷酸腐蚀是有益的。

环烷酸与材料的腐蚀反应通常经过4个步骤：环烷酸分子在溶液中向金属表面扩散、环烷酸分子被吸附在金属表面、环烷酸分子与金属表面的活性中心反应、产生的腐蚀产物从金属表面脱附，这4个步骤都能影响环烷酸腐蚀速率，最慢的步骤就是控制整个环烷酸腐蚀的步骤，如在介质浓度较大或介质流速较快时，扩散步骤对整个腐蚀过程的影响就比较小，由于设备材质和环烷酸质量分数的不同，介质温度和介质流动情况的差异，环烷酸腐蚀反应的控制步骤不是固定不变的。

影响环烷酸腐蚀的因素有以下几个方面：

（1）原油的酸值

酸值是以中和1克原油所需要的KOH量来表示，一般认为酸值超过0.5 mgKOH/g时会产生环烷酸腐蚀，所以工业上常把此值作为发生环烷酸腐蚀的临界酸值，酸值越大，腐蚀速率越大。图5-24为碳钢在不同温度、不同酸值时的腐蚀速率，可见，在双对数坐标下，碳钢的腐蚀速率随酸值增加呈线性增加。

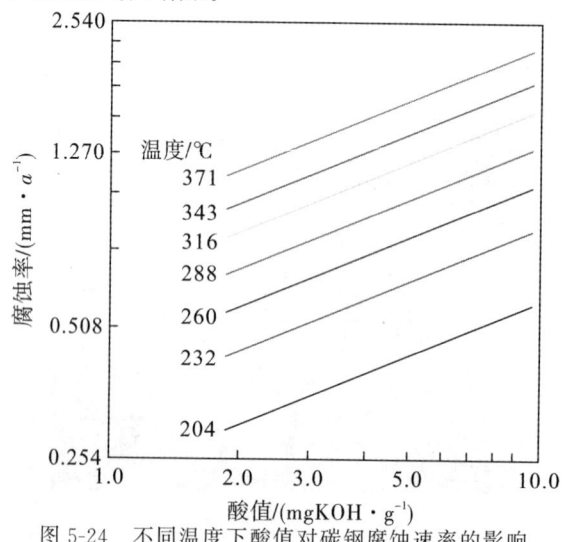

图5-24 不同温度下酸值对碳钢腐蚀速率的影响

但对于不同的炼油厂或不同的原油成分,由于原油组分、温度、材料和介质流速的不同,临界酸值也不是固定的,在实际中已经发现酸值明显小于 0.5 mgKOH/g 的优质印尼轻质原油在加工中出现了环烷酸腐蚀的情况。在原油或馏分油中含有 H_2S 组分的条件下,虽然在一定程度上材料表面上可形成 Fe_2S 保护膜,但该保护膜会与环烷酸反应,其稳定性会受到介质流速,特别是剪切应力和温度等的影响,因此,简单用酸度临界值控制环烷酸的腐蚀是不合适的。另外,在原油蒸馏加工过程中,不同温度下环烷酸会随馏分油蒸发、冷凝集中,原油的总酸值并不能反映每一个馏分油的酸值。而环烷酸腐蚀有很大一部分是发生在馏分油的侧线转油线中,因此,用馏分油中的环烷酸质量分数代替总酸值来预测原油的环烷酸腐蚀性可能更为准确。

(2)环烷酸种类

环烷酸的腐蚀性除了受酸值的影响外,与环烷酸的种类也有很大关系,即使两种环烷酸的酸值相同,如果其分子含碳的数目(分子量)或分子结构不同,其腐蚀性也有很大不同。对于直链或饱和环烷酸,其酸强度随分子量的增大而减小,与分子结构关系不大,而环烷酸组成中的环状结构使生成的环烷酸亚铁更容易溶解在油中,因此,环状结构较多的环烷酸具有更强的腐蚀性。

(3)操作温度

在环烷酸腐蚀反应的 4 个步骤中,环烷酸分子在金属表面的吸附过程是放热的,而活化反应过程是吸热的,升高温度有利于活化反应的进行,但却不利于吸附过程的进行,因此,较高温度下吸附过程是整个腐蚀过程的控制步骤。温度低于某一临界值时,活化反应难以进行,金属材料不会发生环烷酸腐蚀。环烷酸腐蚀的总过程是吸热过程,增加温度可以增加环烷酸腐蚀速率,并在高于某一温度时急剧增加。环烷酸腐蚀的温度区间在 220~400 ℃,温度低于 200 ℃时基本上不发生环烷酸腐蚀,温度高于 400 ℃时环烷酸分解,失去了腐蚀性。图 5-25 为实验室测定的 20 钢部件腐蚀速率与温度的关系,由图可见,280 ℃时腐蚀速率最大,而且不同形状的部件变化趋势一致,因此,服役温度在 280 ℃附近的部件应避免使用碳钢。

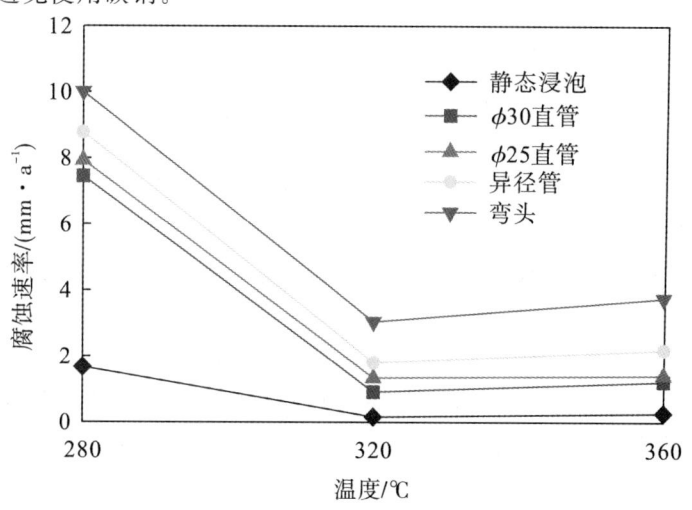

图 5-25 20 钢环烷酸腐蚀速率与温度的关系

(4) 流速和流态

环烷酸介质的流速和流态是影响环烷酸腐蚀的两个重要因素,在流速和流态变化剧烈的区域,往往也是环烷酸腐蚀最严重的地方,如三通、弯头和泵出入口等处。介质流速和流态主要是产生对材料表面的冲击作用,其与环烷酸腐蚀的交互作用非常复杂,即使在相同的流速下,材料不同部位的环烷酸腐蚀形态和机理都会不一样,不同点主要是体现在材料的腐蚀表面形貌上。在高温、高流速的介质工况条件下,即使是酸值比较低,材料也会遭受严重的腐蚀。在环烷酸介质流速和流态发生变化的地方,局部部位有涡流和紊流产生,该处的环烷酸腐蚀就会比别处要严重,高酸原油及馏分油管线内部的突出物如引弧点、焊瘤、热电偶插套等处经常会产生严重腐蚀就是这个原因。环烷酸腐蚀过程中常常存在一个临界流速值,与某一特定的工况条件对应的临界流速值是一定的,在低于临界流速时,流速对环烷酸腐蚀的影响不是主要的,而高于临界流速值时,环烷酸腐蚀速率开始显著增加,并且流速成为环烷酸腐蚀速率的最主要影响因素。一般认为常减压蒸馏装置上低流速转油线的临界流速值是 62 m/s,高流速转油线的临界流速值是 94 m/s。温度和环烷酸酸值变化时,临界流速值也会有相应的变化。除流速外,介质对材料的冲蚀角度也会影响其腐蚀速率,流速和流态对环烷酸腐蚀的影响对每一种材料来说是不相同的,因此确定每一种材料的环烷酸介质腐蚀临界流速值对于材料的选择是非常重要的,另外可以通过改变管路设计来避开介质冲蚀的敏感角度。图 5-26 和图 5-27 分别为实验室测定的 20 钢腐蚀速率与流速和冲刷角的关系,可见,不同温度下的变化趋势是一致的,即随着流速和冲刷角的增大,腐蚀速率增加。

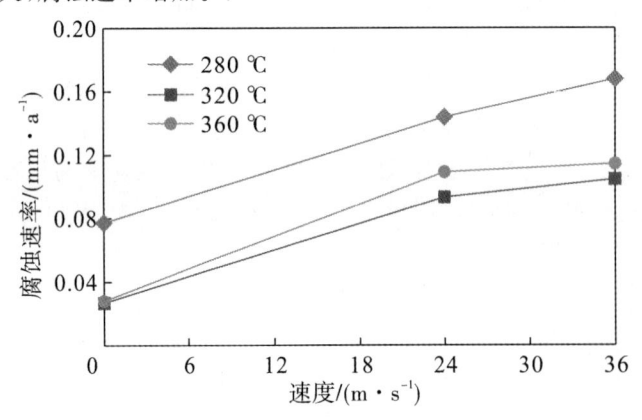

图 5-26 20 钢环烷酸腐蚀速率与介质流速的关系

(5) 服役时间

一般在环烷酸介质流速较低的情况下,腐蚀反应达到动态平衡的时间较长,而在流速较高的情况下,腐蚀反应达到动态平衡的时间会很短。在较高的温度下,环烷酸会很快分解,以至于腐蚀反应来不及发生。如果材料被腐蚀后的表面有完整的保护膜,且物料介质的流速不高,可以认为材料的环烷酸腐蚀速率和时间关系不大,即无论经过多长时间都不会再造成材料的环烷酸腐蚀。

(6) 压力

装置内的压力对环烷酸腐蚀的影响主要表现在对物料相态的影响,即压力可以改变

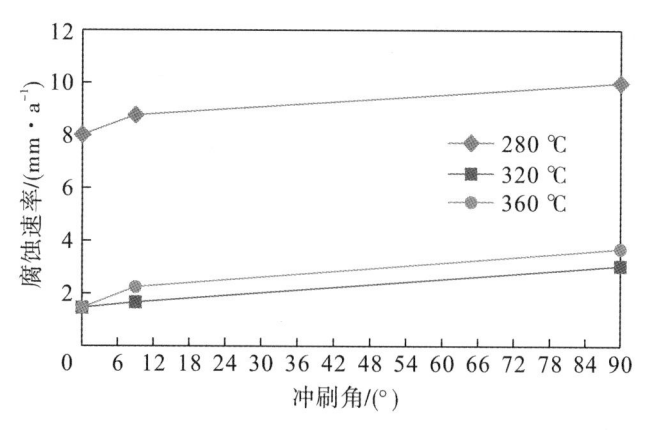

图 5-27　20 钢环烷酸腐蚀速率与冲刷角的关系

物料中环烷酸的相变温度,影响环烷酸的物理状态,进而可以影响环烷酸的腐蚀过程。液态环烷酸比气态环烷酸的腐蚀严重,比如减压塔中的环烷酸腐蚀温度要比常压塔中的环烷酸腐蚀温度低,这就是压力造成的结果。

(7) 材质

石油炼化装置常用材质主要有 20 钢、16Mn、Cr5Mo 钢和不锈钢如 321、304、316L 及 317L 等,近些年渗 Al 钢和 Ni-P 化学镀表面改性材料等也得到了比较多的应用。钢中合金元素质量分数不同则耐环烷酸腐蚀能力也不同,从劣到优大致的顺序是碳钢、Cr-Mo、1Cr13、18-8 不锈钢、316L、317L,耐蚀性相差很大,比如相同条件下 20 钢的腐蚀速率是 321 不锈钢的 100 倍左右,特别是耐冲刷腐蚀能力很差。根据环烷酸腐蚀的特点,在装置的不同部位选择合适的材质能起到较好的防护效果,也能节省制造成本。比如操作温度低于 220 ℃ 的部件可以使用碳钢。Cr5Mo、Cr9Mo 钢在介质流速较低的情况下有较好的耐环烷酸腐蚀能力,但在较高流速下容易发生严重腐蚀,可用作加热炉管管线和热交换器部件。含 Mo 奥氏体不锈钢如 316L 和 317L 是首选的最耐环烷酸腐蚀的材料,304、347、321 不锈钢也有满意的耐蚀能力,尤其在低中酸值条件下的效果较好。含 Mo 的奥氏体不锈钢 316L 被认为是最好的耐环烷酸腐蚀材料,可用于转油线弯头等冲刷腐蚀严重的部位。如某石化公司常减压蒸馏装置转油线高速段原选用 Cr5Mo 钢,弯头部位冲刷腐蚀严重,更换为 316L 钢后,运行 5 年情况良好。碳钢的基体组织为铁素体加珠光体,20 钢和 Cr5Mo 钢在环烷酸环境中珠光体优先溶解,在表层珠光体腐蚀完后再由晶界向晶内腐蚀铁素体。酸值较低时,碳钢主要发生不均匀腐蚀,局部腐蚀严重,在腐蚀坑内有许多平行排布的片状腐蚀产物,片状物间有很大缝隙。当酸值较高时,碳钢会发生剧烈腐蚀,产物呈针状或片状覆盖整个表面。而不锈钢由于 Cr、Ni、Mo 质量分数的增加,表面腐蚀后会形成一层致密的 Cr_2O_3 钝化膜,使表面高能量的区域较少,抑制了环烷酸与金属的进一步反应。钢中的 Mo 元素对环烷酸腐蚀具有很好的抑制作用,将不锈钢中的 Mo 质量分数提高到 5% 以上能显著改善其抗环烷酸腐蚀和冲蚀性能,同时 Mo 可以减少 Cr 碳化物的析出,提高了合金的抗晶间腐蚀能力。但在实际中也发现一些合金材料如 12Cr、316 和 317 不锈钢,甚至是含质量分数为 6% 的 Mo 的不锈钢在某些情况下也难以避免环烷酸腐蚀。同样材质情况下,焊接接头的耐环烷酸腐蚀能力差,有焊缝的构件比无焊缝构件的腐蚀速度要大。

在生产实际中,常用的防止或减轻环烷酸腐蚀的手段有降低原油酸值、控制介质流速和流态、加注高温缓蚀剂、材料表面强化、采用高等级材质等。

5.10 Na₂SO₄ 盐膜下的热腐蚀

一般的燃料油中均含有一定量的 S,燃烧产生的 SO_2 或 SO_3 与环境中的 NaCl 反应生成 Na_2SO_4,沉积在高温部件表面形成熔融状态的盐膜,材料在熔盐膜下快速腐蚀的现象称为热腐蚀。图 5-28 是 Ni 基合金 B-1900 在不含盐的空气中和在盐膜下的腐蚀动力学曲线,可以看出,盐膜下的单位面积腐蚀增重远大于空气中的氧化增重,即盐膜的存在大大加速了金属的腐蚀。

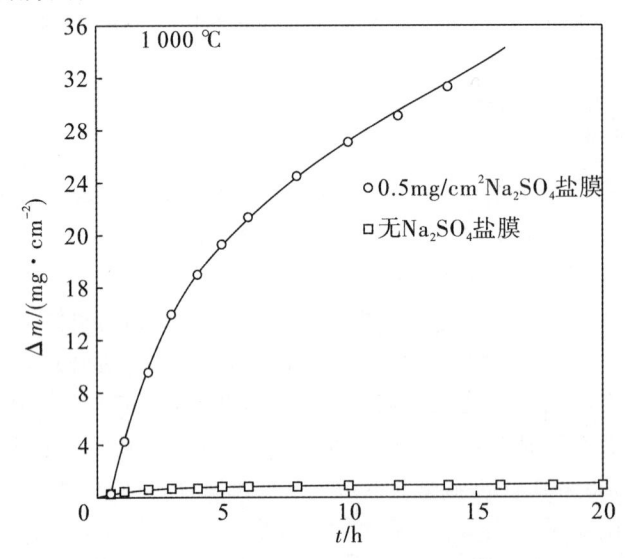

图 5-28　Ni 基合金 B-1900 在空气和盐膜下的腐蚀动力学曲线

最初发现热腐蚀现象时,人们认为可能是硫腐蚀,但对腐蚀层进行的物相分析表明,生成的腐蚀产物为 NiO,与一般的氧化没有区别,所以热腐蚀的本质是加速氧化,但是 Ni 在干燥的空气中氧化时可以形成致密的保护性氧化层,而在盐膜下的氧化层是疏松多孔的非保护性氧化层,这说明热腐蚀机制不同于一般的氧化。通过大量研究,人们对热腐蚀机制已经有了比较深入的了解,材料在熔盐中的腐蚀分两步:第一步,金属被熔盐中的氧化剂氧化形成氧化物;第二步,氧化物与熔盐中的碱性氧化物反应并溶解于熔盐,称之为碱性氧化物溶解机制。氧化物在熔盐-氧化膜界面上溶解后向气相方向扩散并在熔盐-气相界面附近重新析出氧化物颗粒,形成疏松的氧化膜,称之为再析出机制。

氧在熔盐中的溶解度很低,而热腐蚀速率很快,这说明热腐蚀所需的氧不仅仅来自气相,还来自熔盐本身。硫酸根分解出氧的过程为

$$SO_4^{2-} \Longleftrightarrow SO_2 + O^{2-} + \frac{1}{2}O_2$$

式中 O^{2-} 为氧离子,一般称之为氧化物离子,表示熔盐中的 Na_2O 的氧离子,上述反应所

形成的 O_2 与金属反应使金属氧化：

$$M+\frac{1}{2}O_2 \Longrightarrow MO$$

此即热腐蚀的第一步，该反应消耗了熔盐中的 O_2，使硫酸根分解出氧的过程继续进行，从而进一步提高了熔盐中 O^{2-} 的活度。另外，SO_2 通过下述反应分解出硫：

$$SO_2 \Longrightarrow \frac{1}{2}S_2+O_2$$

所形成的硫与金属反应，在金属-熔盐界面形成硫化物，也提高了 O^{2-} 在熔盐中的活度。当熔盐中 O^{2-} 的活度增加到一定程度时，金属氧化物通过下述反应溶解在熔盐中，即发生热腐蚀的第二步：

$$MO+O^{2-} \Longrightarrow MO_2^{2-}$$

上述反应被称为金属氧化物的"碱性溶解"，由于保护性氧化膜被溶解，失去保护的金属被加速氧化。

热腐蚀持续进行的必要条件是 O^{2-} 的活度在盐膜中的梯度为负，也就是 O^{2-} 活度从氧化膜-熔盐界面向熔盐-气相界面逐渐降低，或者说金属氧化物的溶解度从氧化膜-熔盐界面向熔盐-气相界面逐渐降低。图 5-29 是碱性溶解和再析出机制示意图，在氧化膜-熔盐界面上氧化物溶解，形成的 MO_2^{2-} 向外扩散，在熔盐-气相界面附近因溶解度减小，促进了热腐蚀第二步的进行，析出氧化物颗粒。

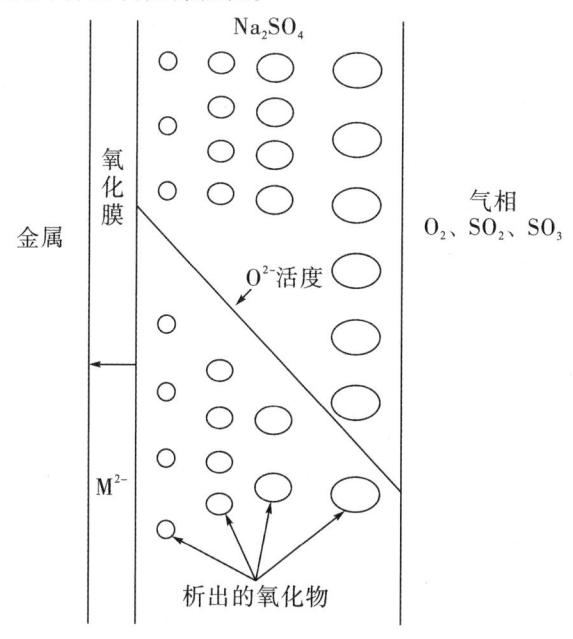

图 5-29 氧化物碱性溶解和再析出机制示意图

当合金中含有一定量的 Mo、V、W 等难熔金属元素时，由于这些金属元素与氧有较强的亲和力，在热腐蚀初期形成 NiO、Al_2O_3 等的同时，也形成 MoO_3、WO_3、V_2O_5 等氧化物，这些难熔金属的氧化物与熔融 Na_2SO_4 中的氧离子的反应能力很强，发生如下反应：

$$MoO_3 + O^{2-} \rightleftharpoons MoO_4^{2-}$$
$$WO_3 + O^{2-} \rightleftharpoons WO_4^{2-}$$

上述反应消耗了熔盐-合金界面处的 O^{2-}，使得界面附近熔融的 Na_2SO_4 呈酸性，促使合金表面的氧化物发生分解，例如：

$$NiO \rightleftharpoons Ni^{2+} + O^{2-}$$
$$Al_2O_3 \rightleftharpoons 2Al^{3+} + 3O^{2-}$$

上述反应生成的 MoO_4^{2-}、WO_4^{2-}、Ni^{2+}、Al^{3+} 等离子都向熔盐-气相界面处扩散，到达外表面后，由于难熔金属的氧化物蒸气压很高，这些离子将以氧化物形式挥发，同时释放出 O^{2-}，造成外表面处 O^{2-} 的活度增加，使上述反应向左进行，即发生了 NiO 和 Al_2O_3 的析出，最后形成疏松多孔的氧化物层。在整个过程中，难熔金属氧化物在合金-熔盐界面上的溶解和在熔盐-气相界面的挥发维持了熔盐内的氧离子活度梯度，使反应不断进行下去。这种热腐蚀反应是在氧化膜表面沉积的盐膜中氧离子活度很低的情况下进行的，因此称为酸性溶解机制。

合金元素对材料的热腐蚀性能有较大影响：

(1) Cr 元素

Cr 是铁基和镍基高温合金中的主要合金元素之一，对耐热腐蚀而言，Cr 的作用十分显著。Cr 能在合金表面形成致密的 Cr_2O_3 保护膜，当合金表面沉积熔融 Na_2SO_4 时，Cr_2O_3 优先与 Na_2SO_4 反应，降低熔融盐中 O^{2-} 的活度，从而保护 NiO 使其不发生碱性溶解，同时不至于将 O^{2-} 活度降低到能发生酸性溶解的程度。研究表明，合金中 Cr 质量分数大于 15% 和 Al 质量分数小于 5% 时，表面上都可能形成 Cr_2O_3 的保护膜。

(2) Al 元素

Al 是重要的抗高温氧化的合金元素，当合金中 Al 质量分数超过 5% 时，它在合金表面上能形成致密的 Al_2O_3 保护膜，因此，一般高温合金中都含有一定量的 Al。然而，这种膜虽然抗高温氧化的性能好，但对液态的 Na_2SO_4 的防护性能极差，如果还有 S 元素的参与，其氧化速率更快。

(3) Mo、W 和 V 元素

为了提高高温合金的一些性能，许多高温合金中都含有难熔金属 Mo、W 和 V，它们与氧的亲和力很强，可以形成 MoO_3、WO_3、V_2O_5 等化合物。这些元素均属于促进热腐蚀酸性溶解的元素，但可能存在一个临界的 Mo 质量分数，低于这个数值时，合金不会发生明显的热腐蚀，并且这个值与合金中的 Cr 质量分数有关，随着 Cr 质量分数的增加，临界 Mo 质量分数也随之增加。

(4) Co 和 Ta 元素

Co 和 Ta 也是高温合金中常见的元素，研究表明，二者都能提高镍基高温合金的抗热腐蚀性能。Ta 的氧化物优先与 Na_2SO_4 反应，阻碍熔融 Na_2MoO_4 相的形成，防止氧化膜的局部溶解。Co 则能促进氧化膜的形成，并提高其致密性和黏附性。

(5) RE 元素

研究表明，RE 元素与氧的亲和力高，加入镍基高温合金后，易在氧化膜-合金界面形成一些不连续的稀土氧化物颗粒，对外部氧化膜起到了一定的楔固作用，从而提高了合金的抗热腐蚀性能。但 RE 元素一般在合金中的质量分数甚微,作用十分复杂,因此对它们在合金中的作用机理还不是十分清楚。

部分高温装置的腐蚀类型见表 5-5。

表 5-5 部分高温装置的腐蚀类型

环境	腐蚀现象	高温装置举例
高温大气	高温氧化	高温配管
高温水蒸气	水蒸气氧化	锅炉管
化石燃料燃烧	高温氧化	烧 LNG、低 V、S 重油、低 S 煤的锅炉过热器,重沸器
	钒腐蚀	烧高 V 重油的锅炉过热器,重沸器
	高温硫化(还原性)	低空气比燃烧锅炉炉管
	碱性硫酸盐下加速氧化并伴有硫化	烧高 S 煤的锅炉过热器,重沸器
	浸蚀	烧煤锅炉,流动床锅炉
高温氢	氢腐蚀	制氢装置换热器,配管
	脱碳	
高温烃	渗碳	乙烯裂解炉管
高温原油	连多硫酸应力腐蚀	加氢脱硫装置换热器
垃圾焚烧	高温氧化	垃圾焚烧炉,锅炉过热器
	HCL、Cl_2 加速氧化	
	碱性硫酸盐加速氧化	
	浸蚀	

参考文献

[1] 王富岗,王焕庭. 石油化工高温装置材料及其损伤[M]. 大连:大连理工大学出版社,1991.

[2] 张俊善. 材料的高温变形与断裂[M]. 北京:科学出版社,2007.

[3] 孟庆武,刘丽双,王学增,等. 裂解炉炉管的失效形式[J]. 失效分析与预防,2009,3:178-180.

[4] NIEH T G, NIX W D. A comparison of the dimple spacing on intergranular creep fracture surface with the slip band spacing for copper[J]. Scripta Metallurgica, 1980, 14(3):365-368.

[5] SHIOZAWA K, WEERTMAN J R. Studies of nucleation mechanisms and the role of residual stresses in the grain boundary cavitation of a superalloy [J]. Acta Metallurgica, 1983, 31(7):993-1004.

[6] DAVIES P W, WILLIAMS K R, WILSHIRE B. On the distribution of cavities during creep[J]. Philosophical magazine letters, 1968, 18(151):197-200.

[7] YOUSEFIANI A, MOHAMED F A, EARTHMAN J C. Creep rupture

mechanism in annealed and overheated 7075Al under multiaxial stress states[J]. Metallurgical and materials transactions a-physical metallurgy and materials science, 2000, 31A(11):2807-2821.

[8] LEE Y S, YU J. Effect of matrix hardness on the creep properties of a 12CrMoVNb steel[J]. Metallurgical and materials transactions a-physical metallurgy and materials science, 1999, 30A(9):2331-2339.

[9] GEORGE E P, KENNEDY R L, POPE D P. Review of trace element effects on high-temperature fracture of Fe- and Ni-base alloys[J]. Physica Status Solidi A-applications and materials science, 1998, 167A(2):313-333.

[10] LAI J K, WICKENS A. Microstructural changes and variations in creep ductility of 3 cases of type 316 stainless seteel[J]. Acta Metallurgica, 1979, 27(2):217-230.

[11] 李松原. U71Mn 钢高温氧化与脱碳的研究[D]. 包头:内蒙古科技大学,2013.

[12] ZHANG C L, ZHOU L Y, LIU Y Z. Surface decarburization characteristics and relation between decarburized types and heating temperature of spring steel 60Si2MnA[J]. International Journal of Minerals, Metallurgy, and Materials, 2013, 20:720-724.

[13] 赵宪明,张坤,杨洋. 42CrMo 钢表面脱碳行为研究[J]. 钢铁研究学报,2019, 31(2):196-201.

[14] LIAN X M, CHEN X D, CHEN T, et al. Carburization Analysis of Ethylene Pyrolysis Furnace Tubes after Service[J]. Procedia Engineering, 2015, 130:685-692.

[15] KHODAMORAD S H, HAGHSHENAS F D, REZAIE H, et al. Analysis of ethylene cracking furnace tubes[J]. Engineering Failure Analysis, 2012, 21:1-8.

[16] 李海英,屈献永,祝美丽,等. 渗碳、蠕变共同作用下 HK40 和 HP 钢乙烯裂解炉管损伤过程模拟[J]. 机械工程材料,2005,29(11):17-20.

[17] HAN Z Y, XIE G S, CAO L W, et al. Material degradation and embrittlement evaluation of ethylene cracking furnace tubes after long term service[J]. Engineering Failure Analysis, 2019, 97(3):568-578.

[18] 李远士,牛焱,吴维䎉. 金属材料的高温氯化腐蚀[J]. 腐蚀科学与防护技术, 2000, 12(1):41-44.

[19] 佘锋,张迎恺. 省煤器硫酸露点腐蚀的选材[J]. 石油化工设备技术,2018,39(1):59-62+66.

[20] 吴宝业. 硫酸露点腐蚀用钢成分设计及耐蚀机理研究[D]. 武汉:华中科技大学,2013.

[21] BORDZILOWSKI J, DAROWICKI K. Anti-corrosion protection of chim-

neys and flue gas ducts[J]. Anti-Corrosion Methods and Materials, 1998, 45(6):388-396.

[22] 娄高见. 典型材料耐环烷酸腐蚀模拟试验研究[D]. 北京:中国石油大学,2011.

[23] 周建龙,李晓刚,程学群,等. 高温环烷酸腐蚀机理与控制方法研究进展[J]. 腐蚀与防护,2009,30(1):1-6.

[24] 刘艳,屈定荣,潘艺昌. 典型工业管件高温环烷酸腐蚀实验研究[J]. 石油化工腐蚀与防护,2017,34(2):9-12.

[25] 史艳华,叶青松,梁平,等. 石油化工过程装备的环烷酸腐蚀与防护[J]. 材料保护,2017,50(3):68-73.

[26] 王刚,梁春雷,陆秀群,等. 减压塔减三线环烷酸腐蚀原因分析[J]. 理化检验-物理分册,2016,52(5):350-354.

[27] LIN H S, CHANG W T. Failure analysis of soft single column failure in advanced nano SRAM diviece with internal probing techniques[C]. Conference Proceedings from the International Symposium for Testing and Failure Analysis, 2005, 200: 46-48.

[28] KAWAHARA Y, KIRA M. Corrosion prevention of waterall tube by field metal spraying in municipal waste incineration plants[J]. Materials and Corrosion, 1997, 53:241-251.

[29] ELIAZ N, SHEMESH G, LATANISTION R M. Hot corrosion in gas turbine component[J]. Engineering Failure Analysis, 2002, 9(1):31-43.

[30] 朱日彰,何业东,齐慧滨. 高温腐蚀及耐高温腐蚀材料[M]. 北京:冶金工业出版社,2001.

[31] 木原重光. 高温装置材料的寿命估算[J]. 石油化工腐蚀与防护,1992,1:47-54.

第6章　炉管常见损伤形式及检测方法

各种管式加热炉是石化行业的核心装置,如管式炼油炉、管式裂解炉、转化炉等,高温炉管是管式加热炉的关键部件。管式加热炉具有如下特点:

(1)被加热物质在管内流动,通常都是易燃易爆的烃类物质,其危险性大,操作条件苛刻。

(2)加热方式为直接受火式。

(3)烧气体或液体燃料。

(4)长周期连续运转,不间断操作。

管式加热炉在生产工艺过程中的作用是利用燃料在炉膛燃烧时产生的高温火焰与烟气作为热源,加热炉管中流动的物料,使其在炉管内进行化学反应,或达到后续工艺过程所要求的温度。管式加热炉在生产乙烯、氢气、氨气等过程中,已成为进行裂解、转化反应的核心设备,对整个装置的生产质量、产品收率、能耗和操作周期等都起着重要作用。

管式加热炉的基建费用,一般占炼油装置总投资的10%左右,在重整制氢和裂解等装置中占25%左右,炼油厂加热炉消耗的燃料占全厂燃料总消耗的65%~80%,因此,管式加热炉在石油化工生产中占有举足轻重的作用。

管式加热炉的服役条件恶劣,一般要承受高温、高压和介质的冲刷腐蚀。管式炉的热传递是通过管壁进行的,由于需要足够的传热温差,加上内膜热阻、焦垢层热阻、管壁金属热阻和各种受热不均匀性的作用,管壁金属温度一般要比管内介质高几十到一百多度。加热型管式炉的炉管壁温在400~650 ℃,而加热-反应型管式炉(如制氢转化炉)的管壁金属温度常常在850~1 000 ℃。炉管内的工艺介质大都具有腐蚀性,经常发生诸如硫腐蚀、酸腐蚀、氢腐蚀、氢加硫化氢腐蚀等,炉管外的烟气有高温硫-钒腐蚀和低温露点腐蚀等。在这种恶劣的服役条件下,一旦选材不当或在运行中出现问题,将会直接影响整个生产流程,不仅会造成重大经济损失,严重时还可能造成火灾、爆炸或人身伤亡事故。

高温炉管长期在高温、高压及腐蚀环境下服役,服役过程中不可避免地会产生各种损伤,炉管损伤形式大致可以分为三类:

(1)外应力或热应力引起的损伤:蠕变变形、蠕变破裂、热疲劳破坏等。

(2)腐蚀引起的损伤:氧化、渗碳、氢腐蚀、硫腐蚀、钒腐蚀、氮化等。

(3)材质劣化引起的损伤:σ相脆化、组织劣化、冶金缺陷等。

实际上,炉管的损伤常常是几个因素共同作用导致的,有时候原因非常复杂,各损伤参量相互耦合作用,加速了炉管的失效过程,以下以服役温度较高的转化炉和裂解炉为例,说明炉管常见的损伤形式及检测方法。

6.1 转化炉的结构

转化炉是制氢装置的关键设备,是以烃类、水蒸气为原料,通过转化反应生产氢气的反应式加热炉,实质上是一个多管并流的外热式反应器。转化炉操作温度高,原料气入口温度一般是 450~550 ℃,转化气出炉温度高达 760~880 ℃,炉膛温度更高达 1 000 ℃ 以上。从燃烧器的布置来分,制氢转化炉有顶烧、侧烧和梯台式三种,国内常用的是顶烧和侧烧两种,目前国内新设计的 PSA 净化法制氢转化炉一般采用顶烧炉,结构如图 6-1 所示。

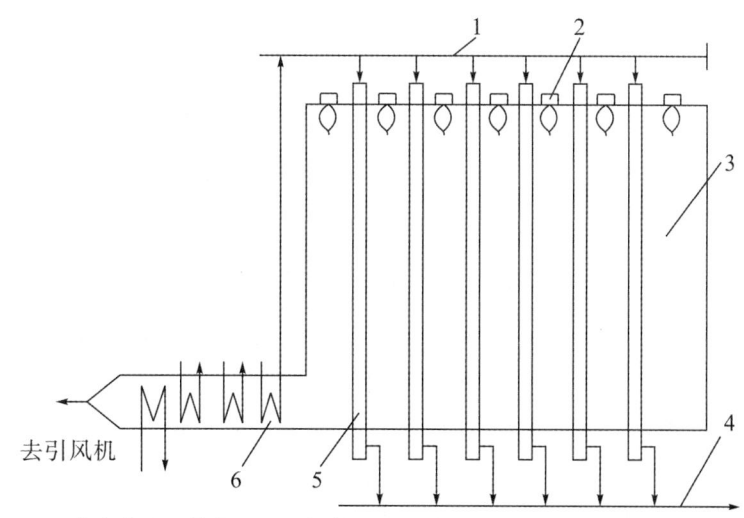

1—上集合管;2—燃烧器;3—辐射室;4—下集合管;5—辐射管;6—对流室

图 6-1 顶烧式转化炉结构示意图

顶烧炉的烧嘴全部装在炉顶,可烧炼厂气和 PSA 尾气,也可烧轻油。炉膛内燃烧器和炉管间隔布置,管排数量增减灵活。燃烧系统总管配置较为简单,燃料进入燃烧系统的流量(或压力)调节方便,投资也较少。辐射段结构较为紧凑,宽度不受产量的限制,特别适用于单炉大型化。

顶烧炉由于火嘴在顶部,温度可调性差,炉管管壁温度在距顶部三分之一炉管处有一个峰值,限制了炉管整体材质,管壁平均热强度低,炉管管壁温度也不均匀,典型顶烧炉炉管温度曲线如图 6-2 所示。

侧烧炉结构如图 6-3 所示,一般侧烧炉为双排双面辐射结构,周向传热很不均匀,炉管周向温差较大,面对火嘴的一面温度高,易烧坏,由于炉管两侧存在温差,易造成炉管弯曲,对炉管的使用寿命也有影响。侧烧炉烧嘴数量较多,结构复杂,控制不如顶烧炉方便,投资相对较大,但由于燃烧器多,温度可调,炉膛温度均匀,热强度大,可得到 900 ℃ 以上转化气温度,因而在大型转化炉中仍然占据一定的比例。

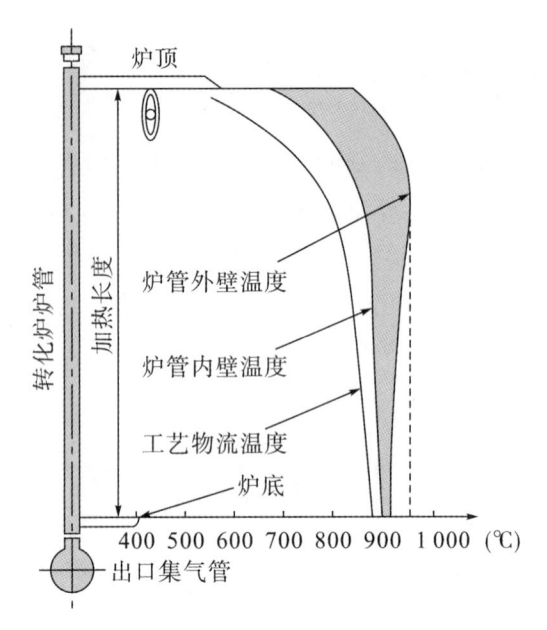

图 6-2 典型顶烧炉炉管温度曲线

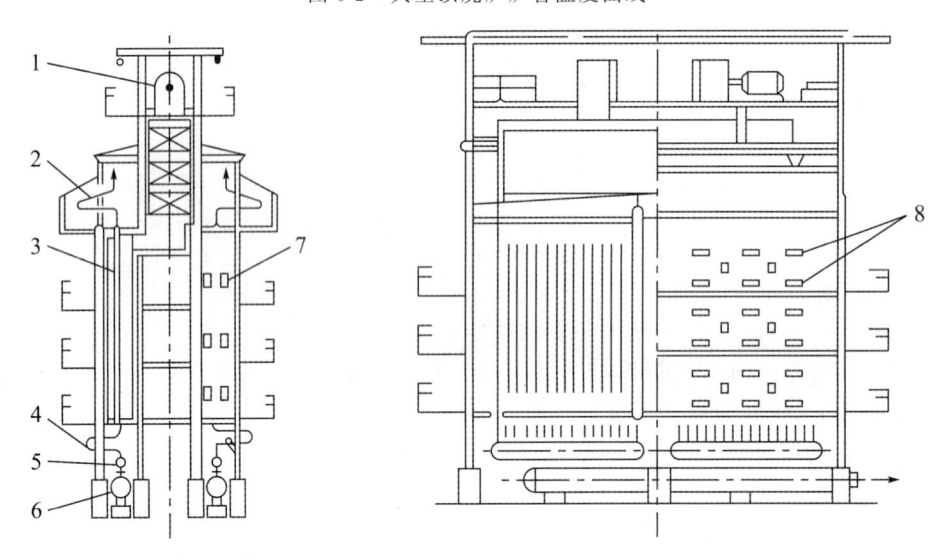

1—引风机；2—上猪尾管；3—转化管；4—下猪尾管；5—分总管；6—衬里总管；7—观察孔；8—烧嘴

图 6-3 侧烧式转化炉结构示意图

6.2 转化炉管常见的损伤形式

转化炉管的损伤形式,有轴向和环向的蠕变损伤、腐蚀、热疲劳、弯曲、组织劣化、蠕胀、壁厚减薄等,其中蠕变损伤是主要的损伤形式,占炉管损伤的绝大多数。

6.2.1 蠕变损伤

炉管在高温高压下服役的过程中,不可避免地产生蠕变,发展到蠕变第Ⅲ阶段后期,裂纹失稳扩展造成炉管破裂,概括起来主要有两个方面原因:

1. 过热

炉管蠕变破裂的直接原因,绝大多数是炉内超温过热或温度不均匀造成的过热。由于材料的蠕变速率是温度和应力的函数,因此,过热导致材料蠕变速率增加,组织劣化加重,持久强度降低,加速了炉管破裂。造成炉管过热的原因很多,一般有以下几个方面:

(1)炉内燃料燃烧温度过高,一般是燃料送入调节不当,产生局部炉温过高,导致炉管局部过热。

(2)触媒填装方法不当,使触媒填充不均匀,局部架空。无触媒处原料气转化不良,吸热差,致使该处炉管局部过热。

(3)开、停车时的升温或降温速率过大,触媒因骤热骤冷或受炉管冷缩引起的挤压使触媒破碎,使气流减小,形成炉管的局部过热。

(4)工艺操作不当,触媒表面积碳,有效活性表面减少,从而使转化反应速率降低,导致炉管过热。

2. 热应力

转化炉管管壁内外侧存在温差,从而产生热应力,管壁越厚,产生的热应力也越大,特别是开、停车时,更会产生较大的内应力,所以转化管在运行过程中,不仅内压对蠕变起作用,这种热应力也不可忽视。

研究表明,高温炉管在运行中产生蠕变的过程是很复杂的,一般是在蠕变发展到一定程度时,首先在管壁内产生空洞,空洞一般在第二相粒子与基体的界面处或三晶粒交汇处形成。随蠕变的进行,空洞数量增加、长大并连接起来形成微裂纹,随后,裂纹先向内侧,后向外侧扩展,在炉管内压及热应力等作用下,最终导致炉管开裂。图 6-4 是 HK40 耐热钢炉管内部典型的蠕变裂纹,图 6-5 是 HP40 耐热钢炉管的破裂。

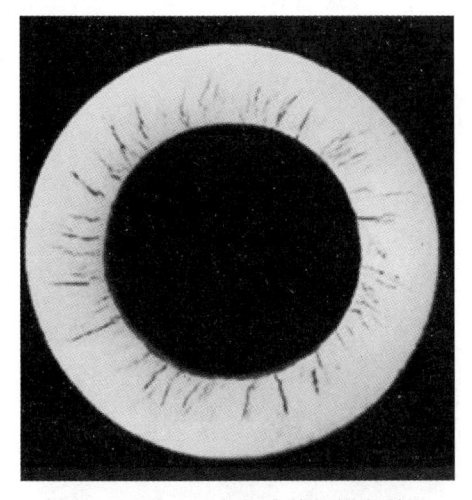

图 6-4　HK40 耐热钢炉管的蠕变裂纹 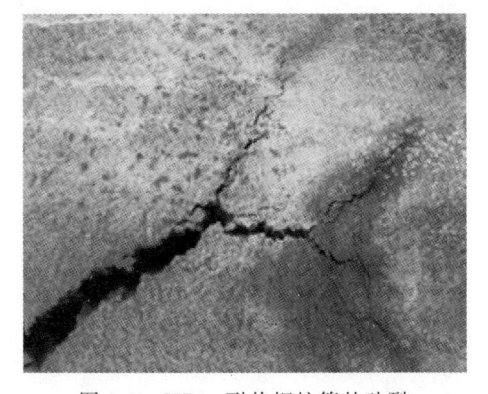　　图 6-5　HP40 耐热钢炉管的破裂

研究表明,HP-Nb 离心铸造的转化炉炉管的断裂存在两种机制:蠕变造成的断裂和

热冲击造成的断裂,前者在机械应力和热应力联合作用下形成源于内壁的蠕变裂纹并逐步向外扩展,严重超温时会伴有明显的变形;后者是外壁温度骤然下降,使管壁中原来已松弛的温差应力反向转换,外壁在温度骤降过程中出现拉应力峰值,超过当时温度下的瞬时强度时形成脆性断裂。

高温蠕变破裂有明显的蠕变变形和蠕变裂纹,断口无金属光泽,呈粗糙颗粒状,表面有高温氧化层和腐蚀产物。当材料由于高温作用发生金相组织变化,比如发生石墨化时,由此引起的蠕变破裂有明显的脆性断裂特征。石化行业制氢装置的大部分部件处于发生蠕变的温度范围内,存在发生蠕变破裂的潜在危险性。

6.2.2 腐蚀损伤

工艺气体介质的腐蚀和氧化也是转化管损坏的重要原因。在工艺气体中,当蒸汽中含有较高的氯离子时,能使转化管发生冷凝液的应力腐蚀;介质中含有硫等也会产生腐蚀;内壁不进行加工去除铸造疏松层的铸管,更可为上述腐蚀创造有利条件,尖锐的穿晶裂纹是应力腐蚀的明显特征。

6.2.3 蒸汽带水引起的损伤

原料气带水或冷凝液,在开炉时进入转化管,会使触媒急冷而破碎,同时对赤热的转化管也会产生致命的损害。在锅炉水位过高时,就会发生蒸汽带水现象。

6.2.4 热疲劳引起的损伤

频繁地开、停炉,会造成炉管冷热波动,这种交变热应力会提前造成炉管的热疲劳破坏。

热疲劳破坏的组织特征是:在炉管的表面可以观察到微细的裂纹网络,损坏严重时也可发展成粗大裂纹。裂纹由内表面发生并向内部扩展,裂纹的周围布满氧化物并且沿裂纹可观察到脱碳现象。图 6-6 为某炼油厂催化车间外取热器炉管由于热疲劳导致的破裂,图 6-7 是热疲劳裂纹的微观形貌。

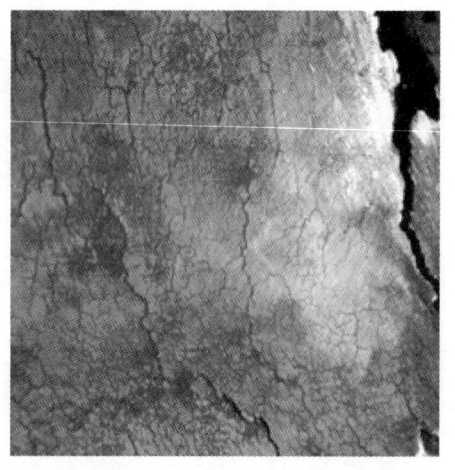

图 6-6 热疲劳导致的炉管破裂 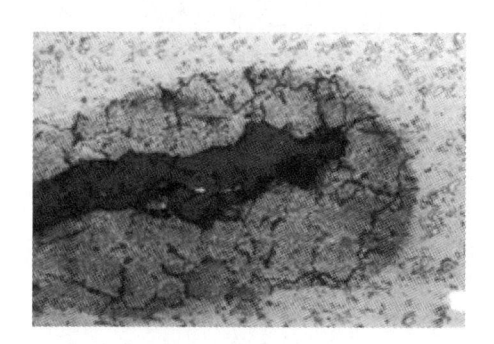   图 6-7 热疲劳裂纹的微观形貌(500×)

6.2.5 铸造缺陷引起的损伤

炉管中存在任何缺陷都会使该部位炉管的机械性能降低,特别是严重的铸造缺陷,会使高温运行中的炉管提前产生破裂。最常见的炉管铸造缺陷是夹杂和疏松。铸造缺陷的产生与合金的熔炼和铸造工艺条件不当有关,因此在铸管过程中,必须充分注意对待这些问题,并对铸造管段进行无损检测。研究表明,铸造缺陷的产生是由于离心浇铸时的浇铸温度较低,致使钢液中夹杂物不能彻底由离心力排到管的表面,而是按一定螺距呈螺旋状残留分布在炉管基体内,当炉管运行产生蠕变时,便在强度较低的夹杂物处提前产生裂纹进而破裂。

6.2.6 炉管弯曲引起的损伤

虽然炉管产生弯曲并不等于破坏,但严重的弯曲会影响一段转化炉管的正常运行。无弹簧吊挂装置下支承的Π型侧壁烧嘴转化炉,一般会产生严重弯曲,有时其挠度可达1 m。这种炉型由于双排转化管的遮蔽作用,致使转化管周向温差较大,有时可达70 ℃,因此,炉管在运行时,其近向火面的轴向膨胀量较远向火面的膨胀量大,从而使炉管弯曲。因温差产生的热应力在炉管高温长期运行时,会逐渐松弛掉,因此,即使停炉冷却后,弯管也不能复直。由于反复停、开车的循环作用,使炉管弯曲逐渐增大。此外,炉管一旦发生弯曲,由于高温下长时间的自重作用,也会使弯曲加速。而且炉管弯曲愈大,温差和自重作用也愈大,从而形成恶性循环。如果再有超温情况,将使炉管弯曲的速度加快。

6.2.7 组织劣化

奥氏体系列耐热钢炉管在制造时,离心铸造冷却速度很快,凝固为不平衡过程,使得先结晶的M_7C_3来不及转变成$M_{23}C_6$型碳化物,所以新管在室温下的铸态组织为过饱和的奥氏体加M_7C_3共晶碳化物。在高温服役过程中,骨架状的M_7C_3共晶碳化物是不稳定的,很快就能全部转变成$M_{23}C_6$,并随温度的提高而加速。在长期高温服役后,骨架状共晶碳化物会转变成网链状,运行温度越高,时间越长,炉管组织网链状越明显,说明组织劣化越严重。同时,耐热钢铸态组织中,奥氏体是过饱和固溶体,在高温运行时,二次碳化物自奥氏体中弥散析出,并逐渐粗化,使得二次碳化物的弥散程度降低,导致材料持久强度和硬度也降低。二次碳化物最终也向晶界扩散,与晶界碳化物结合,形成晶界链状碳化物,如图6-8所示,此时会导致炉管的高温力学性能严重下降。

图6-9为不同服役时间25Cr35NiNb+微合金化的制氢转化炉炉管的组织演变过程。铸态原始组织为奥氏体基体和晶界骨架状共晶碳化物M_7C_3和NbC[图6-9(a)];服役2年后,晶界碳化物呈骨架状和链状分布,晶内析出大量颗粒状碳化物,M_7C_3型碳化物仍然存在,而NbC转变为块状的G相($Ni_{16}Nb_6Si_7$)[图6-9(b)];服役3年后,骨架状的M_7C_3型碳化物转变为粗大链状的$M_{23}C_6$型碳化物,块状G相仍然存在[图6-9(c)];服役8年后,$M_{23}C_6$型碳化物继续转变为粗大的链状和局部粗大的块状,块状G相仍然保留,

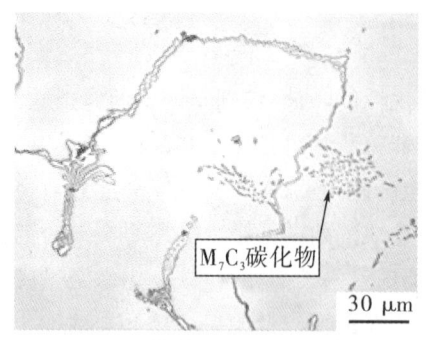

(a) HP炉管铸态(新管)微观组织
(奥氏体+M₇C₃碳化物)

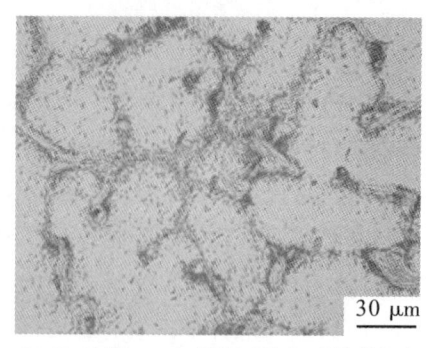

(b) Hp炉管900℃服役2万小时微观组织
(奥氏体+晶内时效析出细小碳化物)

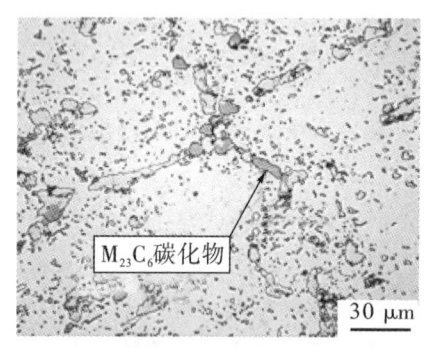

(c) Hp炉管900℃服役8万小时微观组织
(奥氏体+晶内粗化的二次碳化物+晶界网链状碳化物)

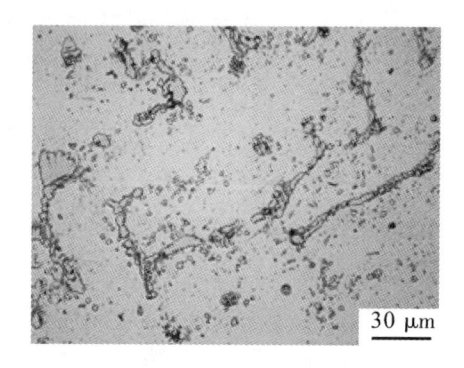

(d) Hp炉管900℃时效12万小时微观组织
(奥氏体+晶界网链状碳化物)

图 6-8 不同服役时间 HP40Nb 炉管微观组织变化

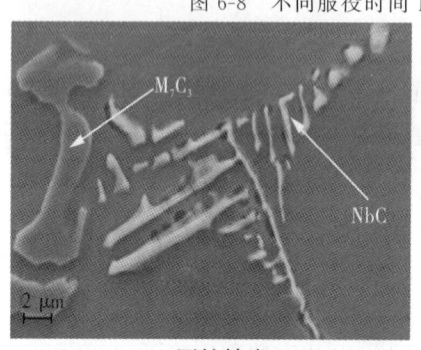

(a) 原始铸态

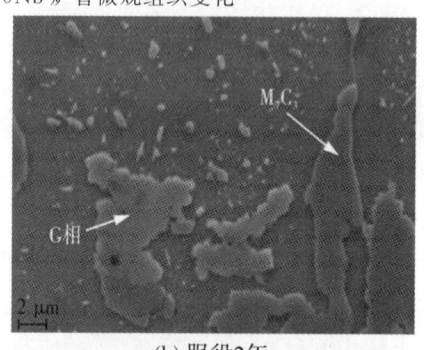

(b) 服役2年

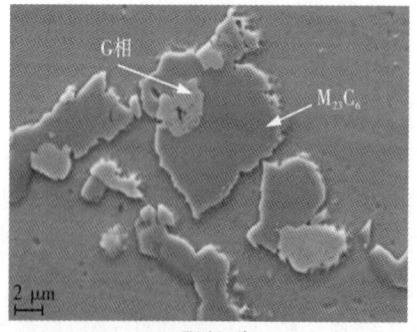

(c) 服役3年

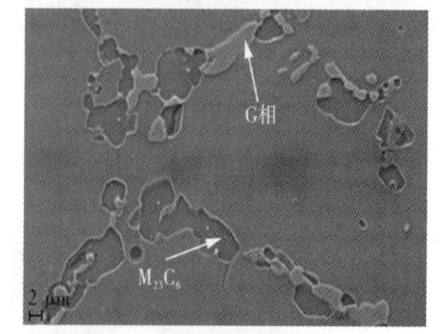

(d) 服役8年

图 6-9 不同服役时间的 25Cr35NiNb 制氢转化炉管的组织演变

但一次晶界骨架状共晶碳化物形态基本消失[图 6-9(d)],炉管组织演变过程及形态特征见表 6-1。

表 6-1　25Cr35NiNb 制氢转化炉管的组织演变及形态特征

服役时间/年	微观组织	演变过程	形态特征
新管	γ 基体＋共晶 M_7C_3＋共晶 NbC	初始态	M_7C_3 和 NbC 呈骨架状分布在枝晶边界
2	γ 基体＋G 相＋M_7C_3＋晶内细小弥散的二次碳化物 $M_{23}C_6$	晶界碳化物逐渐粗化,NbC 相开始转变为 G 相,基体内析出大量的二次碳化物 $M_{23}C_6$ 并趋于在晶内聚集	M_7C_3 呈块状和链状分布在枝晶边界,$M_{23}C_6$ 在基体内析出,趋于向枝晶边界聚集,G 相呈块状分布在枝晶边界
3	γ 基体＋G 相＋$M_{23}C_6$	M_7C_3 开始转变为 $M_{23}C_6$,晶内二次碳化物消失并在晶界聚集,晶界碳化物粗化	$M_{23}C_6$ 呈链状分布在枝晶边界,G 相呈块状分布在枝晶边界
8	γ 基体＋G 相＋$M_{23}C_6$	晶界碳化物继续粗化,呈粗大的块状,骨架状形态基本消失	$M_{23}C_6$ 呈局部粗大的块状分布在枝晶边界,G 相呈块状分布在枝晶边界

组织形态的变化对炉管的力学性能有较大影响。与原始铸态炉管相比,服役 2 年的炉管仍具较高的抗拉强度和屈服强度,虽然在服役过程中晶界碳化物的形态由连续的骨架状转变为不连续的粗大块状,晶界碳化物平均宽度增大,晶界强化作用减弱,但是晶内析出大量细小弥散分布的二次碳化物具有一定的弥散强化作用,因此高温强度下降不多,但是炉管的断后伸长率下降明显,由原始铸态的 8.0％～12.5％下降到 3.0％～3.5％,主要是因为晶界 NbC 向 G 相转变,而 G 相作为脆性相,降低了材料的塑性。随着服役时间的延长,炉管的强度和塑性都显著降低,主要是由于晶内细小弥散分布的二次碳化物在晶界聚集,晶界碳化物逐渐粗化,骨架状形态逐步消失,G 相也逐渐粗化呈块状,这些粗大块状的析出相对位错滑移的阻碍作用明显低于骨架状碳化物,导致材料强度降低,塑性下降。

6.3　裂解炉的结构

制取乙烯的方法很多,以管式裂解炉最为成熟,世界乙烯产量的 99％都是由管式裂解炉生产的。管式裂解炉按外形可分为方箱式炉、立式炉、门式炉、梯台式炉;按燃烧方式分为直焰式、无焰辐射式和附墙火焰式;按烧嘴位置有底部燃烧、侧壁燃烧、顶部燃烧和底部侧壁联合燃烧等。目前,管式裂解炉的炉型主要有美国鲁姆斯公司(Lummus)开发的 SRT(Short Residence Time)型裂解炉、美国斯通-韦伯斯特公司(Stone & Webster)开发的 USC(Ultra-Selective Cracking)型裂解炉、荷兰国际动力学技术公司(KTI)开发的 GK(Gradient Kinetics Furnace)型裂解炉、美国凯洛格公司(Kellogg & Root)开发的毫秒炉、德国林德公司(The Linde Group)开发的 Pyocrack 型裂解炉以及我国自行设计的 CBL 型裂解炉等。

以美国凯洛格公司的毫秒炉为例,典型的毫秒炉结构如图 6-10 所示,采用底部大烧嘴,可以烧油,也可以烧气,燃烧火焰的喷射方向与工艺物流方向相同,炉膛上部向内倾斜30°,使烟气形成活塞流,以保证上部炉管两边的高温烟气流量均匀。炉膛下部为垂直侧壁,正常的回流保证了高热通量条件下的均匀加热,使入口端有较高的热负荷。

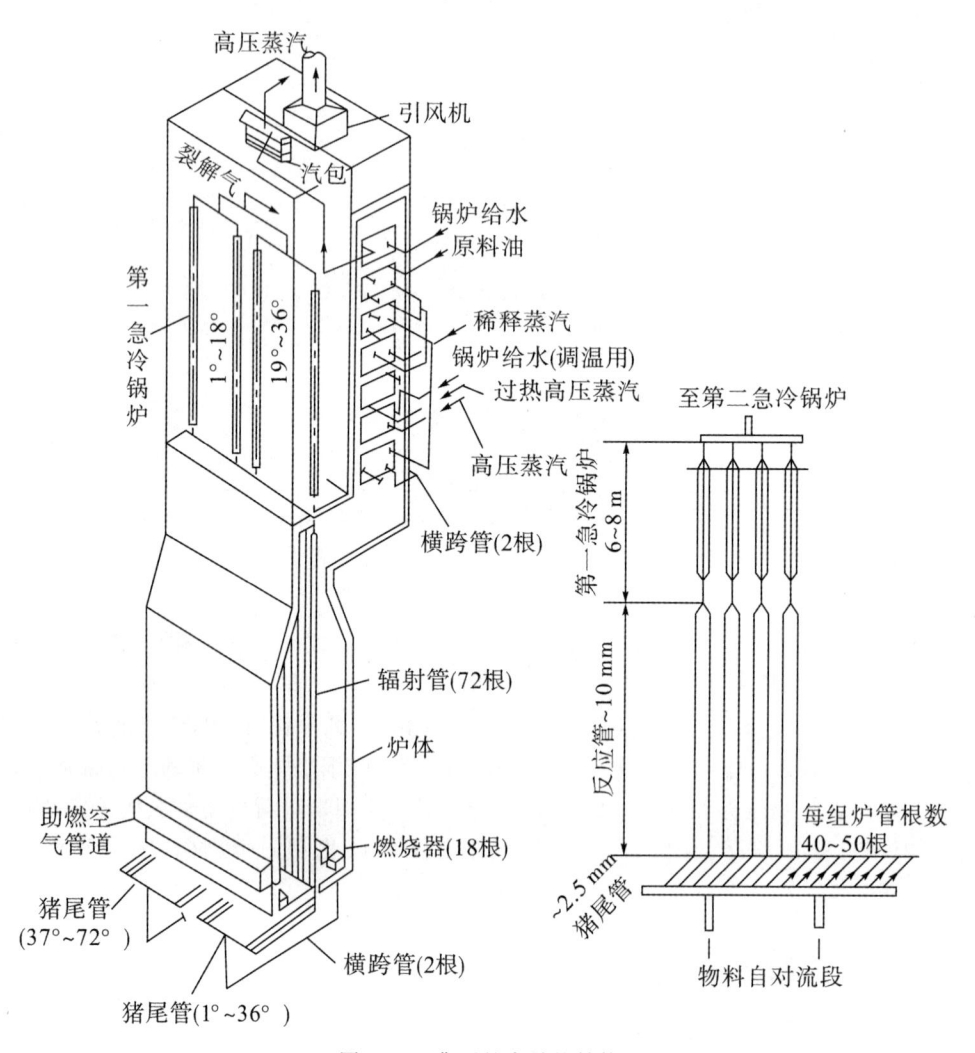

图 6-10 典型的毫秒炉结构

毫秒炉管径小,单管处理能力较低,单台裂解炉辐射段炉管数量大,需在辐射段入口设置猪尾管控制流量分配,以保证对流段的每大组物料均匀分配到辐射段炉管中。毫秒炉最大缺点是清焦时间过短,在深度裂解条件下,石脑油裂解清焦时间为7~10天,中度裂解条件下为12~15天。清焦时间过短会造成裂解炉频繁切换操作,对装置稳定运行和炉管使用寿命造成不良影响。为改善这一问题,20世纪80年代末,凯洛格公司发明了内壁为8翅梅花螺旋形炉管,使清焦时间增加到大约25天。

6.4 裂解炉管常见的损伤形式

乙烯裂解炉管的服役环境极其恶劣,常见的损伤形式有结焦、渗碳、组织劣化、热疲劳、蠕变损伤等。

6.4.1 结　焦

裂解炉管在服役过程中,不可避免地在管内壁产生积碳,也就是所谓的结焦。结焦不仅减小了炉管内截面面积,也会降低裂解炉管的传热性能,所以要定期进行清焦。

结焦是炉管内的油品在温度超过一定值后发生了热裂解,变成游离碳,堆集到管内壁上的现象,主要发生在减压炉、焦化炉、减黏裂化炉、润滑油加热炉和乙烯裂解炉。结焦使管壁温度急剧上升,加剧了炉管的腐蚀和高温氧化,引起炉管鼓包、破裂,并增加了管内压力降,使炉子操作性能恶化,有时甚至迫使装置不得不提前停运,因此,如何防止或减轻炉管结焦,已成为若干高温加热炉设计和操作中最突出的问题之一。

如图 6-11 所示,管内壁结焦以后,增加了一层焦垢热阻,使管壁温度升高,其后,气相和液相油品将继续渗透到焦层的孔隙中去,结焦过程继续进行,逐渐形成越来越厚的结实的焦层,使管外壁温度最终升高到允许值以上,这从炉管外表面的局部区域颜色发生明显变化就可以判断出来。

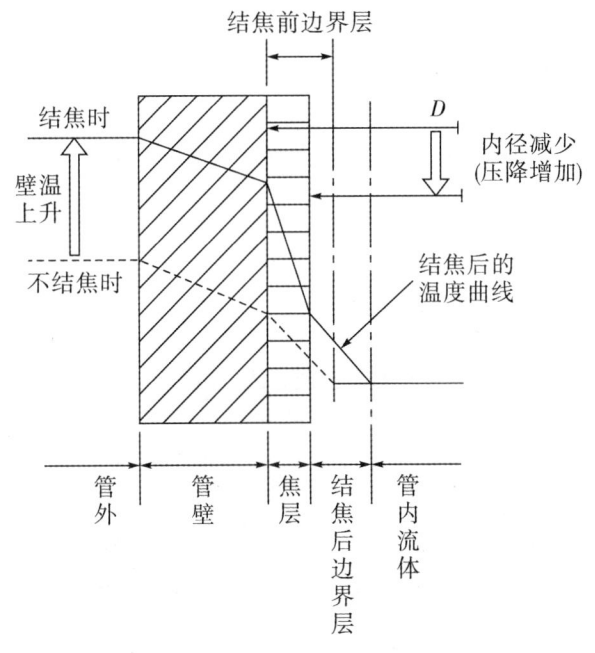

图 6-11　炉管结焦前后受热状态的变化

炉管结焦的损坏过程是:管内开始结焦,提高了管壁温度,从而也加剧了表面氧化。氧化使管壁厚度减薄,减薄处在内压和热量的双重作用下首先鼓出,炉管鼓包后管子内壁和焦层之间产生间隙,使炉管其他部位的温度也逐渐升高,进一步氧化减薄,最终导致炉管破裂。并且由于结焦层的热膨胀系数小于母材,所以在降温过程中,结焦层会阻碍母材的热收缩,产生很大的拉应力,也会导致裂纹的产生。

对结焦严重的焦化炉、减压炉、常压炉等,常常在停工大修期间采用蒸气-空气烧焦法去除炉管内的结焦,经过几十年的生产实践验证,烧焦法已十分成熟和可靠,得到普遍应用。

6.4.2 渗 碳

渗碳是乙烯裂解炉管的主要损伤形式,国内外对大量乙烯裂解装置损坏情况的调查中指出,渗碳直接造成的破坏占有突出位置,而渗碳引起的性能恶化间接导致炉管失效的例子更多,如图 6-12 所示。

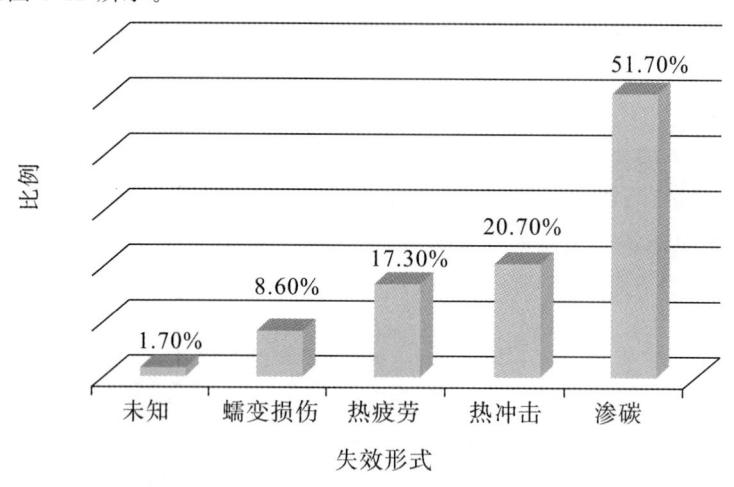

图 6-12 部分乙烯裂解炉管失效形式统计

渗碳造成的损伤实际上是渗碳、氧化、局部蠕变等多种损伤机制联合作用的结果。碳原子渗透并扩散到基体金属中后,会与基体中的铬生成铬的碳化物,这种铬的碳化物如遇到氧,很容易从晶界开始形成选择性氧化。晶界上的碳化物被氧化后,基体晶粒之间的结合力大大下降,开始发生局部性的蠕变,产生微裂纹。而裂解炉操作中要向管内注入水蒸气以缓和结焦,水蒸气在高温下会分解出上述氧化过程所需要的氧,若裂解炉停工后采用空气-水蒸气烧焦,也为上述过程提供了充分的氧。

产生微裂纹后,碳原子沿裂纹进一步扩散,并再次生成铬的碳化物,水蒸气中的氧又使铬的碳化物氧化,如此反复地进行下去,按照渗碳-氧化-蠕变-形成裂纹的循环过程,使裂纹不断延伸至炉管基体产生破裂。此外,炉管渗碳后,渗碳层和非渗碳层的热膨胀系数不同,渗碳层比非渗碳层要小约 20%,因为热胀、冷缩量不一样,停工降温时要在渗碳层中产生压应力,开炉升温时则产生拉应力,本来炉管长期在高温下服役已造成性能劣化,这样的应力足以引起渗碳层中裂纹的快速扩展。

对某石化公司服役 43 800 h 的 HP 型耐热钢轧制的梅花型乙烯裂解炉管的研究表明,炉管存在着不同程度的渗碳,炉管上部服役温度高,渗碳最为严重,炉管下部服役温度低,渗碳最为轻微,而且即使炉管的同一截面,渗碳程度也是不均匀的,如图 6-13 所示。

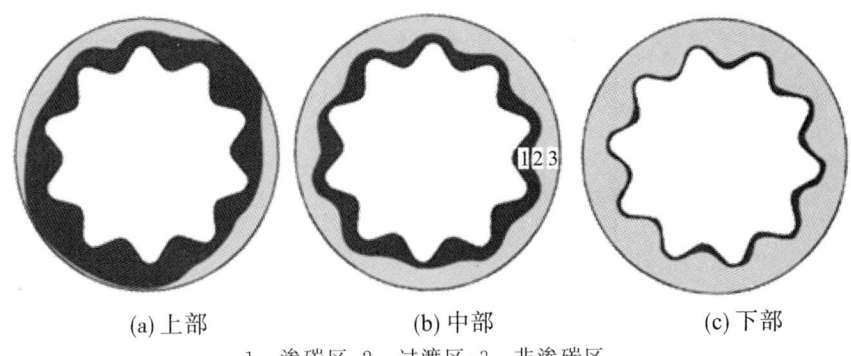

第 6 章 炉管常见损伤形式及检测方法

(a) 上部　　　　　　(b) 中部　　　　　　(c) 下部

1—渗碳区；2—过渡区；3—非渗碳区

图 6-13　乙烯裂解炉管的渗碳

该型炉管为轧制管，原始碳质量分数仅为 0.1%，而图 6-13 炉管中部内壁 1 区的最高碳质量分数已达到 1.83%，碳质量分数自内壁开始向外壁逐渐降低，图 6-13 炉管中部截面碳质量分数变化曲线如图 6-14 所示。

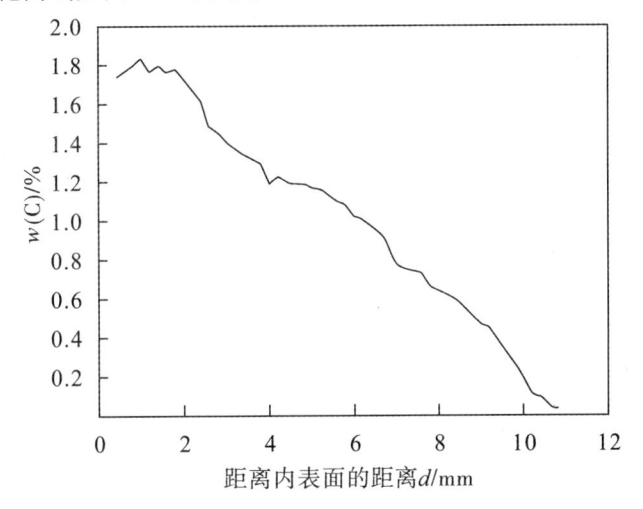

图 6-14　炉管中部截面碳质量分数分布曲线

炉管的原始组织为过饱和的奥氏体，晶界上有少量骨架状碳化物，如图 6-15 所示。

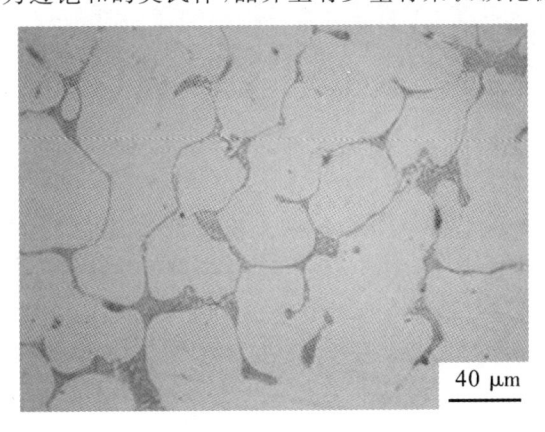

图 6-15　裂解炉管原始组织

炉管服役一段时间后的组织发生了变化,在炉管外壁区域几乎没有渗碳,在晶界和晶内仅有少量碳化物,这是时效析出的二次碳化物。越靠近内壁,渗碳情况越来越严重,其显微组织也有明显的变化。由于碳质量分数增加,不仅碳化物数量增加,形态也由细小的粒状变为粗大的块状和链状,不同区域炉管显微组织金相照片如图 6-16 所示。

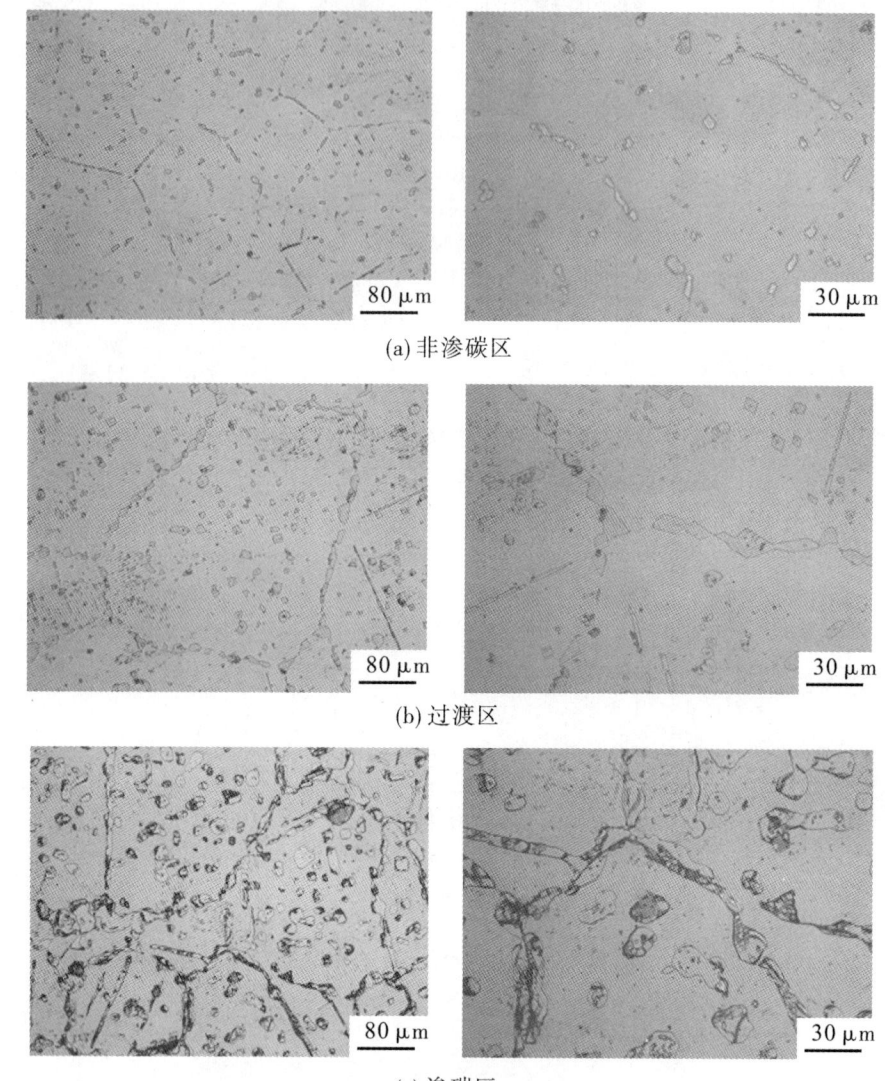

(a) 非渗碳区

(b) 过渡区

(c) 渗碳区

图 6-16 渗碳炉管不同区域显微组织

对渗碳区域和非渗碳区域的 XRD 衍射分析表明,渗碳区的碳化物数量明显多于非渗碳区,并且有 MC、M_7C_3 和 $M_{23}C_6$ 三种类型的碳化物共存;而在非渗碳区仅有 $M_{23}C_6$ 类型的碳化物,这是由于 M_7C_3 类型碳化物中的碳质量分数高于 $M_{23}C_6$ 类型的碳质量分数,所以当基体碳质量分数增加时,促进了 M_7C_3 类型的碳化物形成,不同区域 XRD 衍射图谱如图 6-17 所示。

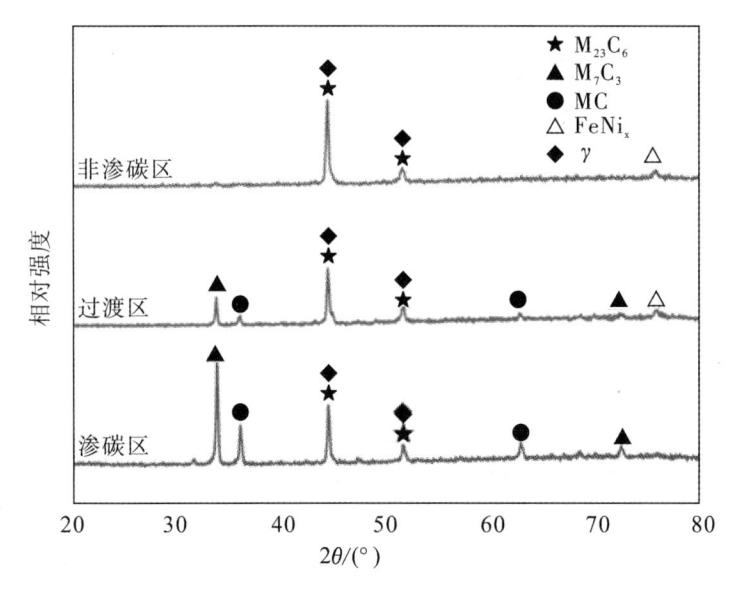

图 6-17 炉管不同区域 XRD 衍射图谱

基体中碳化物数量越多,基体的硬度越高,图 6-18 是渗碳炉管截面显微硬度曲线,可见,渗碳区的硬度要高于过渡区和非渗碳区,并且渗碳炉管的整体硬度高于新管。服役炉管内表面和外表面的硬度很低,这是由于内壁发生了晶间腐蚀,外壁发生了氧化脱碳的缘故。

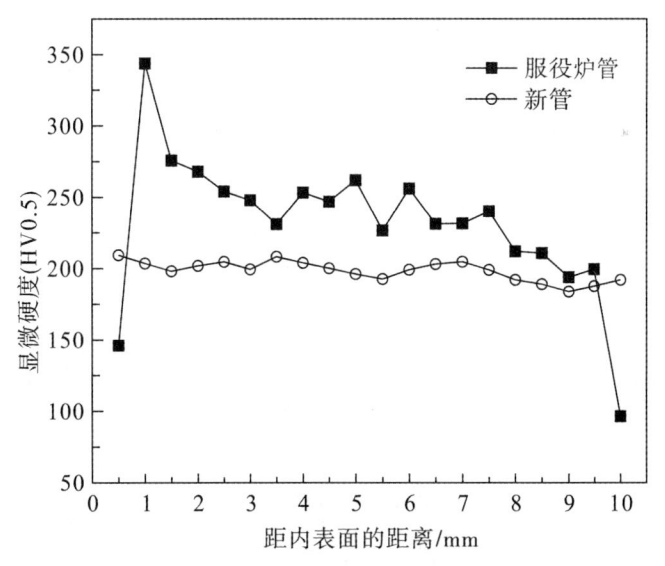

图 6-18 渗碳炉管截面的显微硬度

碳化物逐渐形成的过程,也是元素迁移重新分布的过程。对炉管进行了电子探针面扫描分析,如图 6-19 所示,可见,Cr 元素和 C 元素主要以碳化物形式聚集在晶界,而 Ni 元素仍固溶在奥氏体晶内,其他元素 Si、Mo、Mn、Ti 质量分数较少且均匀分布在晶内。

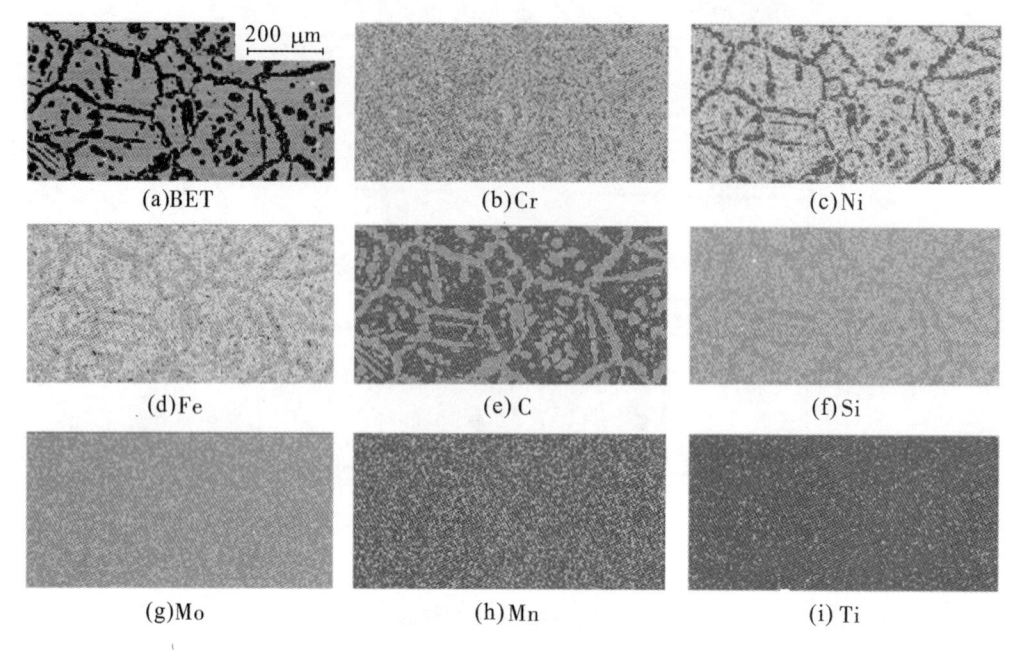

(a)BET (b)Cr (c)Ni
(d)Fe (e)C (f)Si
(g)Mo (h)Mn (i)Ti

图 6-19 炉管电子探针面扫描图谱

炉管在渗碳过程中,碳化物会逐渐析出、长大,不仅发生了碳化物类型的转变,而且逐渐向晶界聚集,这将造成基体的贫 Cr,使炉管的力学性能降低,脆性增加,炉管的抗高温氧化性能下降。对不同渗碳程度炉管的常温拉伸性能测试表明,有明显渗碳的炉管塑性几乎为零,断裂强度较新管明显降低,这主要是由于碳化物数量增加且聚集长大,并在晶界呈连续链状分布,导致材料脆化所致。无明显渗碳的炉管虽然还有一定塑性,但屈服强度明显提高,而断裂强度明显降低,常温拉伸测试结果见表 6-2。

表 6-2 不同渗碳程度炉管常温力学性能

渗碳程度	屈服强度/MPa	抗拉强度/MPa	断后伸长率/%
重度渗碳	—	320	0
中度渗碳	—	355	0
轻度渗碳	380	400	5
未渗碳	≥210	560	25

常温冲击试验结果表明,随着渗碳程度的增加,炉管的冲击性能急剧下降,渗碳程度越严重,炉管的冲击韧性越低,见表 6-3。

表 6-3 不同渗碳程度炉管冲击性能

渗碳程度	冲击吸收功/(J·cm^{-2}) 1#	2#	3#	平均值
重度渗碳	2.5	2.7	5.0	3.33
中度渗碳	9.2	9.9	10.7	9.9
轻度渗碳	27.5	30	30	29.2
未渗碳	—	—	—	>45

三种试样冲击试验后均没有发生明显的塑性变形,断口平齐发亮,断口微观形貌如图

第6章 炉管常见损伤形式及检测方法

6-20 所示,1#和 2#试样冲击断口形貌有解理台阶和河流花样,为典型的脆性解理断裂,3#试样断口形貌中解理小刻面周围有较多的撕裂棱,且有局部的韧窝出现,呈现出准解理断裂的特征。

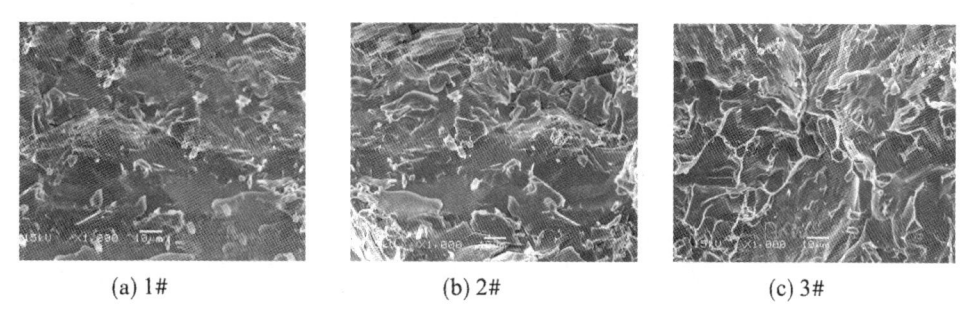

(a) 1#　　　(b) 2#　　　(c) 3#

图 6-20　不同渗碳程度试样冲击断口微观形貌

采用图 6-21 给出的工艺对三种不同渗碳程度的试样进行了热冲击性能测试,试验结果见表 6-4,热冲击试验后炉管宏观形貌如图 6-22 所示。

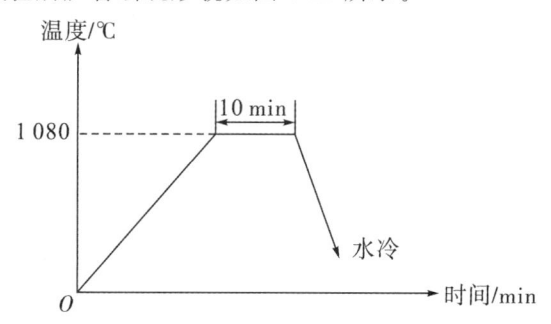

图 6-21　热冲击试验工艺曲线

表 6-4　不同渗碳程度试样热冲击试验结果

渗碳程度	试验次数	试验结果	备注
重度渗碳	3	通体开裂	第 2 次后两端出现多条细裂纹
中度渗碳	33	部分开裂	第 19 次后两端出现多条细裂纹
轻度渗碳	158	未开裂	第 31 次后两端有轻微胀大变形,第 96 次后两端胀大明显,出现细密裂纹

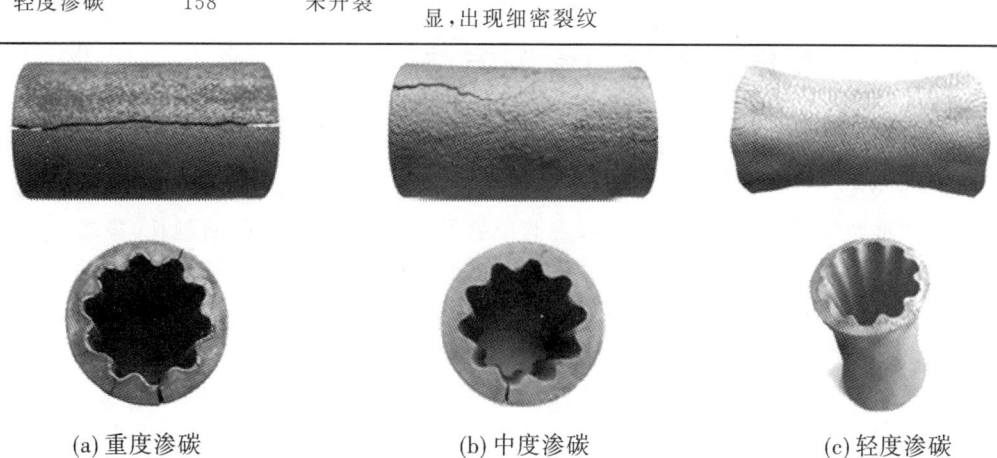

(a) 重度渗碳　　　(b) 中度渗碳　　　(c) 轻度渗碳

图 6-22　热冲击试验后炉管宏观形貌

实际中的乙烯裂解炉管大多采用离心铸造管,在服役过程中除了渗碳外,也会产生蠕变损伤和组织劣化,同时伴随着力学性能的下降。对35Cr45NiNb材料乙烯裂解炉管不同服役阶段组织变化的研究表明,通过观察材料的显微组织特征,可以确定相应的损伤级别,定性地评价炉管的蠕变损伤程度和消耗的寿命分数,见表6-5。

表6-5　35Cr45NiNb材料乙烯裂解炉管蠕变损伤程度和寿命消耗分数与显微组织的对应关系

损伤级别	材料状况	显微组织特征	其他参考指标	消耗寿命分数
0级	新材料	共晶碳化物为骨架状结构,晶内无析出碳化物相	—	—
1级	材料强化阶段(对应时效时间2 000小时)	骨架状晶界碳化物较清晰,有碳化物在晶界析出聚集,晶内析出碳化物细小弥散	晶内析出物由M_7C_3向$M_{23}C_6$转变	晶内碳化物析出,材料高温性能得到强化,寿命消耗在10%左右
2级	材料蠕变稳定阶段(对应服役时间1~3年)	骨架状晶界碳化物部分溶解,连续性差,二次碳化物在晶内弥散析出,晶界粗化	—	寿命消耗10%~20%
3级		晶界共晶碳化物溶解并团聚为块状,二次碳化物粗化,晶界出现独立的蠕变空洞	—	寿命消耗20%~40%
4级	蠕变损伤初级阶段(对应服役时间4年)	晶界共晶碳化物大部分溶解为条状,粗化的二次碳化物在晶界聚集,蠕变空洞尺寸增大,局部有连续空洞	外壁氧化层出现微裂纹	寿命消耗40%~60%
5级	蠕变损伤中度阶段(对应服役时间6年)	粗化的二次碳化物在晶界聚集,与未溶的原共晶碳化物晶界连成网链状,晶内碳化物团聚,数量减少,蠕变空洞尺寸增大	近外壁区域的基体出现微裂纹,蠕变空洞尺寸小于10 μm,基体出现Cr元素的贫化现象	寿命消耗60%~80%,建议更换
6级	蠕变损伤严重阶段(对应持久试验断裂材料)	二次碳化物在晶内继续团聚,晶界为块状或网链状,基体上出现微裂纹	部分蠕变空洞尺寸大于10 μm,基体贫Cr现象严重	达到寿命极限,应立即更换

6.5　炉管损伤的无损检测方法

蠕变损伤的过程实质上是材料产生塑性变形→显微空洞→宏观空洞→显微裂纹→宏观裂纹→断裂的过程。服役温度超过一定值时,材料会在应力作用下发生缓慢的塑性变形,这种变形经长期累积后会产生显微空洞或显微裂纹,随服役时间的延长,显微空洞或显微裂纹不断聚集长大,达到一定尺寸后失稳扩展导致材料破裂,目前最为有效地检测炉管内部蠕变损伤的无损检测方法是超声波检测。

波有两大类:电磁波和机械波。电磁波是电磁振荡产生的变化电场和变化磁场在空间的传播过程;机械波是机械振动在弹性介质中的传播过程。无线电波、紫外线、X射线、可见光等属于电磁波,水波、声波、超声波等属于机械波。

频率高于 20 kHz 的声波称为超声波,超声波属于机械波,是机械振动在弹性介质中的传播。弹性介质是指相互间由弹性力联系着的质点所组成的物质,可以用图 6-23 所示的简化模型来表示。将物质看作由许多质量微小的质点集合而成的点阵,质点之间是靠弹性力相互联结的,因此当质点在外力作用下产生振动时,该振动就会靠弹性作用传递给相邻的下一质点,并且一个接一个地传播下去。由此,振动由振源不断向远处传播,形成机械波。

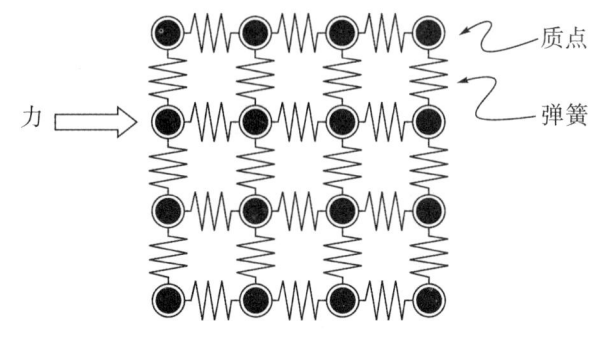

图 6-23 物质的弹性模型

振动的形式是多种多样的,因此由振动引起的波动形式也是多种多样的。按质点的振动方式,可以将超声波分为纵波、横波、表面波、板波(Lamb 波);按波源振动的持续时间,可以将超声波分为连续波和脉冲波;按波阵面的形状,可以将超声波分为平面波、球面波、柱面波。

超声波在介质中以一定的速度传播,传播过程中遇到声阻抗不同的异质界面时,将会发生反射、折射、波型转换等现象,这也是超声波可以用来进行无损检测的基础。在声阻抗分别为 Z_1 和 Z_2 的两种介质的界面上,一部分波反射回原介质内,称为反射波 P_r;另一部分波透过界面在另一种介质中传播,称为透射波 P_t。界面上声能、声压、声强的分配和传播方向的变化都遵循一定的规律,如图 6-24 所示。

当超声波倾斜入射到异质界面时,除了产生与入射波同类型的反射和折射波以外,还会产生与入射波不同类型的反射波和折射波,这种现象称为波型转换。波型转换只发生在斜入射场合,并且只能在固体介质中产生,如图 6-25 所示。

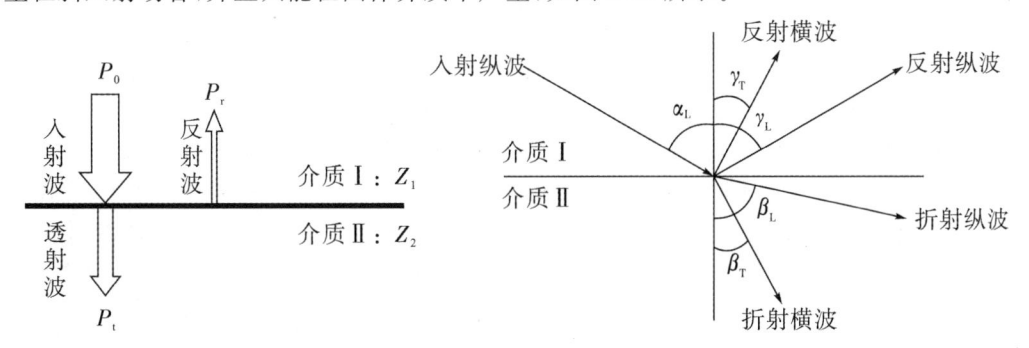

图 6-24 垂直入射时波的反射和透射   图 6-25 倾斜入射时的波型转换

超声波在介质中传播时,其能量将随传播距离的增加而减小,这种现象称为衰减,造成超声波衰减的原因主要有散射衰减、扩散衰减和吸收衰减。介质的吸收衰减与超声波的频率成正比,散射衰减与声波频率、晶粒大小及材质的各向异性都有关系。在实际超声检测中,若材质的晶粒粗大,采用过高的检测频率就会引起严重衰减,这就是超声检测奥氏体钢和一些铸件的困难所在。

超声波检测中,声波的产生和接收过程是一个能量转换过程,这种转换是通过探头来实现的,超声波探头的功能就是将电能转换为超声能(发射探头)或将超声能转换为电能(接收探头),因此又将超声波探头称为超声波换能器。实际的超声波检测中,由于被检工件的形状、材质及检测目的和条件的不同而使用不同形式的探头,超声波探头常用分类方法见表6-6。

表6-6 超声波探头常用分类方法

分类方法	名称	分类方法	名称
按波形	纵波探头	按耦合方式	直接接触式探头
	横波探头		液浸式探头
	表面波探头	按频谱	宽频带探头
	板波探头		窄频带探头
按声束入射方向	直探头	按晶片数目	单晶探头
	斜探头		双晶探头
按声束形状	聚焦探头		多晶探头
	非聚焦探头		

超声波在材料的传播过程中,如果其传播路径上有缺陷存在,导致声波的正常传播受到干扰,将会发生反射、折射、能量损失等现象,采用相应的测量技术,将非电量的机械缺陷转换为电信号,并找出二者的内在关系,据以判断和评价工件质量,这就是超声检测的基本原理,超声检测方法分类见表6-7。

表6-7 超声检测方法分类

分类方法	名称	分类方法	名称
按原理	脉冲反射法	按接触方式	直接接触法
	透射法		液浸法
按波形	纵波法	按探头数目	单探头法
	横波法		双探头法
	表面波法		多探头法
	板波法		

1. 脉冲反射法

脉冲反射法是利用脉冲超声波在试件内传播的过程中,遇有声阻抗相差较大的两种介质的界面时将发生反射的原理进行检测的一种方法。采用一个探头兼做发射和接收器件,接收信号在探伤仪的示波屏上显示,并根据缺陷及底面反射波的有无、大小及其在时基轴上的位置来判断缺陷的有无、大小及其方位,是最常用的超声波检测方法,如图6-26所示。

脉冲反射法的优点:

(1)检测灵敏度高,只要缺陷的反射声压达到晶片起始声压的1‰时就能被仪器接收,故能发现较小的缺陷。

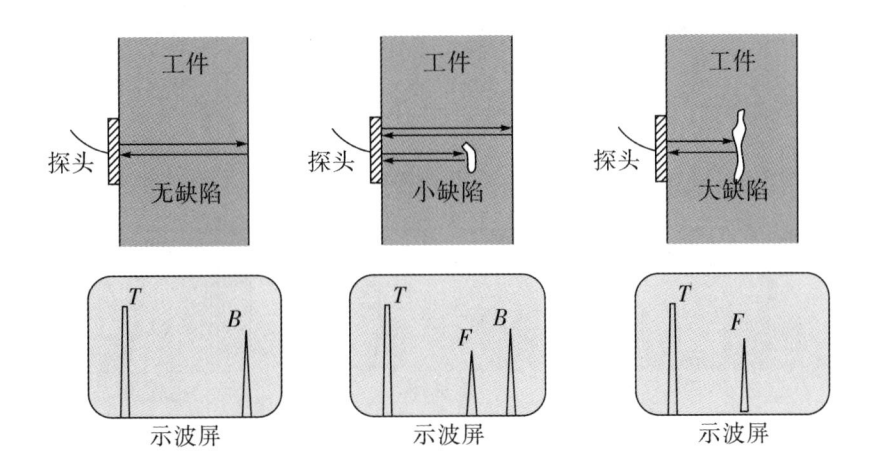

T—始发脉冲;F—缺陷波;B—底波

图 6-26 脉冲反射法检测原理示意图

(2)当调整好仪器的垂直线性和水平线性后,可得到较高的检测精度。

(3)适用范围广,配以不同的探头,可实现纵波探伤、横波探伤、表面波探伤及板波探伤,改变耦合方式,可实现接触法探伤和液浸法探伤。

(4)操作简单、方便、容易实施。

脉冲反射法的局限性:

(1)存在一定的盲区,对表面和近表面缺陷的检出能力差,不适宜对薄壁工件进行探伤。

(2)对与声束轴线不垂直的缺陷反射面,由于反射的结果,使探头往往接收不到回波信号,容易造成缺陷的漏检。

(3)声波经过的声程较长,不宜检测高衰减材料。

2. 透射法

透射法又叫穿透法,是最早采用的一种超声检测技术。透射法是将发射探头和接收探头分别置于试件的两个相对面上,根据超声波穿透试件后的能量变化情况来判断试件内部质量的方法。如试件内无缺陷,声波穿透后衰减小,则接收信号较强;如试件内有小缺陷,声波在传播过程中部分被缺陷遮挡,使之在缺陷后形成阴影,接收探头只能收到较弱的信号;若试件中缺陷面积大于声束截面时,全部声束被缺陷遮挡,接收探头则收不到发射信号,如图 6-27 所示。

透射法的优点:

(1)在试件中声波只做单向传播,适合检测高衰减的材料。

(2)适用于单一产品大批量加工制造过程中的机械化自动检测。

(3)几乎不存在检测盲区。

透射法的局限性:

(1)只能判断缺陷的有无,不能确定缺陷的方位,对缺陷大小也只能粗略估计。

(2)当缺陷尺寸小于探头波束宽度时,该方法的探测灵敏度低。若用透射波高低来评

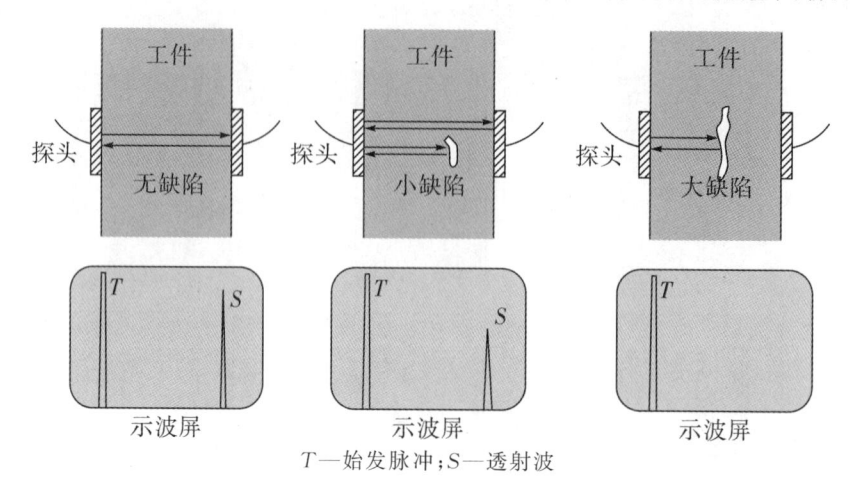

图 6-27　透射法检测原理示意图

价缺陷的大小,则仅当透射声压变化 20% 以上时,才可能将超声信号的变化进行有效的区分。

(3)对发射和接收探头的相对位置要求严格,需专门的探头支架或扫查装置。

转化炉炉管的服役温度很高,为了保证炉管具有良好的高温强度,炉管采用离心铸造方法成型后焊接在一起。炉管在冷却过程中,由于外壁、中部和内壁的冷却速度不一样,炉管的组织也是不同的,外壁冷却速度快,形成细晶组织,内壁冷却速度次之,形成等轴晶组织,中部冷却速度最慢,会形成粗大的柱状晶组织,但不同条件下三种组织的比例并不相同,甚至有可能出现全部为柱状晶的组织形态。图 6-28 是炉管铸态宏观组织示意图,图 6-29 是铸态炉管宏观组织金相图。

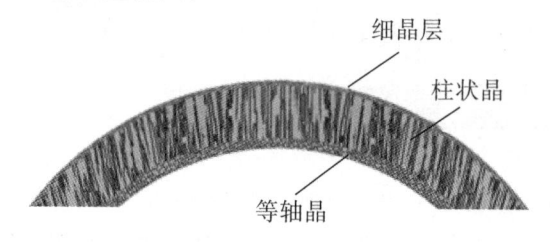

图 6-28　炉管铸态宏观组织示意图

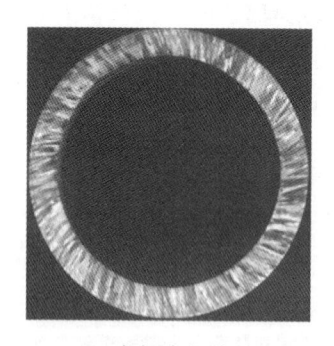

(a) 全部为柱状晶　　(b) 细晶(多)+柱状晶(少)+等轴晶　　(c) 细晶(少)+柱状晶(多)+等轴晶

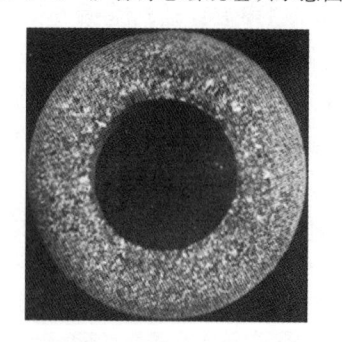

图 6-29　实际炉管的宏观组织

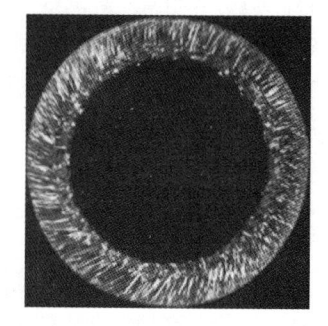

第6章 炉管常见损伤形式及检测方法

如果采用脉冲反射法进行检测,由于炉管组织存在粗大的柱状晶,会在晶界上产生杂乱的反射,被超声探头接收后产生"林状回波",使信噪比大大降低,甚至会掩盖真正的缺陷信号,如图6-30所示,因此脉冲反射法检测在实际中无法实施。

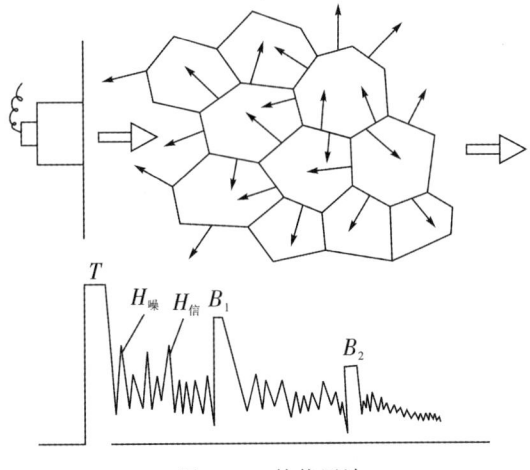

图6-30 林状回波

为了提高信噪比,可以利用透射法检测炉管的蠕变损伤。如图6-31所示,设计专门的检测探头架,以水作为耦合剂,采用一对探头,一个发射探头用于发射超声波,一个接收探头用于接收超声波,选择合适的检测频率,如果在声波传播路径上有缺陷存在,致使接收探头接收到的超声波能量降低,导致接收信号的波高下降,据此可判断炉管内部缺陷存在的状况,图6-32为采用透射法检测炉管时的接收信号,可见,波形很清晰,这样就避免了杂波的影响,提高了信噪比。探头架安装在专用爬行器上,自炉管顶部向下运动,从而得到如图6-33所示的波高变化的记录曲线,根据接收波的高低,或所谓的炉管透声性能,即接收波形的幅值变化和尖锐程度,可以大致判断炉管的损伤状态,并对炉管的损伤状况进行分级。在超声检测的同时,利用炉管外径相对变化量专用测量装置,可以记录炉管外径尺寸变化曲线,借以判断炉管的蠕胀情况。

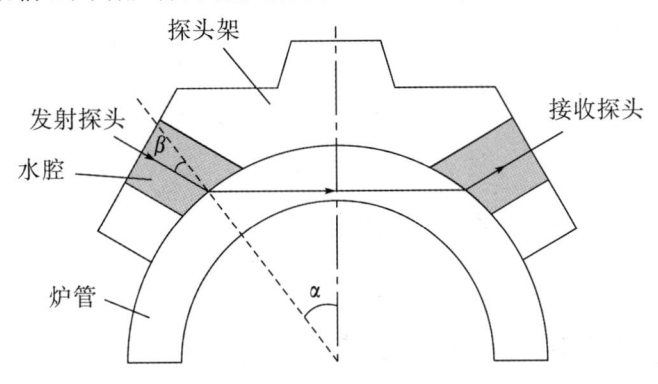

图6-31 超声透射法检测炉管示意图

虽然目前超声透射方法是检测炉管蠕变损伤最为有效的方法,但这种方法也有很多不足,比如无法检测出较小的缺陷,无法判定缺陷的性质,也不能确定缺陷的位置,并且炉

(a) 通道1超声波实时曲线

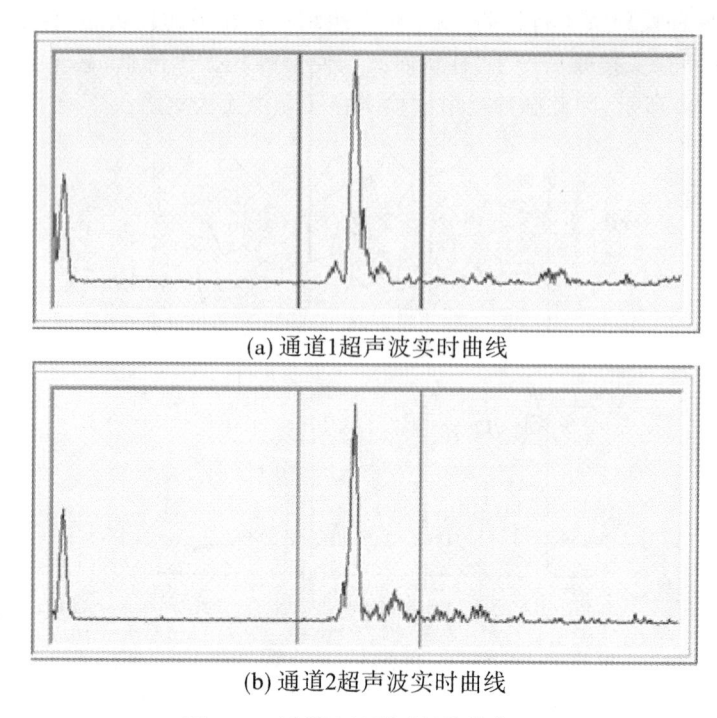

(b) 通道2超声波实时曲线

图 6-32 透射法检测时的接收信号

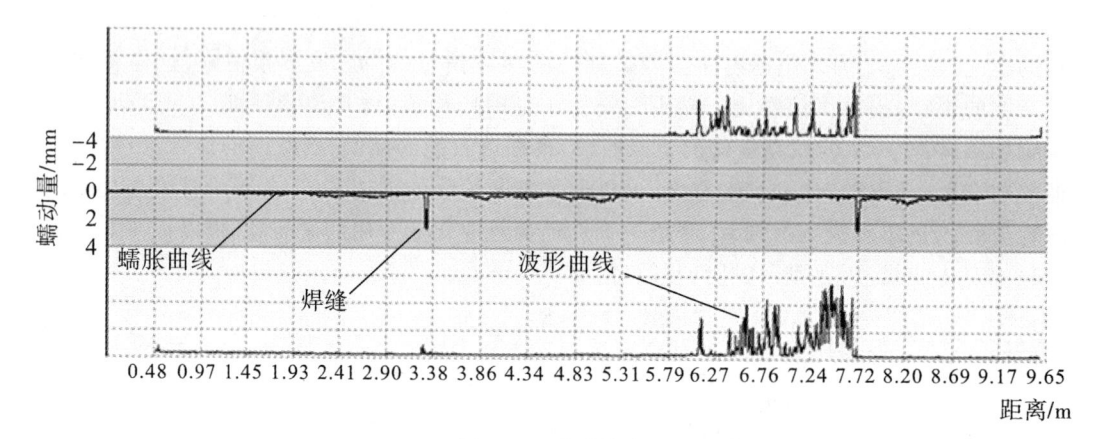

图 6-33 波形曲线

管表面状态、炉管尺寸变化、耦合是否充分等都对检测结果有较大影响,这就需要检测人员具有丰富的理论知识和实践经验。

6.6 渗碳层的无损检测方法

裂解炉管内壁发生渗碳后,会在渗碳层内形成大量的以 Cr 为主的 M_7C_3 型碳化物,这将导致基体材料的 Cr 质量分数显著降低,图 6-34 是含质量分数为 25% 的 Cr、壁厚 11 mm、渗碳层厚度 4 mm 的 HP 型耐热钢裂解管和含质量分数为 20% 的 Cr、壁厚

6.5 mm、渗碳层厚度 3 mm 的 Incoloy800H 耐热钢裂解管的 Cr 质量分数沿截面的变化情况,图中径向相对距离是指炉管横截面上距内表面的距离与壁厚之比。

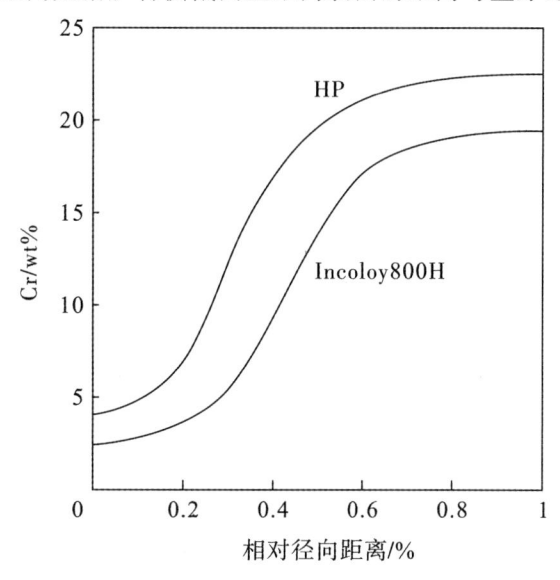

图 6-34 渗碳炉管基体 Cr 质量分数沿截面变化情况

由图 6-34 可以看出,炉管渗碳后,两种材料基体的 Cr 质量分数明显下降,大约为初始 Cr 质量分数的 15%,这将大大降低炉管的抗高温氧化和耐腐蚀能力。基体的 Cr 质量分数降低,意味着基体的 Fe、Ni 相对质量分数升高,从而使基体合金由顺磁性变为铁磁性。图 6-35 为 Fe-Cr-Ni 合金的磁导率和成分之间的相互关系曲线,图中三条曲线为等磁导率线。三种材料 HK40 合金(25%Cr-20%Ni)、HP 合金(25%Cr-35%Ni)和 Incoloy800H 合金(21%Cr-32%Ni)渗碳时基体成分的变化沿图中箭头方向,当磁导率 μ 大于 2.0 时就可以认为材料为铁磁性的,可见,HK40 合金基体 Cr 质量分数下降约 23%、HP 合金基体 Cr 质量分数下降约 7%、Incoloy800H 合金基体 Cr 质量分数下降约 6% 时,基体材料就由顺磁性变为铁磁性,因此,根据这一特点,可以采用电磁感应方法评价炉管的渗碳情况。

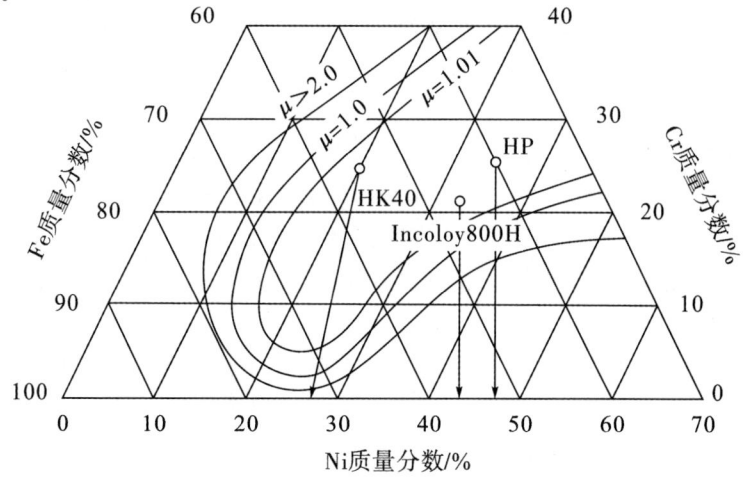

图 6-35 Fe-Cr-Ni 系合金磁导率与成分关系曲线

图 6-36 是利用电磁感应原理测量渗碳层厚度的示意图。检测探头由不闭合的铁芯、励磁线圈和接收线圈组成，当探头置于已经渗碳的炉管表面上时，便与具有铁磁性质的渗碳层组成了一个闭合的磁回路，当励磁线圈中通入交变电流时，在接收线圈中便产生了感应电动势，其值为 $U=-N\dfrac{\mathrm{d}\Phi}{\mathrm{d}t}$，式中 N 为线圈匝数，$\dfrac{\mathrm{d}\Phi}{\mathrm{d}t}$ 为磁通量的变化率，感应电动势随渗碳层厚度的增加而增加，将 U 进行标定后，即可确定渗碳层的厚度 h。

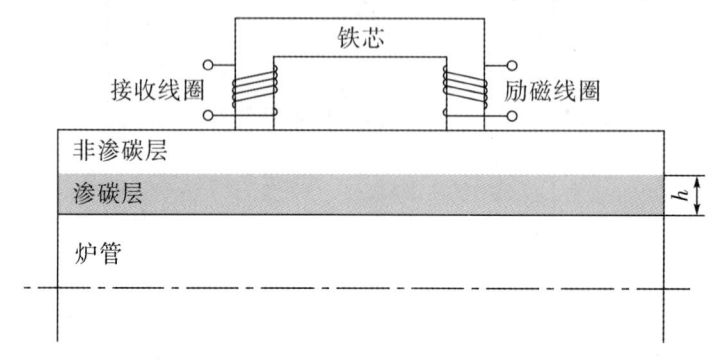

图 6-36 用电磁感应方法检测渗碳层厚度示意图

利用上述方法进行检测时，在探头附近如果有磁场存在，会影响检测结果的准确性，可能对检测结果造成影响的主要因素有：

(1) 外壁氧化层的影响

高温环境下服役的炉管会产生氧化，炉管外壁形成的氧化层具有铁磁性质，是影响检测结果准确性的主要因素。裂解炉管外壁氧化层一般由 M_3O_4 和 Cr_2O_3 组成，M_3O_4 具有铁磁性，而 Cr_2O_3 的形成会导致外壁基体 Cr 质量分数降低，也会使外壁基体具有一定的铁磁性，同时，炉管发生氧化的过程中，氧化物不仅存在于表面，还会沿着晶界或枝晶界向基体内发展，形成外壁氧化层，厚度一般在 0.3 mm 以上，因此，试图通过打磨掉氧化层以消除不利影响是不现实的。

(2) 化学成分的影响

不同化学成分的乙烯裂解炉管，其外壁氧化层的铁磁性强弱是不同的。HK40 乙烯裂解炉管的外壁氧化层磁性比较弱，可以忽略不计，但 HP 合金和 Incoloy800H 合金外壁氧化层的磁性却不能忽略，特别是添加了 W 和 Nb 元素后，会导致材料外壁氧化层的铁磁性显著增强。

(3) 非渗碳层的影响

如果位于探头线圈与渗碳层之间的非渗碳层的磁导率提高，也会影响测量的准确性。对于 HP 合金，由于其碳质量分数较高，在高温环境下长期服役的过程中，非渗碳层会析出大量含 Cr 的碳化物，这将导致基体 Cr 质量分数降低，使基体具有一定的铁磁性，影响检测结果的准确性。

为了消除外壁氧化层的影响，可以采用如图 6-37 所示的差动式探头，与图 6-36 的检测探头相比，差动式探头增加了接收线圈 2，励磁线圈和接收线圈 2 之间产生的感应电动势由只穿过氧化层的磁力线引起，而励磁线圈和接收线圈 1 产生的感应电动势由穿过渗

第 6 章 炉管常见损伤形式及检测方法

碳层和氧化层的磁力线共同引起,将接收线圈 1 和 2 差动连接,便可抵消由于磁性氧化层引起的感应电动势,得到的只是由于渗碳层厚度变化引起的感应电动势,从而消除了氧化层的影响。

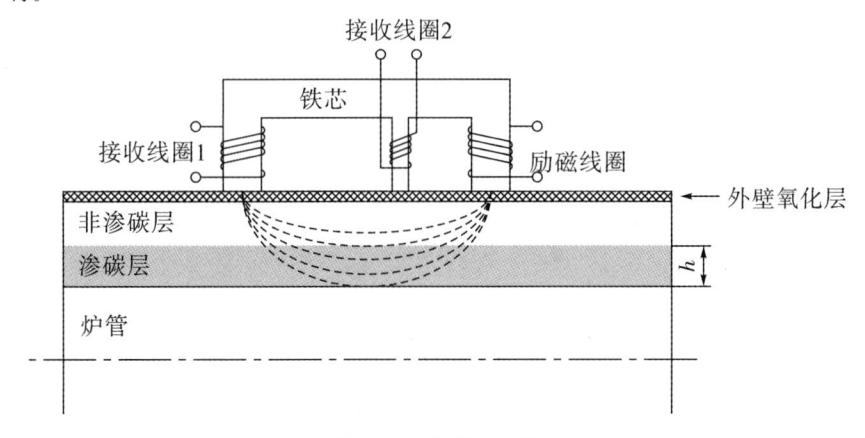

图 6-37 差动式探头

如果氧化层的导磁性很强,则励磁线圈所产生的磁力线几乎全部穿过氧化层,导致无法对渗碳层进行测量,这种情况下采用差动探头的效果并不显著,此时应采用磁饱和探头,这种探头采用强铁磁性材料做铁芯,形成一个偏磁场,使外壁氧化层达到磁饱和,从而消除氧化层的影响。

利用渗碳后炉管材料磁特性的改变,也可以根据磁特性参数或磁滞回线形状的改变来评估炉管材料的渗碳情况。研究表明,炉管材料的矫顽力随渗碳层厚度和抗拉强度的增加而增加,随断后延伸率的增加而降低,如图 6-38～图 6-40 所示。虽然这种方法影响因素较多,目前仅在实验室取得了较好的检测结果,但对于快速准确评价炉管渗碳情况方面是很有发展前途的方法。

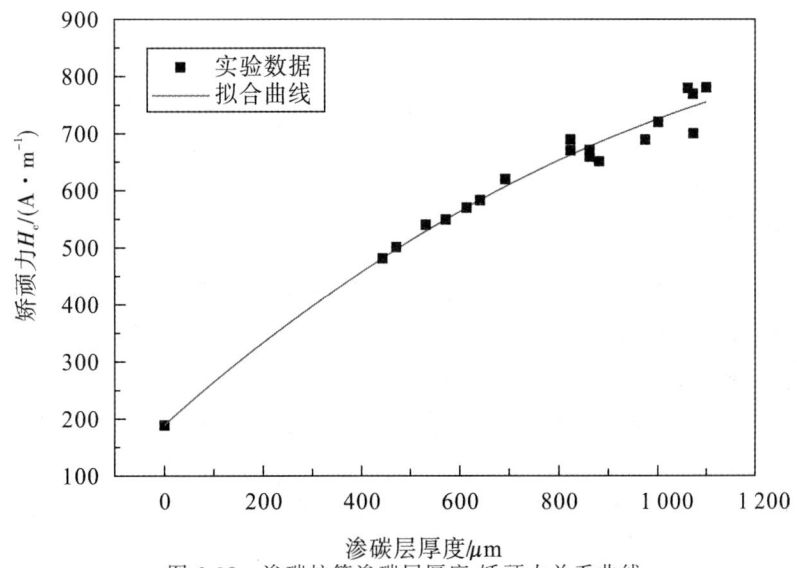

图 6-38 渗碳炉管渗碳层厚度-矫顽力关系曲线

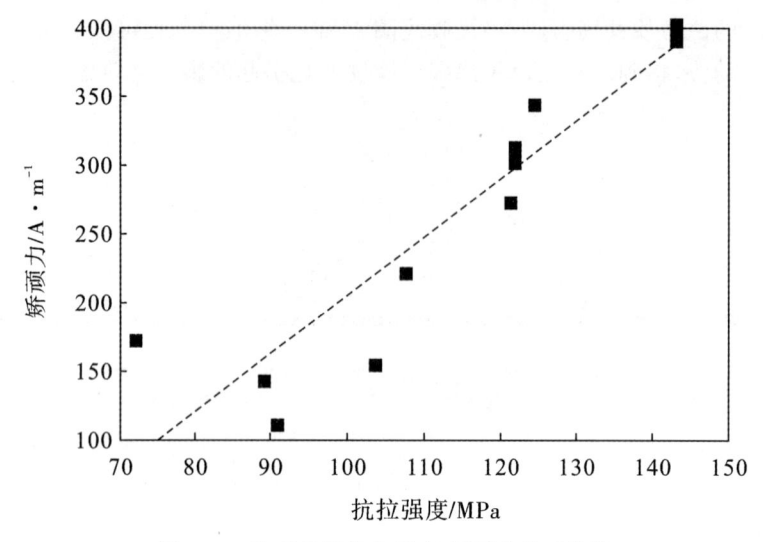

图 6-39　渗碳炉管抗拉强度-矫顽力关系曲线

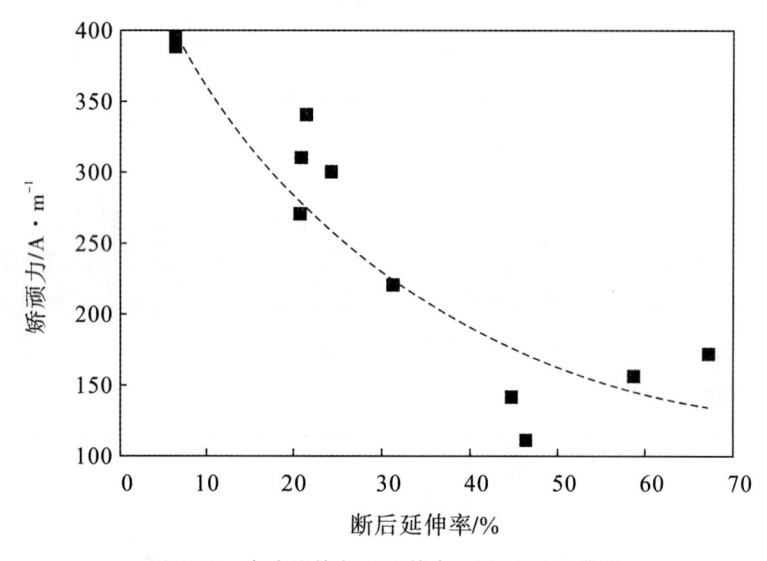

图 6-40　渗碳炉管断后延伸率-矫顽力关系曲线

参考文献

[1] 宋天民,韩建荒. 炼油厂静设备[M]. 北京:中国石化出版社,2015.
[2] 钱家麟. 管式加热炉[M]. 2版. 北京:中国石化出版社,2003.
[3] 代有凡. 加热炉[M]. 北京:中国石化出版社,1995.
[4] 齐立志,张邵波,艾中秋. 制氢装置安全运行与管理[M]. 北京:中国石化出版社,2006.
[5] 陈斌. 制氢转化炉管服役过程中组织性能研究[J]. 压力容器,2019,36(6):12-17.
[6] 许颖恒. 乙烯裂解炉管的蠕变失效和寿命评级[J]. 石化技术,2015,11:26-28.

[7] 王富岗,王焕庭. 石油化工高温装置材料及其损伤[M]. 大连:大连理工大学出版社,1991.

[8] 张俊善. 材料的高温变形与断裂[M]. 北京:科学出版社,2007.

[9] 沈复中,丁毅,董泰斌,等. 高温炉管断裂的两种机制[J]. 材料工程,2003,10:46-48.

[10] 谢国山,韩志远,付芳芳,等. 乙烯裂解炉管渗碳损伤磁滞检测方法的影响因素研究[J]. 化工机械,2018,45(1):35-39.

[11] 刘德宇,韩利哲,湛晓林. 磁滞无损评估技术在裂解炉管渗碳检测中的应用[C]. 2015远东无损检测新技术论坛,2015,361-365.

第 7 章 蠕变损伤的评价及检测

金属材料长期在高温环境下服役会产生蠕变,蠕变过程中会产生损伤和复杂的微细结构的变化,导致部件承载能力降低,使用寿命缩短。蠕变过程损伤的形式是多样的,损伤程度也是动态变化的,各损伤参量的相互耦合作用,更是大大加剧了蠕变损伤的演化过程。

7.1 蠕变本构方程

金属材料的蠕变过程可以分为减速蠕变阶段(第Ⅰ阶段)、稳态蠕变阶段(第Ⅱ阶段)和加速蠕变阶段(第Ⅲ阶段),一般用稳态蠕变阶段的蠕变速率来表示材料的蠕变性能。稳态蠕变速率 $\dot{\varepsilon}$ 的大小除取决于材料本身的特性外,还与温度 T 和应力 σ 有关。试验结果表明,高温下大多数材料在较低的应力下其稳态蠕变速率与应力之间符合诺顿(Norton)关系:

$$\dot{\varepsilon} = A_1 \sigma^n \tag{7-1}$$

式中,A_1 为与材料特性和温度有关的常数,n 称为稳态蠕变速率应力指数,符合上述关系的蠕变过程称为幂律蠕变。由式(7-1)可知,$\log \dot{\varepsilon}$ 与 $\log \sigma$ 之间呈线性关系,但进一步的研究发现,当应力升高到一定程度时,$\log \dot{\varepsilon}$ 与 $\log \sigma$ 之间开始偏离直线关系,这种现象称为幂律失效。

稳态蠕变速率不仅与应力有关,与环境温度也有密切关系。研究表明,一定应力下稳态蠕变速率 $\dot{\varepsilon}$ 与温度 T 符合阿伦尼乌斯(Arrhenius)关系:

$$\dot{\varepsilon} = A_2 \exp\left(-\frac{Q}{RT}\right) \tag{7-2}$$

式中 A_2 是与材料特性和应力有关的常数,R 是气体常数,T 是热力学温度,Q 是材料蠕变激活能。大量实验结果表明,在幂律蠕变范围内纯金属的蠕变激活能与其自扩散激活能相等,即使添加溶质元素导致金属的蠕变激活能和自扩散激活能都发生变化,二者仍然基本相同,这也证明幂律蠕变是扩散过程控制的,或者说是位错攀移控制的。

综合式(7-1)和式(7-2),可以得到幂律蠕变过程蠕变速率与应力和温度的关系,即蠕变本构方程:

$$\dot{\varepsilon} = A \sigma^n \exp\left(-\frac{Q}{RT}\right) \tag{7-3}$$

式中,A 是和材料特性有关的常数。

材料的蠕变过程实质上是材料内部位错密度和位错结构变化的过程,蠕变过程中,金属材料内部位错结构发生了复杂的变化,一方面,塑性变形引起位错的增殖,不同滑移系的位错交互作用形成位错缠结;另一方面,动态回复导致位错相互湮灭和重新排列,这些位错结构的变化对材料的蠕变过程具有决定性的影响。大量的研究表明,蠕变刚开始时位错密度迅速增加,很快形成位错缠结并最终过渡到胞状结构,大部分位错缠结形成胞壁,而胞内位错密度较低且形成弗兰克(Frank)位错网。应力较大时,在蠕变第Ⅰ阶段,随变形量增加,总的位错密度增加,亚结构细化;在蠕变第Ⅱ阶段,位错结构达到稳态,不随时间发生变化。图7-1是典型的蠕变稳态位错亚结构的金相照片,可以看出胞状组织的胞壁位错间距较大,胞壁两边晶体的位向差很小[图7-1(a)],而亚晶组织的亚晶界内位错间距很小以至于难以分辨,亚晶之间位向差较大[图7-1(b)]。

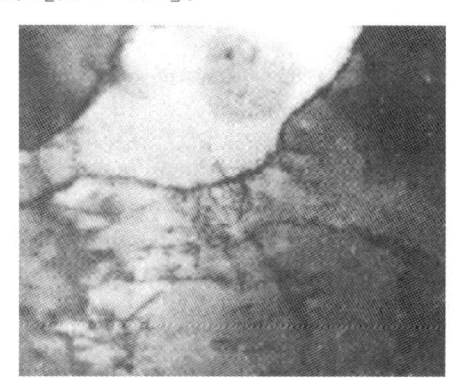

(a) 胞状组织 (b) 亚晶组织

图 7-1 典型的蠕变稳态位错亚结构

7.2 蠕变损伤理论

最早人们利用宏观断裂力学方法研究蠕变裂纹扩展导致材料断裂的问题,但在高温环境下处于长时间服役的材料,其蠕变过程不仅形成宏观裂纹,还会有其他损伤形式,如裂纹尖端及远离裂纹处空洞的形核和长大、材料组织的劣化、表面氧化和腐蚀等,这些损伤同样降低了材料的承载能力,加速了材料的断裂过程。为了描述蠕变损伤导致的材料断裂过程,蠕变损伤理论逐渐形成并得到了迅速发展。蠕变损伤理论的基本方法是损伤演化方程和损伤本构方程的耦合,结合材料科学的理论和方法,从微观上分析和观察损伤的机制、损伤的形态和分布,阐明损伤演化过程,研究不同损伤对材料力学性能的影响。

7.2.1 损伤变量

1958年,卡查诺夫(Kachanov)在研究蠕变断裂问题时首次提出了一种损伤变量——连续度的概念。其核心思想是,当材料内部存在损伤时,材料的承载面积减小,其有效承载面积$\widetilde{F}$与无损伤时材料的承载面积F的比值称为连续度Ψ,即

$$\Psi = \frac{\widetilde{F}}{F} \tag{7-4}$$

通常材料中的损伤都是不均匀的,所以 Ψ 是一个场变量,其值为 $0\sim1$,若 $\Psi=1$,则说明材料处于没有损伤的状态;若 $\Psi=0$,则说明材料完全没有承载能力,处于断裂状态。

有效承载面积的减小导致承载应力增加,将外加载荷 P 与有效承载面积 $\widetilde{F}$ 的比值称为有效应力 $\tilde{\sigma}$,即

$$\tilde{\sigma}=\frac{P}{\widetilde{F}}=\frac{\sigma}{\Psi} \tag{7-5}$$

式中,σ 为名义应力。

1968 年,拉伯特诺夫(Rabotnov)提出用连续度余量 D 来度量损伤程度,即

$$D=1-\Psi=\frac{F-\widetilde{F}}{F} \tag{7-6}$$

若材料处于完好状态,则 $D=0$。

也可以定义另一种损伤变量 ω:

$$\omega=\ln\frac{F}{\widetilde{F}} \tag{7-7}$$

引入 ω 的好处是该损伤变量可以叠加,例如,如果损伤由两部分组成,分别为

$$\omega_1=\ln\frac{F}{\widetilde{F}_1}\ ,\omega_2=\ln\frac{F}{\widetilde{F}_2} \tag{7-8}$$

则总损伤为

$$\omega=\ln\frac{F}{\widetilde{F}}=\ln\frac{F}{\widetilde{F}_1}+\ln\frac{\widetilde{F}_1}{\widetilde{F}}=\omega_1+\omega_2 \tag{7-9}$$

有效应力为

$$\tilde{\sigma}=\frac{P}{\widetilde{F}}=\sigma\exp(\omega) \tag{7-10}$$

在上述三种损伤变量中,D 是最常用的损伤变量。

可以应用应变等价性原理计算受损伤材料的应变,其假设是:损伤单元在应力 σ 作用下的应变响应与无损伤单元在有效应力 $\tilde{\sigma}$ 作用下的应变响应相同。根据这一原理,如果无损伤材料的弹性模量为 E,损伤材料的弹性模量为 $\widetilde{E}$,则有

$$\varepsilon=\frac{\tilde{\sigma}}{E}=\frac{\sigma}{\widetilde{E}} \tag{7-11}$$

结合式(7-5)、式(7-6)和式(7-11),则有

$$D=1-\frac{\widetilde{E}}{E} \tag{7-12}$$

因此,在弹性范围内研究材料损伤问题时,可以通过测量弹性模量的变化来描述材料的损伤演化过程。

7.2.2 蠕变损伤的物理机制

蠕变损伤的微观机制比较复杂,为研究方便,可以根据连续损伤力学的基本思想,基

于损伤演化的动力学将蠕变损伤划分为三个类别,即应变因素损伤、温度因素损伤和环境因素损伤,见表 7-1。

表 7-1 蠕变损伤类别与损伤机制

损伤类别	损伤机制	损伤机制示意图	损伤参量	应变速率
应变因素	蠕变空洞形核控制		$D_N = \dfrac{\pi d^2 N}{4}$	$\dot{\varepsilon} = \dot{\varepsilon}_0 \sinh\left[\dfrac{\sigma(1-H)}{\sigma_0(1-D_N)}\right]$
应变因素	晶界空洞长大控制		$D_G = \left(\dfrac{r}{l}\right)^2$	$\dot{\varepsilon} = \dot{\varepsilon}_0 \sinh\left[\dfrac{\sigma(1-H)}{\sigma_0(1-D_G)}\right]$
应变因素	可动位错增殖		$D_d = 1 - \left(\dfrac{\rho_i}{\rho}\right)$	$\dot{\varepsilon} = \dfrac{\dot{\varepsilon}_0}{(1-D_d)} \sinh\left[\dfrac{\sigma(1-H)}{\sigma_0}\right]$
温度因素	粒子粗化		$D_p = 1 - \left(\dfrac{P_i}{P}\right)$	$\dot{\varepsilon} = \dot{\varepsilon}_0 \sinh\left[\dfrac{\sigma(1-H)}{\sigma_0(1-D_p)}\right]$
温度因素	固溶元素贫化		$D_s = 1 - \left(\dfrac{\bar{c}_t}{c_0}\right)$	$\dot{\varepsilon} = \dfrac{\dot{\varepsilon}_0}{(1-D_s)} \sinh\left[\dfrac{\sigma(1-H)}{\sigma_0}\right]$
环境因素	表面腐蚀		$D_{cor} = \dfrac{2x}{R}$	$\dot{\varepsilon} = \dot{\varepsilon}_0 \sinh\left[\dfrac{\sigma(1-H)}{\sigma_0(1-D_{cor})}\right]$
环境因素	内氧化		$D_{ox} = \dfrac{2x}{R}$	$\dot{\varepsilon} = \dot{\varepsilon}_0 \sinh\left[\dfrac{\sigma(1-H)}{\sigma_0(1-D_{ox})}\right]$

1. 应变因素损伤

应变因素损伤的主要机制之一是晶界空洞的生长。若损伤的发展主要由晶界蠕变空洞形核控制,且空洞的密度在损伤演化过程中处于稳定值,则损伤参量 D_N 和损伤速率 $\dot{D}_N$ 分别为

$$D_N = \dfrac{\pi d^2 N}{4} \tag{7-13}$$

$$\dot{D}_N = \dfrac{k_N}{\varepsilon_r} \dot{\varepsilon} \tag{7-14}$$

式中：d 为晶粒尺寸；N 为产生空洞的晶界数量密度；k_N 为常数；$\dot{\varepsilon}$ 为蠕变速率；ε_r 为蠕变断裂应变。

实际上，损伤演化过程中，空洞的密度不会一直处于稳定值，晶界空洞生长机制中更常见的方式是晶界空洞形核的持续发生和不断长大，虽然准确地描述这一过程非常困难，但可以获得某些特定条件下空洞形核和生长的关系式。若损伤的产生主要由蠕变空洞长大控制，则损伤参量 D_G 和损伤速率 $\dot{D}_G$ 分别为

$$D_G = \left(\frac{r}{l}\right)^2 \tag{7-15}$$

$$\dot{D}_G = \frac{d}{2lD_G}\dot{\varepsilon} \tag{7-16}$$

式中：r 为空洞半径；l 为空洞间距；d 为晶粒尺寸。

可动位错的增殖也被认为是应变因素损伤的一种机制，特别在蠕变第Ⅲ阶段更明显。由可动位错增殖所导致的损伤参量 D_d 和损伤速率 $\dot{D}_d$ 分别为

$$D_d = 1 - \left(\frac{\rho_i}{\rho}\right) \tag{7-17}$$

$$\dot{D}_d = C(1-D_d)^2 \dot{\varepsilon} \tag{7-18}$$

式中：ρ_i 为初始可动位错密度；ρ 为当前可动位错密度；C 为常数。

2. 温度因素损伤

温度因素损伤主要有两种机制：

（1）粒子粗化机制：当材料中的析出相具有强化作用时，如果其数量基本恒定，那么粒子的粗化会造成材料高温性能的降低。

（2）固溶元素贫化机制：当材料中粒子间距较大时，粒子的析出和长大不会产生明显的强化作用，反而会造成基体溶质元素的贫化，导致高温性能下降。

粒子粗化导致的损伤参量 D_P 和损伤速率 $\dot{D}_P$ 分别为

$$D_P = 1 - \left(\frac{P_i}{P}\right) \tag{7-19}$$

$$\dot{D}_P = \frac{K_P}{3}(1-D_P)^4 \tag{7-20}$$

式中：P_i 为初始粒子间距；P 为当前粒子间距；K_P 为粒子粗化速率常数。

固溶元素贫化导致的损伤参量 D_s 和损伤速率 $\dot{D}_s$ 分别为

$$D_s = 1 - \left(\frac{\bar{c}_t}{c_0}\right) \tag{7-21}$$

$$\dot{D}_s = K_s D_s^{1/3}(1-D_s) \tag{7-22}$$

式中：c_0 为初始的基体固溶元素浓度；$\bar{c}_t$ 为 t 时刻基体固溶元素的平均浓度。K_s 为粒子析出速率常数。

3. 环境因素损伤

环境因素损伤的明显特征是由于腐蚀等化学作用引起构件尺寸的变化，促进了损伤的发展。在环境因素作用下，表面生成的腐蚀产物不断破裂而暴露出新鲜表面，使损伤加

剧,蠕变寿命降低。

环境因素导致的损伤参量 D_{cor} 和损伤速率 $\dot{D}_{cor}$ 分别为

$$D_{cor}=\frac{2x}{R} \tag{7-23}$$

$$\dot{D}_{cor}=\frac{1}{R}\left(\frac{K_c\dot{\varepsilon}}{\varepsilon^*}\right) \tag{7-24}$$

式中:R 为试件尺寸;x 为腐蚀产物厚度;$\dot{\varepsilon}$ 为蠕变速率;ε^* 为产生腐蚀破裂时的应变;K_c 为材料常数。

如果环境因素的作用产生了内氧化,氧的扩散引起晶界产生空洞,导致蠕变强度下降,其损伤参量 D_{ox} 和损伤速率 $\dot{D}_{ox}$ 分别为

$$D_{ox}=\frac{2x}{R} \tag{7-25}$$

$$\dot{D}_{ox}=\frac{K_{ox}}{R^2 D_{ox}} \tag{7-26}$$

式中:R 为试件尺寸;x 为腐蚀产物厚度;K_{ox} 为材料常数。

引入内应力的概念,则粒子强化合金蠕变的本构方程为

$$\dot{\varepsilon}=\dot{\varepsilon}_0 \sinh\left[\frac{\sigma(1-H)}{\sigma_0}\right] \tag{7-27}$$

式中:$H=\sigma_i/\sigma$,σ_i 为粒子强化区域在应变过程中由于应力重新分布所产生的内应力,σ 为初始应力;$\dot{\varepsilon}_0$ 和 σ_0 为材料常数。

实际中的蠕变损伤并不是单一类别的损伤形式,大多数情况是几种损伤形式先后或同时发生。如果考虑粒子粗化、晶界空洞和可动位错增殖等损伤机制对蠕变应变的影响时,可以引入相应的损伤变量对式(7-27)加以改进,即

$$\dot{\varepsilon}=\frac{\dot{\varepsilon}_0}{(1-D_d)}\sinh\left[\frac{\sigma(1-H)}{\sigma_0(1-D_P)(1-D_N)}\right] \tag{7-28}$$

7.3 蠕变损伤评估法则

7.3.1 罗宾森寿命分数法则

耐热钢在高温环境下服役过程的性能衰退与高温蠕变损伤演化有直接关系,为了评估蠕变损伤和蠕变寿命,人们提出了许多不同的损伤累积规律,其中应用最广泛的规律之一是由罗宾森(Robinson)通过类比疲劳破坏的损伤累积准则提出的蠕变损伤寿命分数法则,它的提出是为了预测服役期间不同温度和载荷历史条件下材料的寿命。

从热力学观点看,损伤是一个不可逆的过程,从宏观上表现为材料的强度下降和寿命减少。罗宾森寿命分数法则是预测不同服役条件下材料寿命的一种简单方法,它把损伤的累积看成是一个线性过程,这一方法基于以下两点独立假设:

(1) 在一定温度和应力下,蠕变损伤和消耗的断裂寿命分数成比例,即

$$D_i = \frac{t_i}{t_{ri}} \tag{7-29}$$

式中:D_i 表示在服役应力 σ_i 和服役温度 T_i 下经历服役时间 t_i 后的损伤累积;t_{ri} 表示同样条件下的断裂寿命。

(2) 每个载荷周期所引起的损伤是彼此独立的,这意味着加载顺序不影响寿命预测结果,当各个载荷周期的损伤累积达到 1 时就会发生断裂,即

$$\sum_i \frac{t_i}{t_{ri}} = 1 \tag{7-30}$$

罗宾森寿命分数法则是基于单轴加载试样的实验提出的,然而在实际中绝大多数构件或结构通常承受着多轴载荷的作用,因此,利用罗宾森法则对一些构件进行寿命预测时可能会有较大的偏差,但是由于罗宾森寿命分数法则简单方便,仍应用于高温服役部件的蠕变寿命评估。

7.3.2 应变分数法则

应变分数法则认为,在一定的温度、应力和时间条件下,蠕变损伤和应变损伤分数是成比例的,即

$$D_i = \frac{\varepsilon_i}{\varepsilon_{ri}} \tag{7-31}$$

式中:ε_i 表示在服役应力 σ_i 和服役温度 T_i 下经历服役时间 t_i 后的应变累积;ε_{ri} 表示同样条件下的断裂应变。当各个载荷周期的应变损伤累积达到 1 时就会发生断裂,即

$$\sum_i \frac{\varepsilon_i}{\varepsilon_{ri}} = 1 \tag{7-32}$$

将罗宾森寿命分数法则和应变分数法则的核心思想结合起来形成混合法则,即

$$\sum_i \left(\frac{t_i}{t_{ri}}\right)^{\frac{1}{2}} \left(\frac{\varepsilon_i}{\varepsilon_{ri}}\right)^{\frac{1}{2}} = 1 \tag{7-33}$$

以及

$$k \sum_i \frac{t_i}{t_{ri}} + (1-k) \sum_i \frac{\varepsilon_i}{\varepsilon_{ri}} = 1 \tag{7-34}$$

式中,k 为常数。

就上述准则而言,尚没有一个能适用于所有的服役情形。一般认为,在应力波动不大,温度波动适度的条件下,罗宾森寿命分数法则较为准确;而当服役过程载荷波动较大时,应变分数法则精度更高一些。图 7-2 是在波动温度和应力下利用罗宾森寿命分数法则计算的 2.25Cr-1Mo 钢的预测寿命与实际断裂时间之间的关系,可以看到在波动应力下,预测结果的分散性更大。

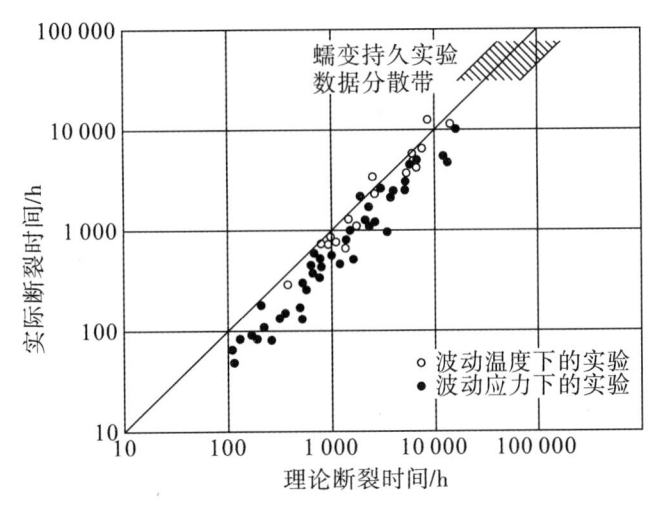

图 7-2　应力和温度波动对 2.25Cr-1Mo 钢寿命预测结果的影响

7.3.3　空洞形成和演化法则

高温部件的损坏与长期温度及应力作用下的蠕变损伤是密切相关的，因此可以通过金相法检测蠕变空洞来确定高温部件在长期运行后的蠕变损伤程度，这也是在工程中常用的方法之一。在高温部件的损伤中，晶界的蠕变损伤是一个重要的组织损伤形式，尤其在一些应变状态较为复杂的焊缝、弯头等部位往往率先产生空洞。Neubauer 和 Wedel 通过研究耐热钢中裂纹演化特性，提出蠕变寿命损耗与空洞相关联，将空洞损伤演化分成四个阶段并提出了相应的策略，如图 7-3 所示。

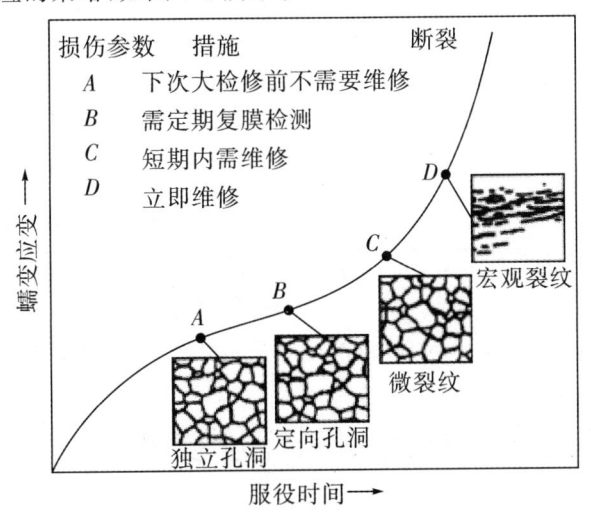

图 7-3　空洞形成和演化过程及处理措施

Cane 和 Shammas 利用约束空洞生长模型提出了空洞演化理论的定量模型，即通过建立晶界空洞百分数与寿命损耗之间的关系来估计参与寿命，也称为 A 参数法：

$$A = 1 - \left(1 - \frac{t}{t_r}\right)^{(\lambda-1)/n\lambda} \tag{7-35}$$

式中：A 为晶界空洞比例数；n 为蠕变应力指数；t 为服役时间；t_r 为预期的断裂时间；$\lambda = \varepsilon_r/\varepsilon_s$，$\varepsilon_r$ 为持久断裂应变，ε_s 为蠕变第Ⅱ阶段应变。因此剩余寿命 $t_{\rm rem}$ 可用下式表示：

$$t_{\rm rem} = t \cdot \left(\frac{t}{t_r} - 1\right) \tag{7-36}$$

结合式(7-35)和式(7-36)，可得：

$$t_{\rm rem} = t \cdot \left[\frac{1}{1-(1-A)^{\frac{n\lambda}{\lambda-1}}} - 1\right] \tag{7-37}$$

对一般的低合金钢，若取 $n=3, \lambda=1.5$，可得：

$$t_{\rm rem} = t \cdot \left[\frac{1}{1-(1-A)^9} - 1\right] \tag{7-38}$$

由式(7-38)可知，当 $A=1$ 时，$t_{\rm rem}=0$。

在一定条件下，参数 A 可以视为与损伤变量 D 具有等同的意义。在实际中应用 A 参数法时，需要采用金相复膜方法观察检测部位的金相组织，并测定空洞比例，进而估算剩余寿命。该方法的优点是只要在现场测定部件的蠕变损伤参数 A 即可计算剩余寿命，缺点是测量蠕变空洞比例数的工作量很大，并且数据极为分散，如图 7-4 所示。

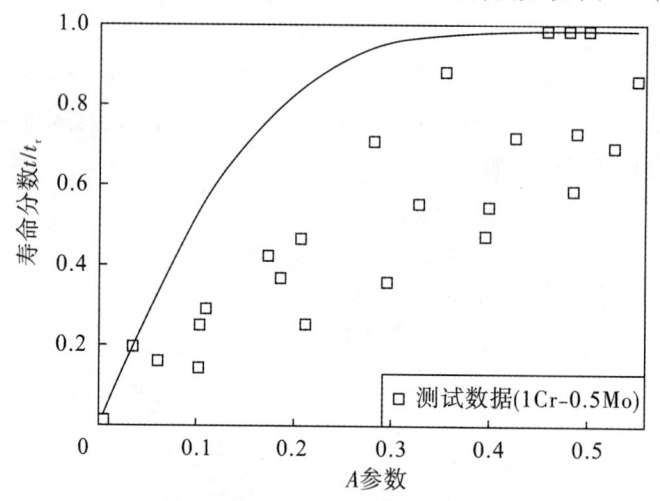

图 7-4 1Cr-0.5Mo 耐热钢 A 参数与寿命分数之间的关系

7.4 蠕变损伤无损检测和评价技术

蠕变断裂是高温部件最常见的失效形式之一。金属典型的蠕变过程可以分为三个阶段，蠕变速率近似恒定的第Ⅱ阶段占部件蠕变寿命的绝大部分，这个阶段会形成微空洞并逐渐聚集长大形成微裂纹，在蠕变第Ⅲ阶段形成宏观裂纹并失稳扩展导致断裂，如图 7-5 所示。蠕变断裂通常是突发性的脆性断裂，因此对早期阶段的蠕变损伤进行无损检测和评价，进而评估其剩余寿命就显得尤为重要。

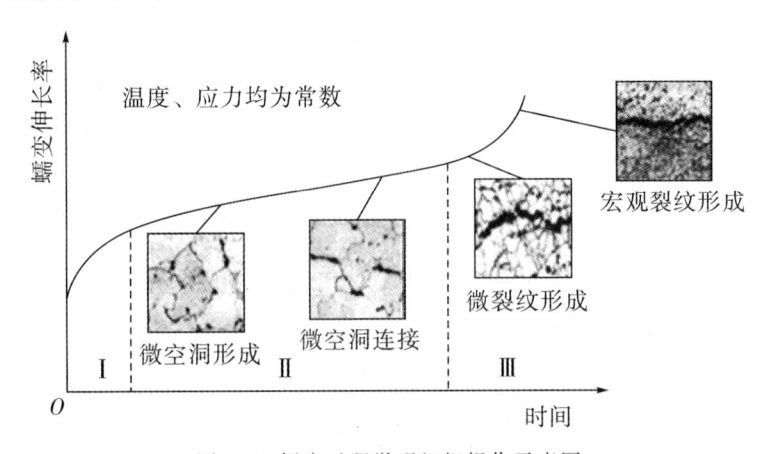

图 7-5　蠕变过程微观组织损伤示意图

长期以来,人们致力于从理论和实践两个方面探讨蠕变损伤的无损检测与评价技术,有些技术已经相对成熟,有些还处于实验室研究阶段,试验结果也存在着较大的不统一性。

7.4.1　金相复膜技术

金相复膜技术是蠕变损伤检测使用最普遍的方法,其过程是在被检部位打磨、抛光、腐蚀、贴膜后采用合适的溶剂软化,保留一段时间待其固化,这样待检表面的镜像就保留在薄膜内,然后在高倍显微镜下观察,确定空洞和微裂纹类的缺陷。金相复膜技术可以提供缺陷的定量信息,实验室条件下,可以分辨 1 μm 甚至更小的缺陷,如图 7-6 所示,可以清晰地显示出 530 ℃下服役 168 000 小时 1Cr-0.5Mo 钢沿晶界排列的蠕变空洞。

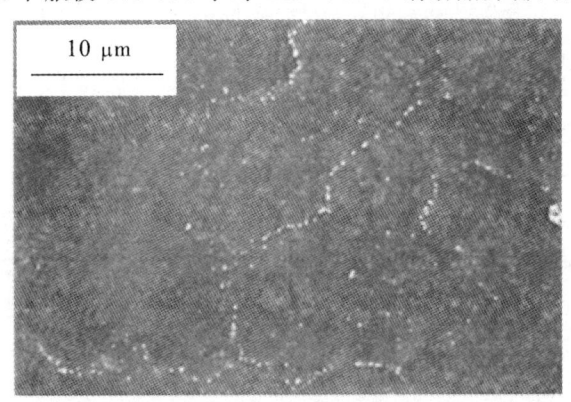

图 7-6　1Cr-0.5Mo 钢晶界空洞(530 ℃,168 000 h)

最初人们认为蠕变早期阶段的空洞可以被检测出来,在实际中也确实有含一定密度空洞的 Cr-Mo 钢服役了多年而没有断裂的实例,但后来研究发现,在同样的材料中,仅在断裂前的很短时间内才能在表面发现空洞,而此时内部已经形成了宏观裂纹。在实际中,单位面积空洞密度经常被用来表明蠕变损伤程度,但研究发现,这一指标在材料接近断裂时却明显减少,这是因为空洞相互连接形成了微裂纹,因此,如果按单位面积空洞密度评价蠕变损伤程度,可能会导致错误的结果。

利用金相复膜技术也可以评价服役部件的组织劣化状况，图7-7是服役42 000 h的HP40Nb耐热钢炉管金相组织图谱，从图中没有发现蠕变空洞和微裂纹，但可以看出晶界碳化物已由原铸态的骨架状共晶碳化物转变成网链状，晶内奥氏体基体中的二次碳化物明显粗化，组织已经产生了劣化。

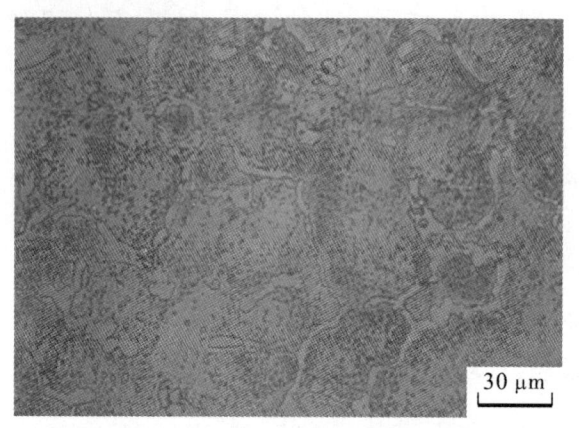

图7-7 服役41 000 h的HPNb耐热钢炉管金相图谱

由于需要对待检部位进行打磨，所以从严格意义上说，金相复膜不属于无损检测技术范畴，并且这种技术存在以下几个问题：第一，在复膜前的准备过程中有可能导致空洞产生，从而对损伤的评估结果造成误判；第二，不能检测内部损伤，很多部件的蠕变损伤通常在内部产生，在复膜时能看到明显的空洞时，宏观裂纹已经形成并可能进入蠕变的第Ⅲ阶段；第三，该方法程序比较烦琐，只能在停工检修期间才能实施，并且打磨、抛光、腐蚀、观察和评判的过程需要操作人员有丰富的经验，否则会导致错误的结果。

7.4.2 线性超声检测技术

线性超声无损检测技术是基于超声波在材料传播过程中声学参数的变化来判断材料整体蠕变损伤状况，脉冲反射法是最常用的检测方法，但对于某些材料，比如离心铸造的粗晶奥氏体耐热钢，由于晶界反射产生的"林状回波"严重降低了信噪比，可能导致超声脉冲反射技术无法实施，此时可以采用超声透射技术，通过透射波的能量变化判断材料内部的蠕变损伤状况。近年来发展起来的超声背散射技术和激光超声技术，为评价材料局部蠕变状况提供了可能。虽然目前超声检测的灵敏度和再现性得到了很大的改进，但对于服役部件的在线检测仍然处于实验室研究阶段。

常用来进行蠕变损伤检测的声学参数主要有超声波在材料中的传播速度和超声波在材料中的衰减程度。

1. 传播速度

蠕变过程也是材料微观组织变化的过程，进而会影响超声波在材料中的传播速度，理论上可以用来评价材料的蠕变损伤，但实际上，由于受很多因素的影响，蠕变损伤程度与超声波传播速度之间的关系并不统一。有研究表明，超声纵波声速随空洞的增加和蠕变损伤程度的加重呈单调减小的趋势，但在蠕变初始阶段变化很小，一般在0.1%左右，这在现场复杂恶劣的环境下很难被检测到。在蠕变后期微裂纹形成后,声速的变化才比较显著,可达 5%。对 Ti60 合金的研究发现,整个蠕变过程中,归一化声速的变化最大也就在 1%,如图 7-8 所示。也有研究发现,某些材料中声速与蠕变时间并非呈单调变化趋势,这可能是由于析出相的形成和粗化造成的,可以设想,在这种材料中,相对于蠕变空洞的产生与发展,微观组织变化对声速的影响更大,因而不宜采用声速的变化作为蠕变损伤的评价参量。

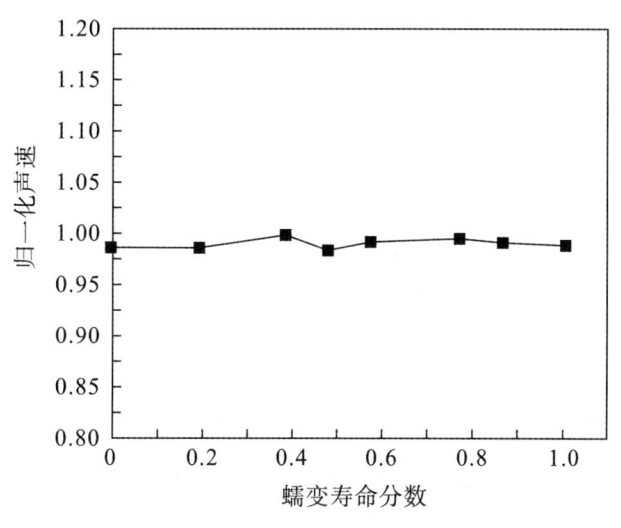

图 7-8　Ti60 合金归一化声速与蠕变寿命分数的关系

对于横波声速的变化,研究结果也不统一。有的研究发现横波声速随蠕变损伤程度的加重呈单调下降,也有研究发现,除蠕变第Ⅲ阶段,横波声速的变化并不是单调的,而且对蠕变损伤的敏感度很小。

激光超声可以产生高频表面波,理论上可以对微空洞和微裂纹进行成像,但目前的技术还不成熟,不过,获得空间分辨率 25 μm 的声速分布图是可能的,而且声速误差小于 1 m/s,这可以检测到局部范围内由于位错、晶粒尺寸变化及微空洞形成导致的声速变化,即可以评价局部蠕变,但该技术的局限性是表面波的穿透能力差,仅能检测表层很薄的区域。

利用声速变化评价蠕变损伤状况存在的问题影响因素较多,比如表面状况、耦合状况、部件曲率变化、厚度不均匀、反射面不规则,以及实际部件往往存在的腐蚀等,会严重影响测量结果的准确性。

2. 衰减程度

目前采用超声波在材料传播过程的衰减程度评价蠕变损伤也存在着不同的研究结果,有的研究结果表明衰减法的可靠性似乎比不上声速法,主要原因是相对于蠕变空洞的变化而言,很小的晶粒尺寸变化就会导致衰减系数发生较大的变化。但也有一些研究结果发现衰减系数比声速对蠕变损伤更敏感,不过在蠕变的不同阶段,衰减系数呈非单调变化趋势,这与材料本身特性有关。也有研究发现,当衰减系数开始增加时,直到蠕变寿命 50% 时也没有明显的变化。对 Ti60 合金的研究发现,整个蠕变过程中,衰减系数在蠕变前期变化并不明显,仅在蠕变第Ⅲ阶段才有显著变化,如图7-9所示。在实际中,衰减系数测量的准确度受到材质不均匀、表面状况等的影响较大,导致测量结果分散性大。

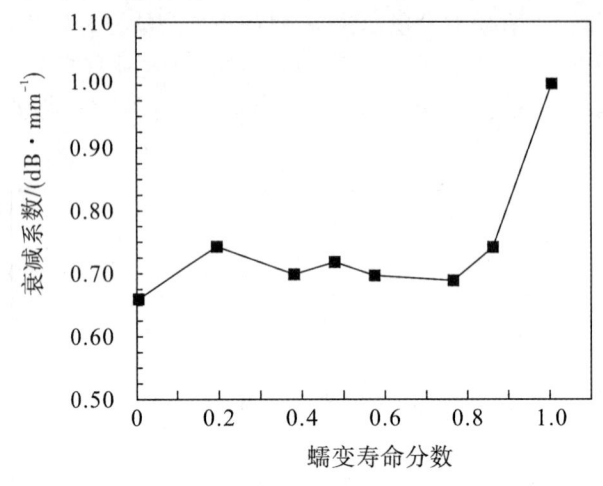

图 7-9 Ti60 合金衰减系数与蠕变寿命分数的关系

7.4.3 非线性超声检测技术

线性超声检测技术是利用超声波在材料内传播过程中遇到缺陷时波的反射、散射等行为进行缺陷检测和评价,本质上反映的是缺陷和其周围介质的声阻抗差别,关注的是基波信号的变化。非线性超声检测则是利用超声波在材料中传播时,材料的不连续处与有限振幅声波相互作用产生的非线性效应进行材料性能评估和微小缺陷检测,本质上反映的是材料不连续对超声非线性参数的影响,关注的是谐波信号的变化。超声非线性参数对材料的组织变化、微空洞、微裂纹等非常敏感,可以用来对材料早期损伤进行检测和评价。

固体介质中不连续的存在,使得超声波传播过程中与固体介质发生非线性相互作用,从而产生高次谐波,此时,固体介质内一维纵波非线性波动方程可以表示为

$$\frac{\partial^2 u}{\partial t^2} = c^2 \left(1 - \beta \frac{\partial u}{\partial x}\right) \frac{\partial^2 u}{\partial x^2} \cdots \quad (7-39)$$

式中:c 为纵波声速;u 为质点位移;x 为纵波传播距离。式(7-39)的解可表示为

$$u(x,t) = A_1 \sin(kx - \omega t) + \frac{A_1^2 k^2 \beta x}{8} \cos 2(kx - \omega t) \quad (7-40)$$

式中:A_1 为基波幅值;k 为波数;ω 为角频率;β 为非线性参数。

由式(7-40)可知,二次谐波幅值为

$$A_2 = \frac{A_1^2 k^2 \beta x}{8} \quad (7-41)$$

则有

$$\beta = \frac{8 A_2}{A_1^2 k^2 x} \quad (7-42)$$

第 7 章 蠕变损伤的评价及检测

在给定超声波频率和试样长度的情况下，β 只与 $\dfrac{A_2}{A_1^2}$ 有关，称 β 为归一化非线性参数。

研究发现，在 HP40Nb 钢中，归一化非线性参数随蠕变时间的变化呈三个阶段，大致可以与蠕变过程三个阶段相对应，如图 7-10 所示。在蠕变第Ⅰ阶段，基体中不断析出弥散细小的碳化物粒子，基体和碳化物之间晶格错配导致非线性参数增加；在蠕变第Ⅱ阶段初期，碳化物粒子开始逐渐聚集长大，非线性参数下降，蠕变第Ⅱ阶段后期碳化物粒子继续长大，同时开始产生显微空洞和显微裂纹，导致非线性参数稍有上升；蠕变第Ⅲ阶段，晶内碳化物基本消失，在晶界上形成粗大的链状碳化物，同时产生宏观裂纹，导致非线性参数下降。

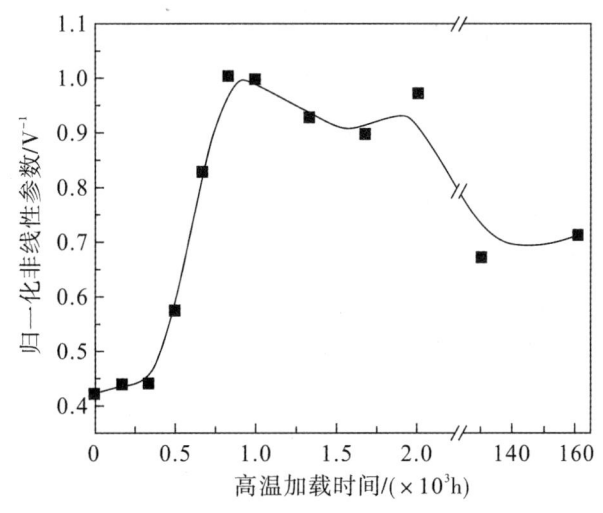

图 7-10　HP40Nb 耐热钢归一化非线性参数与蠕变时间的关系

对 Ti60 合金的研究发现，整个蠕变过程中，超声非线性参数随蠕变时间的增加呈现振荡上升的趋势，最大相对变化量达到 80%，如图 7-11 所示。

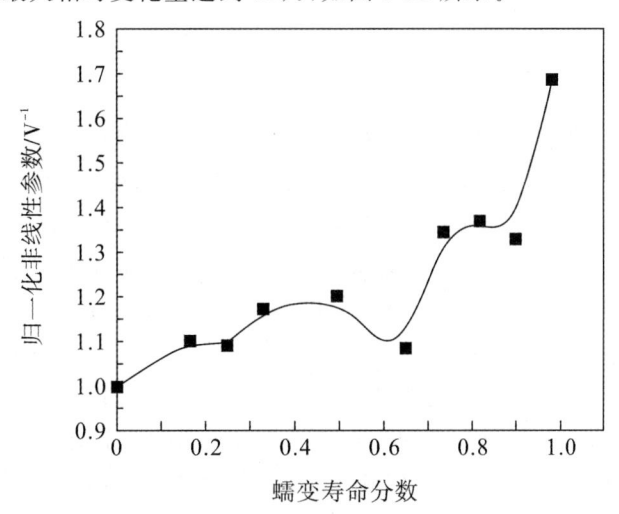

图 7-11　Ti60 合金归一化非线性参数与蠕变寿命分数的关系

对 IMI834 钛合金的蠕变损伤研究表明,其非线性参数比纵波声速变化对蠕变损伤累积具有更好的敏感性,并且与金相法得到的数据之间具有较好的一致性,在锅炉热交换管、Cr-Mo-V 钢和 Cu 材料的研究中也得到了类似的结果。

采用加速试验方法制作了 P92 钢焊接接头蠕变试样,试验温度为 650 ℃,施加应力 95 MPa,分别测试了原始试样、蠕变寿命分数 20%、40%、60%、80% 和断裂试样的非线性行为,测试点分别选在母材(BM,1 和 5 点)、热影响区(HAZ,2 和 4 点)和焊缝(WM,3 点),如图 7-12 所示。

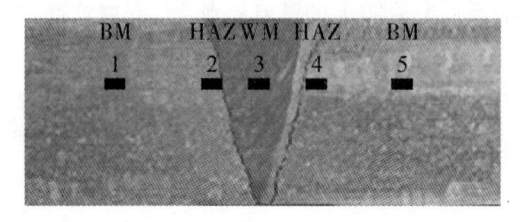

图 7-12 P92 钢焊接接头非线性超声测量位置

图 7-13 为原始试样和断裂试样在测量点 1 的频谱图,由图中可见,基波 A_1(频率 5 MHz)幅值几乎没有变化,说明采用传统的线性超声检测技术无法进行蠕变损伤的评定。

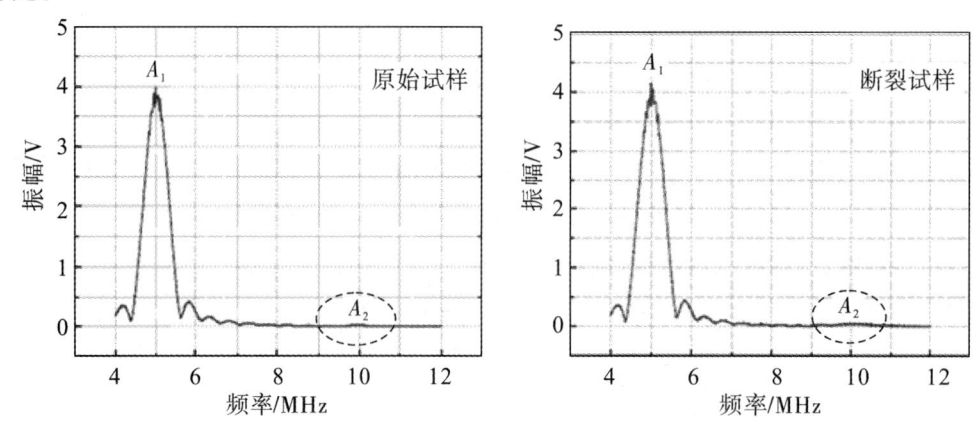

图 7-13 原始试样和断裂试样母材非线性超声测量频谱图

图 7-14 分别为母材、热影响区和焊缝区域不同蠕变寿命期时二次谐波幅值 A_2 变化情况,可以看出,与原始试样相比,随着蠕变时间的延长,各区域二次谐波 A_2(频率 10 MHz)幅值都呈上升趋势,但在蠕变寿命期 $0.4t_f$(t_f 为断裂寿命)之前变化相对较小,而在这之后增加明显,母材(BM)区域增加约 2 倍,热影响区(HAZ)区域增加约 3 倍,但焊缝(WM)区域仅增加约 0.4 倍。

上述各区域二次谐波的变化与蠕变损伤程度密切相关,图 7-15 是蠕变寿命期 $0.8t_f$ 时各区域微观组织形貌,可以看出,母材(BM)区域已经产生了明显可见的蠕变空洞,这导致二次谐波幅值的增加,但该区域空洞数量较少,尺寸较小,而热影响区区域蠕变空洞数量更多,尺寸更大,因此二次谐波幅值增加也较大,焊缝区域的晶粒较为粗大,所以其二次谐波初始幅值较高,但并未发现明显的蠕变空洞,所以二次谐波幅值增加较小。

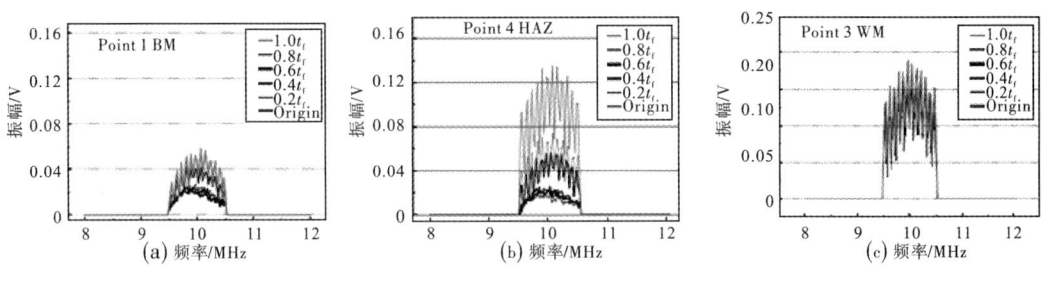

图 7-14　各区域不同寿命期时二次谐波的变化（t_f 为断裂寿命）

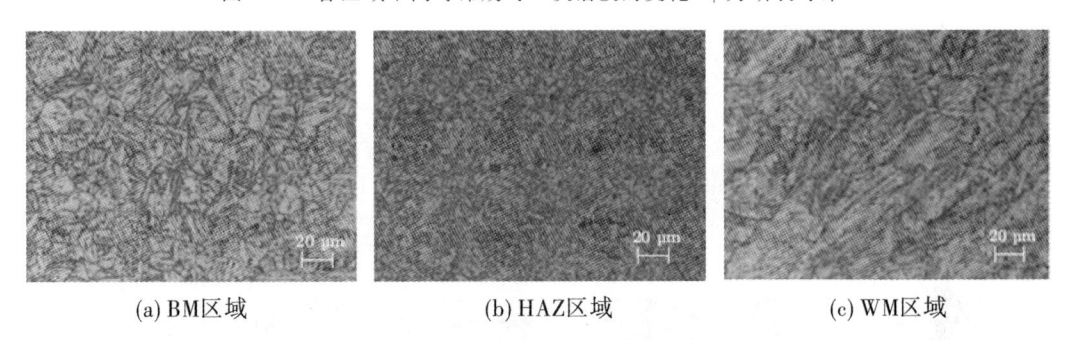

(a) BM区域　　　(b) HAZ区域　　　(c) WM区域

图 7-15　各区域蠕变寿命期 $0.8t_f$ 时微观组织形貌

7.4.4　超声双折射技术

超声双折射技术是基于材料中传播的横波在相互垂直的偏振方向上的声速差异，由于不追求这两个方向声速的准确值，因此理论上对反射面的表面状况或厚度的变化不敏感。虽然目前利用双折射技术评价蠕变损伤的技术还不成熟，但该技术是有应用前景的，其基本原理是，空洞和微裂纹倾向于优先沿主应力方向排列，两个垂直方向上声速的差异将随着蠕变寿命的增加而变化。研究表明，这种变化确实与空洞或蠕变时间的增加呈单调变化，尽管这种变化很小，一般即使在蠕变第Ⅲ阶段也小于 1%，但也明显比完好试样中由于材料不均匀引起的散射要高。同时，由于塑性变形导致晶粒取向变化造成的声速差异变化趋势与由于蠕变空洞和微裂纹形成造成的声速差异变化趋势相反，这意味着这两种效应可以相互抵消，不过实际部件都是在低于屈服应力下服役，因此定向排列的空洞和微裂纹是这种变化的主要原因。对铜试样的蠕变试验表明，沿应力方向的纵波声速比与其垂直方向的纵波声速减小得更快，其原因就是空洞的择优取向。

超声双折射技术依赖于大量空洞和裂纹的定向排列，因此这种技术不适用于蠕变的早期阶段，需要做进一步研究，建立声速变化与组织变化（如碳化物析出）的相互联系。

7.4.5　超声背散射技术

超声背散射技术被认为是一种很有应用前景的技术。材料中晶界、夹杂物、空洞、微裂纹会引起超声波的局部反射，对始发脉冲和第一次反射回波之间的信号（称为空间噪声或材料噪声）进行频谱分析可以获得材料组织状态的有用信息，常用的参数是幅值对频谱的积分，对 Cr-Mo 钢的蠕变试验研究发现，该参数与蠕变寿命呈现单调的、几乎是线性的关系。图 7-16 是 9Cr-1Mo 钢焊缝区域在 650 ℃、66 MPa 下不同蠕变寿命时的背散射图，彩色比例尺是频率 4～20 MHz 背散射信号频谱的积分，可以看出，随着蠕变的进行，空洞逐渐连接长大，信号的低频成分对来源于逐渐长大的空洞产生的散射越来越敏感，随后的金相分析证实了图中 A、B 处是损伤最严重的区域，最后在 B 处断裂。蠕变初期，由于材质不均匀产生的材料噪声会导致较大的误差，随着蠕变的进行，粒子粗化和其他显微组织的变化也会影响检测的效果，但在蠕变后期，可以检测到来自显微裂纹和宏观裂纹产生的较强的背散射信号。与其他超声检测技术不同，超声背散射技术可以评价材料中的局部蠕变损伤，关键是对表面的处理和传感器的准确定位。

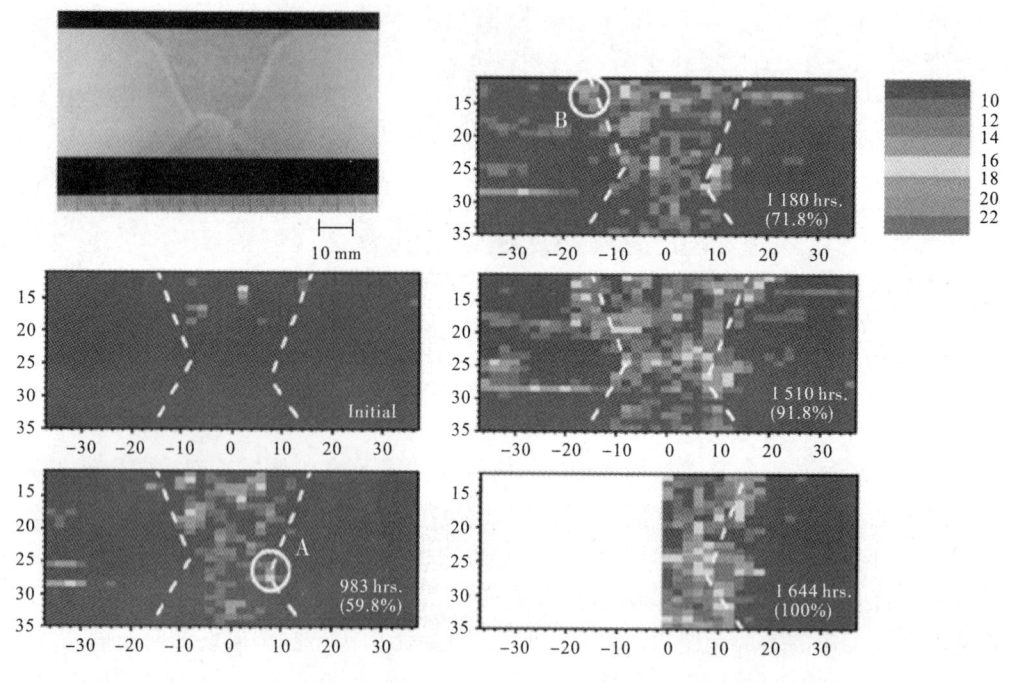

图 7-16　9Cr-1Mo 钢焊缝区不同蠕变寿命分数的背散射图(650 ℃, 66 MPa)

7.4.6　磁性能检测技术

虽然利用磁性能变化评价材料的蠕变损伤仅限于铁磁性材料或非铁磁性材料中的铁磁性相，但仍然引起了人们的关注，甚至认为比超声检测技术更具有应用前景。不过对利用材料磁性能变化是否能有效评价蠕变损伤也存在质疑，这是因为一些因素如冷变形、材料中局部区域的成分偏析、残余应力等都会引起材料磁性能的变化，甚至比对超声波传播过程的声学参数影响更大。研究表明，304 奥氏体不锈钢 650 ℃ 热时效处理后在晶界形成铁磁性相，由于铁磁性相在早期阶段可以被检测，因此，在空洞和微裂纹形成之前可以利用磁性能的变化来评价蠕变损伤。然而，在铁素体和马氏体钢中，这种微小的变化可能会被局部区域较大的磁导率变化所掩盖。在 Cr-Mo 钢中发现，空洞和非磁性的碳化物析出会引起磁性减小，随蠕变的进行，材料的剩磁减小，因此可以通过测量剩磁评价蠕变损伤，但通常数据测量结果分散性很大。另一个可用的磁性能参数是矫顽力，但有关的研究结果并不统一。在 14-Mo-V-6-3 铁素体钢中,矫顽力随空洞增加呈现单调上升趋势,其原因可能是空洞对 Bloch 壁的跳跃和磁畴壁的旋转过程产生了扰动;而在低合金 Cr-Mo 钢中观察到矫顽力随蠕变损伤加剧呈现单调下降,其原因可能是晶粒内缺陷密度的减小导致干扰磁畴壁运动的钉扎点减少。也有研究表明,对同样的 Cr-Mo 钢材料,矫顽力随蠕变寿命呈现非单调变化,其原因可能是最开始碳化物析出(它们可以充当钉扎点)以及随后的粗化(导致钉扎点减少)造成的,目前还不清楚是什么原因导致一种或另一种机制占优,但很明确的是,材料的成分及显微组织的变化会强烈影响上述行为。

7.4.7 磁巴克豪森发射技术

利用磁巴克豪森发射技术(Magnetic Barkhausen Emission,MBE)评价材料的蠕变损伤有不同的研究结果。对 13-CrMoV-44 钢的研究表明,巴克豪森信号最大值随蠕变寿命呈现先增加后减小的趋势,而相应的磁场强度是先减小后增加,其原因是蠕变初期析出相的粗化和随后形成的空洞限制了磁畴壁的运动,在 2.25Cr-1Mo 和 9Cr-1Mo 钢中也观察到了类似现象,同时还可以观察到,随蠕变时间的增加,巴克豪森信号-磁场强度曲线峰值分成两个峰,其高度和位置都发生了变化,其原因可能是晶粒尺寸和析出相尺寸变化造成的。而在添加了 Nb 和 V 的 9Cr-1Mo 钢发现了相反的变化趋势:蠕变初期,巴克豪森信号平均幅值减小,而在蠕变第Ⅱ和第Ⅲ阶段信号平均幅值增加。要指出的是,由于受到材料内部涡流屏蔽造成的衰减很严重,这种方法只能检测材料表面很薄的区域(约 0.3 mm),材料表面的氧化物也会严重影响测量结果,如果预先对表面进行打磨,所形成的残余应力也会影响检测结果的准确性。

7.4.8 磁-声发射技术

磁-声发射技术(Magneto-Acoustic Emission,MAE)不同于磁巴克豪森发射技术(MBE),它检测的是声脉冲而不是磁脉冲。对材料施加外磁场时,由于磁致伸缩效应,磁化方向的磁畴会发生长度的变化,从而在材料中产生一个小的应变场,在一个磁滞循环内由于磁畴壁的突然运动,会发射数百万个声脉冲。以前人们一直认为磁畴的产生或湮灭会产生类似的现象,但新的研究结果却与之相反。与 MBE 技术的主要差别是,MAE 技术能够检测块体材料的 MAE 信号,最大检测深度由激励磁场的强度确定。研究发现,当磁畴壁转动 180°时磁矩变化最大,因而 MBE 信号最强,而磁畴壁转动 90°时,MAE 信号最强。MAE 技术不仅可以用来研究材料微观组织及成分的变化,也可以测量材料中的应力。研究发现,当材料中有蠕变损伤时,MAE 信号幅值降低,这可能是由于磁导率的减小降低了局部区域的磁场强度和磁畴壁运动造成的。如图 7-17 所示是 9Cr1-Mo 钢试样 MAE 信号强度和磁场强度的关系曲线,曲线 1 为未损伤试样,曲线 2 是在温度为 500 ℃、应力为 290 MPa 下应变为 0.85% 的试样,曲线 3 为同样条件下应变为 10% 的试样,可见,损伤越严重,MAE 信号强度越低。

不过,由于铁磁性材料中空间磁场的不均匀,限制了有关磁性能检测技术的应用,不管是 MAE 信号还是 MBE 信号都是不可重复的,这是因为磁畴不可能完全恢复到磁化前的状态。

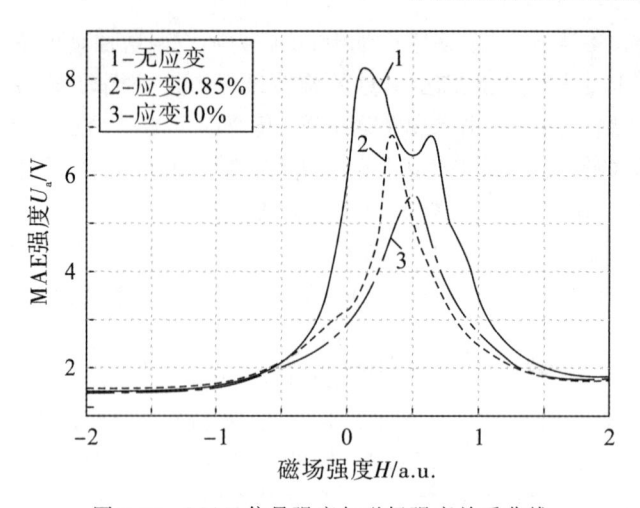

图 7-17　MAE 信号强度与磁场强度关系曲线

7.4.9　涡流检测技术

涡流检测技术与磁性能检测技术类似,涡流检测也是基于某些参数的变化评价材料的蠕变损伤状况,比如材料的显微组织、表面粗糙度、硬度、局部磁导率或化学成分的变化等,因而要想区分涡流信号是由于蠕变损伤还是其他原因导致的就比较困难,但对某些材料已经有了一些研究成果。比如利用涡流成像技术可以确定服役 Ni 基超合金涡轮机叶片表观涡流电导率(Apparent Eddy Current Conductivity,AECC)显著变化的区域,同时测量到在此区域绝对温差电动势系数有明显增加,这可能意味着产生了蠕变损伤。但这些实验结果需要与蠕变导致的组织变化关联起来,更重要的是,涡流电导率有明显变化似乎是镍基合金特有的现象。另有研究发现管道表面磁性氧化膜的形成和基体磁性铁素体相的浓度与蠕变损伤有一定的比例关系,对涡流信号进行处理可以建立磁性相浓度和早期蠕变损伤程度之间的联系,在蠕变损伤初期,这个关系是单调的线性关系,这项技术已经在奥氏体铬钢锅炉管道上得到了应用。但该技术仅限于非铁磁性材料,并且由于氧化物的形成与合金成分有密切关系,所以该技术有可能仅对于一定成分范围的奥氏体钢适用。涡流检测技术仅能检测材料表面和亚表面区域,影响因素较多,在实际检测中若材料有腐蚀、氧化、减薄、材质不均匀、表面粗糙、元素贫化、相对磁导率变化、焊接过程、提离效应等均会影响涡流信号,有时很难将上述因素区分开来。

7.4.10　电位降检测技术

可以采用直流电位降法(Direct Current Potential Drop,DCPD)测量材料电阻率的变化用来监测蠕变裂纹的生长,尽管一些研究实际上是在不加载荷的热时效情况下进行的,但也可以考虑用来对早期阶段的蠕变损伤进行评价。材料蠕变过程中有外加载荷存在时,电阻率的变化依赖于材料和载荷条件,碳化物析出、基体固溶元素的减少、空洞、裂纹密度和尺寸的变化等都会影响材料的电阻率。长期在高温下服役的低合金铁素体钢电阻率会降低,若有外加应力,降低更为明显。室温时测量经受 430~515 ℃ 达 30 000 h 热时效的 2.25Cr-1Mo 钢的电阻率,下降多达 3%,在 1 050 ℃、时效 1 268 h 的 HK40 钢(相当于加热炉管在 935 ℃服役 200 000 h)中也有类似的结果。对 Cr-Mo-V 钢蠕变试验表明,蠕变寿命 40%之前,电位降(Potential Drop,PD)近似线性减少,之后是稳定阶段,接近断裂时增加,在其他材料如 SUS321 和 SUS304 奥氏体不锈钢也得到了类似的结果,不过是在大约蠕变寿命 20%时电阻率出现最小值,这相当于蠕变第Ⅰ阶段和第Ⅱ阶段的过渡区域。而 535 ℃下运行 130 000 h 已经泄漏的 800H 合金弯管,其 PD 信号先减小后增加,在蠕变寿命 60%时增加超过 5%,而且不同损伤区域的电阻率随空洞增多呈现逐渐增加的趋势。另外一些对 Cr-Mo 钢的研究采用交流电代替直流电,发现损伤区和未损伤区的 PD 比随蠕变寿命呈现单调增加的趋势,如图 7-18 所示。

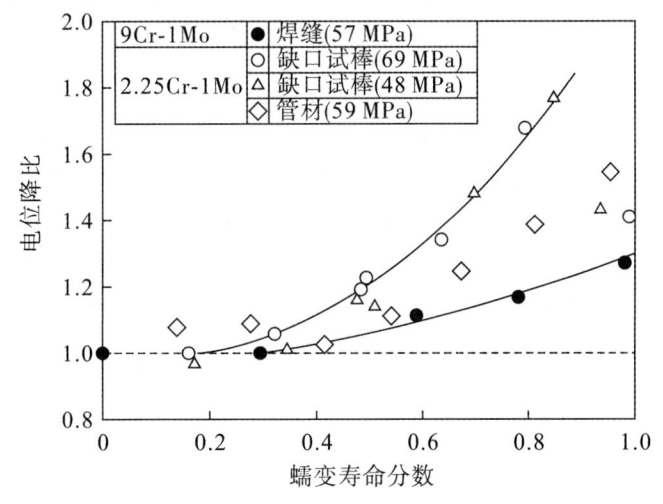

图 7-18　损伤区和未损伤区交流电位降比与蠕变寿命的关系(650 ℃)

PD 和材料韧性之间有很强的关联性。材料的韧性经常用断口形貌转变温度(Fracture Appearance Transition Temperature,FATT)来衡量,这是一个经常在评估如汽轮机转子等部件剩余寿命时使用的参数。对 1Cr-1Mo-0.25 V 钢的蠕变试验表明,初始阶段,电导率和 FATT 迅速增加,在大约 50 000 h 时达到稳定状态。

PD 技术可以用来评价材料的体积蠕变损伤,特别是在蠕变的早期阶段,这是其他方法很难实现的。

7.4.11　硬度测量技术

材料硬度的变化可以用来评价蠕变损伤,但对不同材料其变化趋势是不同的。研究发现,在 Cr-Mo 钢中,蠕变寿命 20%~90%阶段,硬度几乎是直线减小,在断裂时急剧下降,如图 7-19 所示,

而在 HP40Nb 奥氏体耐热钢中,由于服役初期奥氏体基体会析出弥散细小的碳化物粒子,起到强化基体的作用,随服役时间增加,细小的碳化物粒子逐渐聚集长大,并向晶界扩散,最后在晶界上形成粗大的链状碳化物,而晶内碳化物消失,因此材料的硬度是先增加、后下降,如图 7-20 所示。

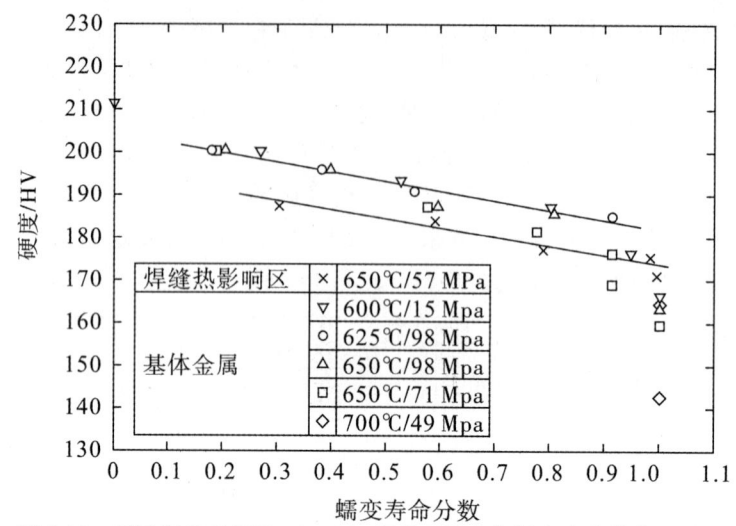

图 7-19 不同服役条件下 9Cr-1Mo 钢维氏硬度与蠕变寿命分数的关系

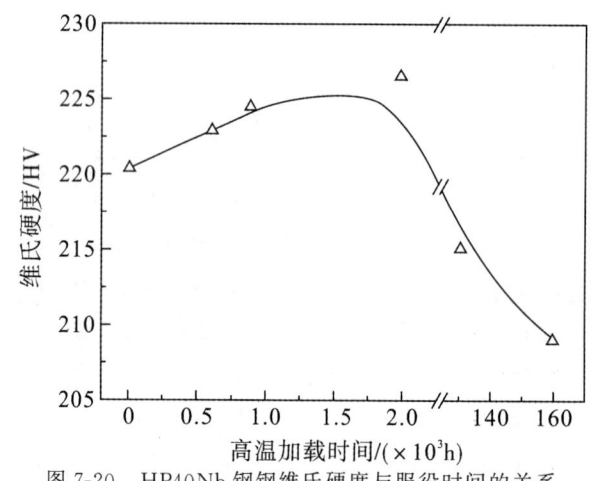

图 7-20 HP40Nb 钢钢维氏硬度与服役时间的关系

在 2.25Cr 钢中，随着析出相的粗化，硬度也随之下降，二者有很好的对应关系，如图 7-21 所示。

但是在现场检测时，由于钢在高温环境下的脱碳、渗碳、腐蚀等会在表面形成一异质薄层，同时硬度对局部组织变化具有高度的敏感性，这会造成测量结果存在较大偏差，测量数据分散性大，再现性差，特别是施加到压头的载荷较低时尤为如此，因而人们认为，硬度测量一般只能对部件是否超温给出定性的说明，很难定量评价材料组织状态和蠕变损伤程度。

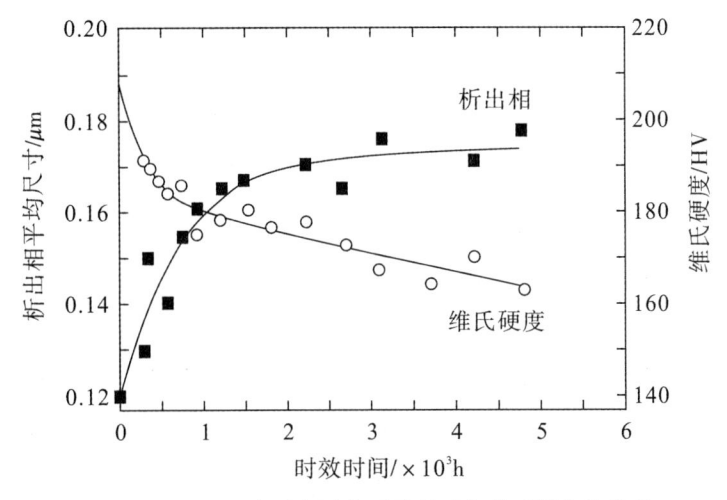

图 7-21 2.25Cr 钢中析出相平均尺寸与维氏硬度的关系

7.4.12 应变测量技术

材料蠕变断裂时的总应变与其冶金状况、形状、尺寸以及服役条件有关,因而根据断裂时部件的总应变可以评价蠕变损伤,虽然数据分散程度很大,但可以定性表明部件的蠕变状况,给出应变和蠕变寿命之间的关系。传统的应变仪不适合高温时的持续测量,最简单的办法是采用投影法或利用焊接和喷丸在工件表面做标记,在检修期间测量标记间的距离,这在易实施测量的区域其精度可达到 25 μm,但对除直管外部分或高变形区域,对测量结果的解释比较困难,并且这种方法测量的是标记的平均距离,不适合用来评价局部蠕变。也可采用光学应变测量系统,其标记是在试验件测量面上螺柱焊接的氮化硅球靶,当这些靶被精密控制的光照射时,在数字相机图像中会形成一个明显的圆形亮点,在检修期间进行照相,利用图像分析软件评价靶之间的距离变化。实验室的测试表明,火电站超过两年服役期的 Cr-Mo-V 钢部件的累积应变测量误差小于 10%。氮化硅靶不受部件表面氧化皮的影响,但它们在高温下会随着服役时间的增加而变得"钝化",从而导致图像质量的退化。作为光学测量系统的补充,另一个测量应变的光学方法是数字成像,使用特制涂料在被检试件表面制作随机散斑图,利用数字相机定期成像,并利用相关算法进行分析,得到覆盖整个区域的位移分布图,而不是两个固定点的平均应变。应变图可以存储,散斑图也可以重新施加,但这种方法要求图像质量要高,并且需要考虑离面位移,否则会对测量结果造成严重影响。在短期的实验室测试中能够得到准确的应变量,而在实际测量中会由于高温造成散斑图的退化,现场恶劣的条件也会造成图像质量的下降,但改进后可以用来评价早期的蠕变损伤。

7.4.13 正电子湮灭技术

正电子湮灭技术可以用来对金属材料和半导体中的微观缺陷进行无损检测,该技术是基于空位型缺陷如空位、位错和微空洞对正电子的捕获,由于没有带电荷原子的正电排斥,因此,被捕获的这种正电子湮灭不同于正电子与无缺陷部位电子的相互作用。在缺陷部位由于局部电子密度下降,正电子平均寿命(大约 10^{-10} s)增加。此外,空位型缺陷的芯电子比载流电子少,而后者具有小得多的动量,因此在湮灭时发射的 γ 射线能谱中多普勒频移也较小,同样的原因,两个发射光子的共线性角度偏差也较小,因此可以根据这些参数的变化(正电子寿命增加、多普勒频移减小、角度偏差减小)来判断空位型缺陷的存在与否,这项技术已经成功地用来研究某些特定样品的蠕变情况。有研究表明,蠕变时间增加与正电子寿命增加具有相关性,图 7-22 给出了不同试样中正电子平均寿命与蠕变寿命分数之间的关系。但也有研究发现,在某些材料中,其他与蠕变相关的组织变化如变形、粒子粗化等也会造成正电子寿命的减少和光子谱峰宽度的非单调变化,并且由于在钢中正电子的穿透深度在 10~200 μm,因此该技术仅能检查很薄的表面层。

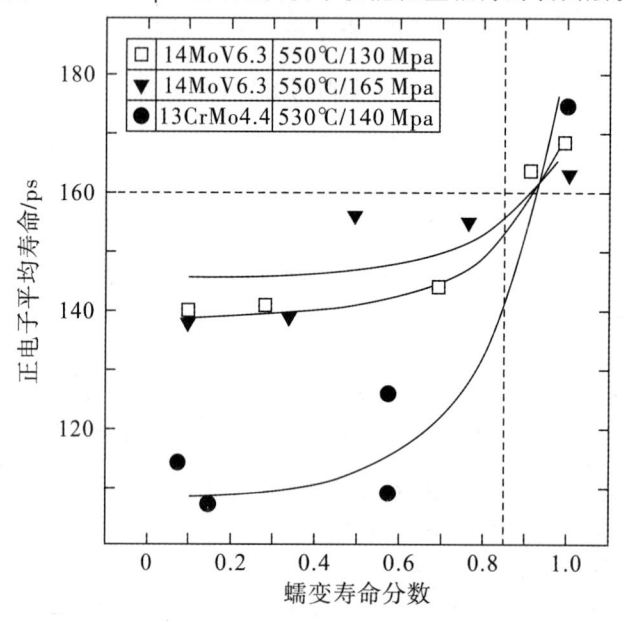

图 7-22　正电子平均寿命和蠕变寿命分数的关系

7.4.14　X 射线衍射技术

X 射线衍射(X-ray Diffraction,XRD)技术是测量材料局部应变的有效方法,由于位错和缺陷的存在破坏了晶格的完整性,造成了衍射峰的宽化,因此可以得到材料塑性变形的相关信息,但 X 射线透入深度较小,在大多数材料中一般仅在 10 μm,不适合材料整体检测,实际应用中可以通过增加射线强度或减小波长降低 X 射线的衰减系数以便增加透入深度,如果采用同步加速器或中子衍射,透入深度可以达到几个厘米。长期服役的镍基合金涡轮机叶片中会产生 γ 相和 γ′相,在拉伸蠕变条件下,这两个相的晶格参数将会增加,可以通过 XRD 技术对其损伤程度进行评价。将 XRD 技术和同步断层扫描技术(Simultaneous Tomography)结合起来,可以更全面地评估材料的蠕变损伤状况。

由于晶界、位错、析出相、空洞等会造成中子束的散射,因此可以利用中子散射技术来研究材料的微观组织变化。如果采用波长较长的中子束(1 nm 级别),由于不存在多重布拉格散射,因此其数据分析处理比 XRD 要简单,检测范围也更大。小角度中子散射技术

第7章 蠕变损伤的评价及检测

(Small Angle Neutron Scattering, SANS)可以用来判断析出相的粗化,这是蠕变早期阶段主要的散射体。在800合金中发现空洞尺寸与蠕变寿命几乎呈线性增加,所以也可以利用SANS来研究空洞尺寸的变化,进而评价蠕变过程的不同阶段。SANS技术对纳米级的小缺陷非常敏感,也能得到析出相和空洞尺寸、分布和形貌的定量信息,进而对蠕变损伤进行评价,然而,对中子源的要求限制了该技术的实际应用,仅在一些装备较好的实验室才可实施,另外,由于要进行取样分析,所以该技术也不能被认为是真正的无损评价技术。

上面介绍的蠕变损伤的无损评价技术普遍存在着对部件表面状况要求较高、影响因素多、实施周期长、对结果的解释困难等问题,并且其中大部分评价技术仅能检测到表面区域的损伤,而实际上此时部件内部可能已经形成了宏观裂纹,处于蠕变第Ⅲ阶段。上述技术在不同材料或服役条件下实施过程的结果并不统一,有的甚至是互相矛盾的,并且其中大部分技术只能检测体积蠕变,缺乏能够检测局部蠕变的能力,而这正是造成蠕变断裂的主要原因,部分蠕变损伤无损检测与评价技术的特点见表7-2。

表7-2 部分蠕变损伤无损检测与评价技术的特点

评价技术种类	基本原理	可评价损伤类型	覆盖区域	可选择性	存在问题
金相复膜	通过图像观察评价损伤状况	局部/体积蠕变	表面	好	实施周期长,仅限于材料表面层
线性超声检测	通过声学参数变化评价损伤状况	体积蠕变	整体	蠕变后期好	影响因素多,对结果的解释困难
非线性超声检测	通过非线性参数变化评价损伤状况	体积蠕变	整体	蠕变前期好	影响因素多,对结果的解释困难
超声双折射技术	通过不同方向声速值差异变化评价损伤状况	体积蠕变	整体	一般	不适用于蠕变早期阶段
超声背散射技术	通过对材料噪声进行频谱分析评价损伤状况	局部蠕变	亚表面	一般	材质不均匀、析出相粗化、显微组织变化等会造成较大误差
磁性能检测技术	通过测量磁性能变化评价损伤状况	体积蠕变	整体	差	仅限于铁磁性材料,影响因素多,数据分散性大
磁巴克豪森发射技术	通过分析磁脉冲信号特征评价损伤状况	局部蠕变	亚表面	一般	只能检测表面很薄的区域,表面状况对检测结果有较大影响
磁-声发射技术	通过分析声脉冲信号特征评价损伤状况	体积蠕变	整体	差	影响因素多,信号解释困难,检测结果不可重复
涡流检测技术	通过阻抗分析评价损伤状况	体积蠕变	亚表面	差	只能检测表面层,影响因素多,对结果的解释困难

(续表)

评价技术种类	基本原理	可评价损伤类型	覆盖区域	可选择性	存在问题
电位降检测技术	通过电阻率变化评价损伤状况	体积蠕变	整体	一般	局部电阻率变化对检测结果影响大
硬度测量技术	通过硬度变化评价损伤状况	局部蠕变	表面	较好	对局部组织变化敏感性高,数据分散性大
应变测量技术	通过应变变化评价损伤状况	体积蠕变	表面	差	对结果的解释困难
正电子湮灭技术	通过正电子寿命、多普勒频移和共线性角度偏差评价损伤状况	局部/体积蠕变	亚表面	不确定	只能检测很薄的表面层,不能现场实施,缺乏检测案例
X射线衍射技术	通过分析XRD图谱评价损伤状况	局部蠕变	亚表面	一般	只能检测表面较薄区域,不能现场实施
小角度中子散射技术	通过缺陷对中子的散射评价损伤状况	局部蠕变	整体	一般	只能检测表面较薄区域,不能现场实施

7.5 基于 Z 参数方法对损伤过程的描述

7.5.1 Z 参数的意义

为了综合考虑温度、应力和蠕变断裂时间之间的关系,工程上经常将持久断裂时间 t_r 和试验温度 T 表示为一个时间-温度参数(Time-Temperature Parameter,TTP),将 TTP 参数 $f(t_r, T)$ 与应力相关联,则有:

$$f(t_r, T) = P(\sigma) \tag{7-43}$$

式(7-43)的表示方法称为 TTP 参数法。常用的 TTP 参数法有 Larson-Miller 参数法(LM 参数法)、葛庭燧-顿恩参数法(KD 参数法)、Manson-Haferd 参数法(MH 参数法)等,目前国内最常用的 TTP 参数法是 LM 参数法。可以采用 TTP 参数对各温度和应力下得到的持久性能数据进行分析,将不同温度下得到的持久性能数据在应力 σ-TTP 参数关系图上归一化到一个数据带中,图 7-23 是 2.25-Cr-1Mo 耐热钢的持久性能数据用 MH 参数法的拟合曲线,图中根据数据带拟合的曲线称为主曲线。

当选用合适的 TTP 参数法时,数据带的主曲线实际上可以用于表征材料高温持久性能的平均值,而试验数据点与主曲线的偏离程度则表示持久性能数据的分散性。将各数据点偏离主曲线的程度设定为参数 Z,利用 Z 参数的概念可以表征持久性能数据的分散性,其优点之一是能够尽可能多地利用在各温度和应力下的数据,增加分析样本的数量,从而得到适用性更even、更客观的数据分布,进而通过分析 Z 参数的分布特性,对持久性能数据进行分析。

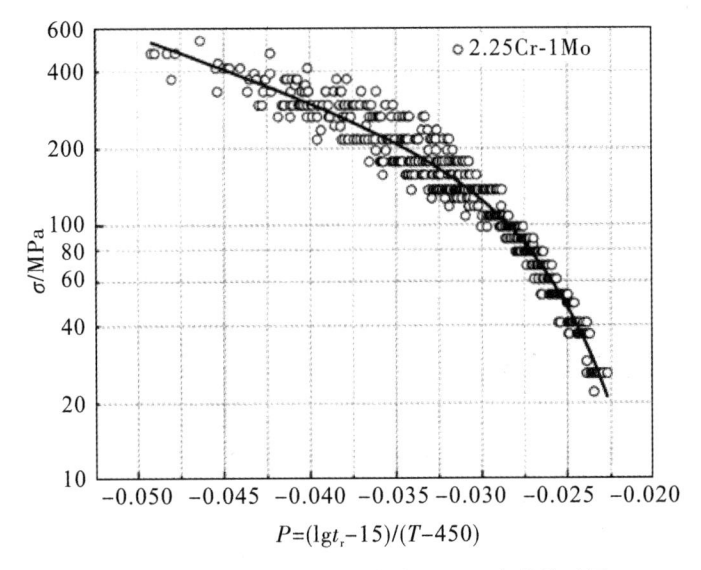

图 7-23　2.25Cr-1Mo 钢的应力 σ-TTP 参数关系图

7.5.2　基于 Z 参数的损伤演化模型

高温环境下服役的金属材料，随服役时间的延长会产生损伤，如果已知原始状态下材料的持久性能主曲线时，其性能衰退程度可以用 Z 参数的平均值 $\overline{Z}$ 的变化来表征，$\overline{Z}$ 与服役时间 t、应力 σ 和温度 T 有关，即

$$\overline{Z} \sim f(t,\sigma,T) \tag{7-44}$$

如果服役时间、应力、温度三者的作用各自独立，则有

$$\overline{Z} \sim f(t)g(\sigma)h(T) \tag{7-45}$$

参数 $\overline{Z}$ 的值随服役时间的延长、损伤的增大而逐渐趋于负值，因此可以设想 $\overline{Z}$ 随服役时间的变化主要有三种趋势，如图 7-24 所示。曲线 a 表示开始阶段损伤进行得比较迅速，随时间的延长，损伤的变化逐渐趋于平缓；曲线 b 表示损伤与时间之间呈线性关系；曲线 c 表示开始阶段损伤进行得比较缓慢，但后期损伤逐渐加剧，损伤演化呈加速状态。

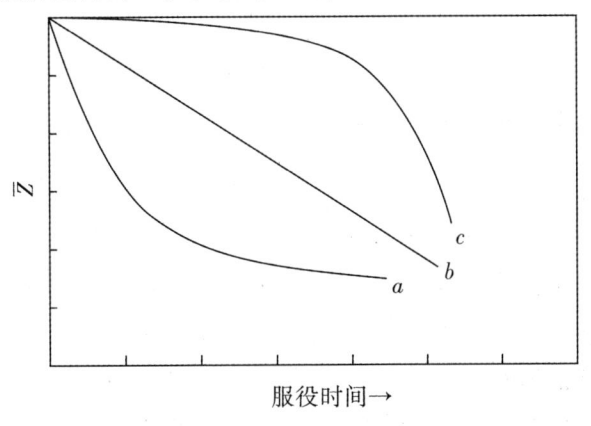

图 7-24　$\overline{Z}$ 值随服役时间衰退的三种可能关系

从微观角度而言,损伤演化形式可以视为两个过程的综合影响作用所致:即粒子粗化等组织劣化因素造成的损伤和空洞、蠕变裂纹等蠕变过程造成的损伤,因此,损伤演化可以综合考虑这两个因素并建立相应的模型。

1. 组织劣化因素造成的损伤

假设粒子粗化是组织劣化的主要因素,则 $\overline{Z}$ 与析出粒子的尺寸一样,都随服役时间的延长而变化。对于粒子粗化导致的持久性能下降,一般刚开始时由于粒子粗化明显,材料性能下降较快,而后粒子粗化减缓,性能退化也减慢,其表现是 $\overline{Z}$ 开始阶段变化较快,而后逐渐减慢。

选择适当的 TTP 参数,依据试验数据可以得到拟合的耐热钢持久性能主曲线:

$$\lg \sigma = Z_0 + f(P) \tag{7-46}$$

式中,Z_0 为主曲线的位置参数,$f(P)$ 为以 TTP 参数 $P=P(t_r,T)$ 为自变量的函数。对图 7-23 的 2.25Cr-1Mo 钢,选择 TTP 参数为 MH 参数 $P=(\lg t_r -15)/(T-450)$,拟合的主曲线方程为

$$\lg \sigma = 1.4865 - 25.0658P - 122.2579\exp(225.126P) \tag{7-47}$$

拟合方程的决定系数 COD 为 0.9643,估计标准误差 SEE 为 0.0565,说明拟合曲线与试验数据有良好的相关性。

Z_0 可视为表征耐热钢初始状态的持久强度,对于处于服役状态的材料,Z 参数的平均值 $\overline{Z}$ 的变化可以描述材料持久性能的衰退,因此 $Z_0+\overline{Z}$ 在一定程度上表征了材料残存的持久性能。对于组织劣化所造成的损伤,如果基于 Z 参数方法来评价持久性能的衰退,其特征可用一级反应方程来表示,即

$$\frac{\mathrm{d}(Z+\overline{Z})}{\mathrm{d}t} = -C(Z_0+\overline{Z}) \tag{7-48}$$

式中,t 为服役时间,C 为常数。对式(7-48)积分,可得

$$Z_0+\overline{Z} = A'\exp(-Ct) \tag{7-49}$$

式中,A' 为常数。

当 $t=0$ 时,$\overline{Z}=0$,由式(7-49)可知,此时 $A'=Z_0$,式(7-49)可改写为

$$\overline{Z} = Z_0[\exp(-ct)-1] \tag{7-50}$$

式中,c 为常数。

对于蠕变这样典型的热激活过程,有

$$c = c_0 \exp\left(-\frac{Q}{RT}\right) \tag{7-51}$$

式中,c_0 为常数,Q 为蠕变激活能,R 为气体常数,T 为热力学温度。

利用式(7-50)得到的 $\overline{Z}$ 与服役时间 t 的关系如图 7-24 中的曲线 a 所示,这也意味着粒子粗化等组织劣化因素造成的损伤可以用式(7-50)表示。

2. 蠕变过程造成的损伤

蠕变后期,空洞、微裂纹等对损伤演化的影响越来越明显,此时持久性能衰退引起的 $\overline{Z}$ 随时间的变化可以用图 7-24 中的曲线 c 表示,结合蠕变曲线第Ⅲ阶段的数学描述,考

虑损伤的发展导致 $\overline{Z}$ 值的下降,因此,由于空洞、微裂纹等损伤演化造成的 $\overline{Z}$ 的变化可用下式表示

$$\overline{Z}=Z_1[1-\exp(bt)] \tag{7-52}$$

式中,Z_1 为常数,b 可视为与温度、应力相关的参数,其值均大于0。同样,当 $t=0$ 时,$\overline{Z}=0$,$t>0$ 时,$\overline{Z}<0$,这与 $\overline{Z}$ 值的下降表征持久性能衰退是一致的。

基于以上分析,随服役时间的延长,基于 Z 参数的整个损伤演化过程可以表示为两个阶段的叠加：组织劣化因素造成的损伤用曲线 a 表示,主要描述损伤的早期和中间阶段;蠕变过程空洞、微裂纹等造成的损伤用曲线 c 表示,主要描述损伤的后期。将两个阶段的数学描述进行线性叠加,可得

$$\overline{Z}=Z_0[\exp(-ct)-1]+Z_1[1-\exp(bt)] \tag{7-53}$$

图7-25是根据式(7-53)得到的基于 Z 参数的持久性能衰退过程,可以综合描述由组织劣化引起的损伤和由空洞、微裂纹等造成的损伤导致的持久性能衰退过程。

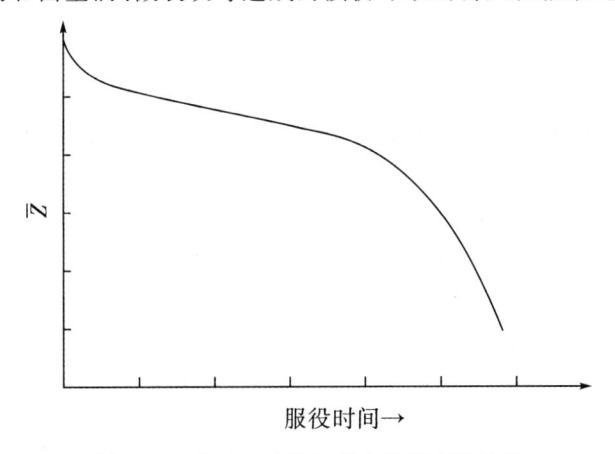

图 7-25　基于 Z 参数的持久性能衰退过程

7.6　损伤演化的可靠性评估

由于材料性能试验数据的分散性,高温持久断裂寿命与可靠度相关。基于可靠性思想,可以认为,即使是相同的材料,在服役一段时间后,对损伤演化的评价也与相应的可靠度有关。图7-26描述了寿命损耗与损伤演化之间的关系,可见,在服役后期,蠕变损伤处于快速增值过程,相应的寿命及损伤变量的分散程度也更加明显。

由式(7-32)可知,蠕变损伤程度和消耗的断裂寿命分数成比例,而断裂寿命 t_{ri} 与可靠度密切相关,一个简单的方法是根据可靠度与断裂寿命的关系来计算相应可靠度下的损伤值 D_i,可靠度越大,断裂寿命值 t_{ri} 越小,因此在相同的服役时间 t_i 内,计算得到的损伤值 D_i 越大。

计算在一定服役条件下损伤与可靠度的关系可以按下面的原则进行：
(1)确定服役时间。
(2)基于 Z 参数方法计算在相同服役条件下可靠度与预测持久断裂时间的关系。

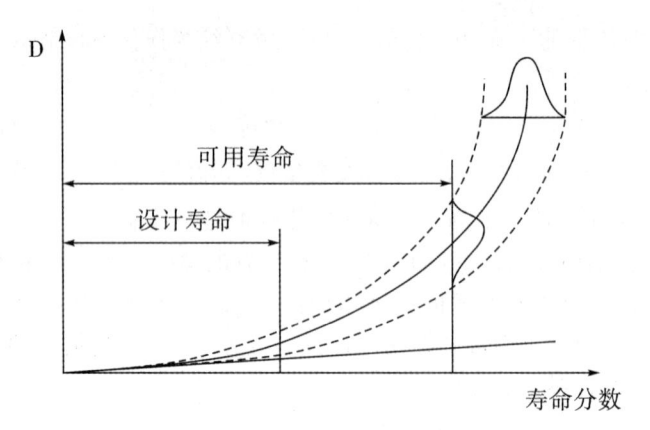

图 7-26 寿命损耗与损伤演化的关系

(3)计算相应的损伤值与可靠度关系。

根据上述原则,损伤值 D_i 可表示为:

$$D_i = \frac{t_i}{t_i + t_{p,i}} \tag{7-54}$$

式中,t_i 为已服役时间,$t_{p,i}$ 为服役时间 t_i 后所预测的具有一定可靠度的剩余寿命。计算得到的 HK40 奥氏体耐热钢在 871 ℃、8.43 MPa 下不同服役时间下的可靠度与损伤值 D_i 的关系如图 7-27 所示,图中的曲线表明了不同可靠度下损伤累积的程度随服役时间的增加而增加,当服役时间一定时,可靠度越大,损伤累积值也越大。

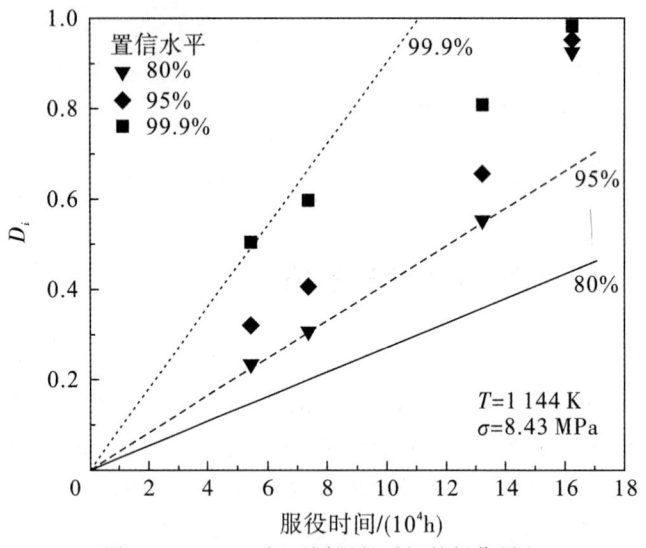

图 7-27 HK40 钢不同服役时间的损伤累积

(图中的线代表新管随时间的损伤累积,数值代表相应的可靠度。图中数据的点是基于试验数据所计算的损伤累积,分别取自服役时间为 53 600 h、73 000 h、131 000 h 和 161 000 h 的炉管)

由图 7-27 中可以看到,所有的数据点都落在了可靠度为 99.9% 和 95% 的损伤累积线之间,这说明服役时间一定时,根据割取炉管试验数据在不同可靠度下所预测的结果没有根据新管所计算的损伤累积线间的差距大。造成这一现象的原因一方面是因为所预测的 $t_{p,i}$ 随着服役时间的延长而变得越来越小,另一方面则因为定期取样分析的炉管通常是损伤最严重的管段,因此,与短期服役数据相比,长期服役后的损伤累积值偏离相应损伤累积线的程度要大。在1Cr-5Mo钢中也得到了类似结果,如图7-28所示,图中数据点是根据相关文献报道中服役时间分别为100 000 h、107 800 h和130 000 h的1Cr-5Mo钢持久试验数据为基础计算得到的,可见,在同一服役时间下,可靠度越高,损伤累积值越大,比较实际服役炉管数据可以看出,数据与预测结果吻合较好。

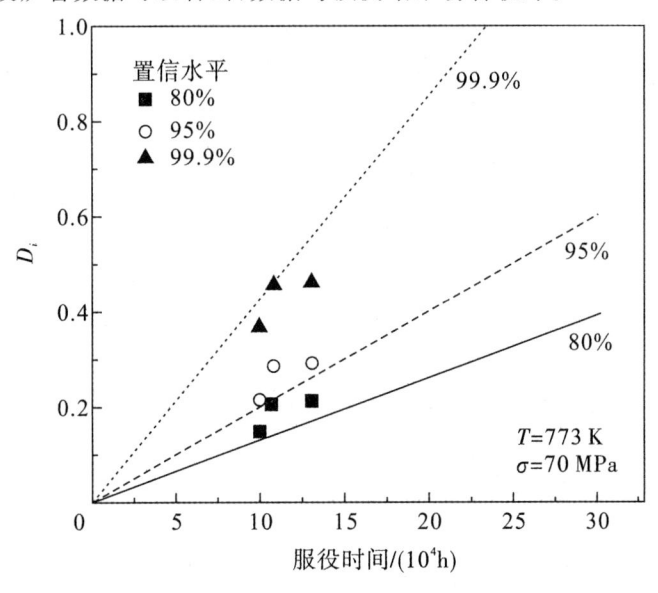

图 7-28 1Cr-5Mo 钢不同可靠度下损伤随时间的累积

参考文献

[1] 张俊善. 材料的高温变形与断裂[M]. 北京:科学出版社,2007.

[2] 赵杰. 耐热钢持久性能的统计分析及可靠性预测[M]. 北京:科学出版社,2011.

[3] KASSNER M E, PEREZ-PRADO M T. Five-power-law creep in single phase metals and alloys[J]. Progress in materials science, 2000, 45(1):1-102.

[4] CAMPBELL A N, TSAO S S, TURNBULL D. The effect of Au and Ag additions on the power-law creep behavior of Pb[J]. Acta metallurgica, 1987, 35(10):2453-2464.

[5] LIEBERMAN Y. Relaxation, tensile strength and failure of El512 and Khl F-L steels[J]. Metalloved Term Obrabodke Metal, 1962, 4:6-13.

[6] LEMAY I, FURTADO H C. Creep damage assessment and remaining life evaluation[J]. International Journal of Fracture, 1999, 97:125-135.

[7] TAKEUCHI T, ARGON A S. Steady state creep of single phase crystalline matter at high temperature[J]. Journal of materials science, 1976, 11(8):

1542-1566.

[8] BENDERSKY L, ROSEN A, MUKHERJEE A K. Creep and dislocation structure[J]. International metals reviews, 1985, 30(1):1-15.

[9] LONSDALE D, FLEWITT P E J. The effect of stress changes on creep induced dislocation subgrain arrangements in ferrite[J]. Acta metallurgica, 1984, 32(6):869-878.

[10] 余寿文,冯西桥. 损伤力学[M]. 北京:清华大学出版社,1997.

[11] MCLEAN M, DYSON B. Modeling the effects of damage and microstructural evolution on the creep behavior of engineering alloys[J]. Journal of pressure vessel technology, 2000, 122:273-278.

[12] DYSON B. Use of CDM in materials modeling and component creep life prediction[J]. Journal of pressure vessel technology, 2000, 122:281-296.

[13] DYSON B, MCLEAN M. Particle-coarsening, σ_0 and tertiary creep[J]. Acta metallurgica, 1983, 31:1977-1992.

[14] WILSHIRE B, BURT H. Damage evolution during creep of steels[J]. International Journal of Pressure Vessels and Piping, 2008, 85:47-54.

[15] LOH N L. Non-destructive replica metallography[J]. British Journal of NDT, 1989, 31(8):437-439.

[16] MASUYAMA F. Creep degradation in welds of Mod. 9Cr-1Mo steel[J]. International Journal of Pressure Vessels and Piping, 2006, 83:819-825.

[17] 邝文川. 基于非线性超声纵波的高温蠕变损伤检测与评价研究[D]. 上海:华东理工大学,2011.

[18] 项延训. HP40Nb合金钢高温劣化的非线性超声评价[J]. 声学技术,2012,31(6):578-582.

[19] 徐从元,姜文华. 疲劳金属材料非线性声学特性的实验研究[J]. 南京大学学报(自然科学版),2000,36(3):328-335.

[20] Novak A, Bentahar M, Tournat V, et al. Nonlinear acoustic characterization of micro-damaged materials through higher harmonic resonance analysis[J]. NDT & E International, 2012, 45:1-8.

[21] 陆铭慧,徐肖霞. 非线性超声检测方法及应用[J]. 无损检测,2012,34(7):61-65.

[22] Y. Xiang, M. Deng, F. Z. Xuan. Thermal degradation evaluation of HP40Nb alloy steel after long term service using a nonlinear ultrasonic technique[J]. Nondestructive Evaluation, 2014, 33:279-287.

[23] 黄桥生,任德军,章亚林,等. P92钢焊接接头蠕变损伤的非线性超声检测研究[J]. 应用声学,2020,39(3):366-371.

[24] Szelazek J, Mackiewicz S, Kowalewski ZL. New samples with artificial voids for ultrasonic investigation of material damage due to creep[J].

NDT&E International, 2009, 42:150-156.

[25] Hatanaka H, Ido N, Takuya I, et al. Ultrasonic creep damage detection by frequency analysis for boiler piping[J]. Journal of Pressure Vessel Technology, 2007, 129:713-718.

[26] Nagae Y. A study on detection of creep damage before crack initiation in austenitic stainless steel[J]. Materials Science and Engineering A, 2004, 387/389:665-669.

[27] Augustyniak B, Sablik MJ, Landgraf FJG, et al. Lack of magnetoacoustic emission in iron with 6.5% silicon[J]. Journal of Magnetism and Magnetic Materials 2008, 320:2530-2533.

[28] Laha K, Chandravathi K S, Parameswaran Bhanu Sankara, et al. Characterization of microstructures across the heat-affected zone of the modified 9Cr-1 Mo weld joint to understand its role in promoting type IV cracking [J]. Metallurgical and Materials Transactions A, 2007, 38:58-68.

[29] Viswanathan R, Stringer J. Failure mechanisms of high temperature components in power plants [J]. Journal of Engineering Materials and Technology, 2000, 122:246-255.

[30] Francis J A, Mazur W, Bhadeshia HKDH. Type IV cracking in ferritic power plant steels[J]. Matreials Science and Technology, 2006, 22:(12): 1387-1395.

[31] Valluri J S, Balasubramaniam K, Prakash R V. Creep damage characterization using non-linear ultrasonic techniques[J]. Acta Materialia, 2010, 58: 2079-2090.

[32] Augustyniak B, Chmielewski M, Sablik M J, et al. A new eddy current method for nondestructive testing of creep damage in austenitic boiler tubing [J]. Nondestructive Testing and Evaluation 2009, 24(1-2):121-141.

[33] Carreon H. Detection of creep damage in a nickel-based superalloy turbine bucket using eddy current imaging[J]. Nondestructive Testing and Evaluation, 2009, 24(1-2):233-241.

[34] Dogan B, Nikbin K, Petrovski B, et al. Code of practice for high-temperature testing of weldments[J]. International Journal of Pressure Vessels and Piping, 2006:83:784-797.

[35] Mukhopadhyay S K, Roy H, Roy A. Development of hardness-based model for remaining life assessment of thermally loaded components[J]. International Journal of Pressure Vessels and Piping, 2009:86:246-251.

[36] Morris A, Maharaj C, Kourmpetis M, et al. Optical strain measurement techniques to assist in life monitoring of power plant components[J]. Journal of Pressure Vessel Technology, 2009, 131:024502.

[37] Maharaj C, Dear J, Morris A. A review of methods to estimate creep damage in low-alloy steel power station steam pipes[J]. Strain, 2009, 45:316-331.

[38] Morris A, Dear J, Kourmpetis M. Monitoring high temperature steam pipes using optical strain measurement techniques[J]. Applied Mechanics and Materials, 2006, 5-6:145-152.

[39] Igarashi M, Moriguchi K, Muneki S, et al. Analysis of creep deformation process of heat resistant steels using positron annihilation lifetime[J]. Materials Science Forum, 2007, 561-565(3):2233-2236.

[40] Biermann H, von Grossmann B, Ungar T, et al. Determination of local strains in a monocrystalline turbine blade by microbeam X-ray diffraction with synchrotron radiation[J]. Acta Materialia, 2000, 48(9):2221-2230.

[41] Kadoya Y, Dyson B, Mclean M. Microstructural stability during creep of Mo- or W-bearing 12Cr steels[J]. Metallurgical and materials transactions A, 2002, 33:2549-2557.

[42] Sposito G, Ward C, Cawley P, et al. A review of non-destructive techniques for the detection of creep damage in power plant steels[J]. NDT&E International, 2010, 43:555-567.

[43] Neubauer B, Wedel U. Restlife estimation of creeping components by means of replicas, in Advances in life prediction methods, In: Woodford D A, Whitehead J R. International Conference on Advances in life Prediction Methods. New York: ASME, 1983:307-314.

[43] 赵杰,邢丽,马海涛,等. 基于 Z 参数和可靠度的蠕变损伤模型[J]. 大连理工大学学报, 2008, 48(6):825-829.

第8章 高温持久寿命的可靠性预测

工程实际中,高温服役的材料除产生蠕变损伤外,还会产生组织劣化、氧化、腐蚀等其他形式的损伤,最后导致材料断裂。材料的实际断裂时间,又称为持久寿命,是生产实际中人们最为关心的问题,但目前还无法从理论上推导出这种复杂条件下材料的持久寿命,在工程实际中大多采用经验方法处理材料的持久寿命问题。目前国内外已有的预测材料持久寿命的方法达数十种,但没有哪种方法可以处理全部的寿命预测问题。

8.1 持久寿命及其外推方法

很多高温部件是按使用寿命来设计的,对这类材料或部件而言,持久寿命,也称蠕变断裂寿命,是重要的高温性能指标。持久试验是工程上评价材料高温性能最常用的方法之一,也是进行持久寿命预测的基础。持久试验只有在与实际部件服役情况相同的条件下进行,才能得到最可靠的试验数据,但有的高温部件设计寿命很长,例如制氢转化管、乙烯裂解管、电站锅炉和蒸汽轮机的部件均按照 10^5 h 的使用寿命设计,要进行如此长时间的试验是不现实的,工程上常采用加速蠕变试验方法,在提高温度或应力的前提下得到相应的短时蠕变试验数据,并采用外推法获得更长时间的蠕变试验数据。

研究表明,在一定温度下,金属材料所受应力 σ 与断裂时间 t_r 遵循如下关系

$$t_r = A\sigma^{-m} \tag{8-1}$$

式中:t_r 为断裂时间;A、m 均为与材料有关的常数。这样,在双对数坐标下,$\lg t_r \sim \lg \sigma$ 呈直线关系,称为持久强度曲线,典型的持久强度曲线如图 1-7 所示。实际上,高应力、短时间的 $\lg t_r \sim \lg \sigma$ 呈直线关系,但低应力、长时间的 $\lg t_r \sim \lg \sigma$ 会偏离直线关系,出现转折现象,如图 1-8 所示,即低应力下的持久寿命低于利用高应力数据外推预测的寿命。产生这种现象的原因可能与几个因素有关:一是不同应力下损伤与断裂的机制有所不同,高应力下外截面损失,即部件截面积减小,承受应力增加是主要的损伤形式,而在低应力下内截面损失,即空洞、微裂纹的形成是主要的损伤形式;二是低应力下扩散蠕变的贡献增加,蠕变速率加快导致断裂寿命缩短。另外在长时间蠕变过程中材料的组织也会发生劣化,使外推曲线偏离直线关系。

8.2 Monkman-Grant 关系及其修正

从直观的认识上,我们已经知道稳态蠕变速率越小,材料或部件的断裂时间就越长,即持久寿命越长。F.C. Monkman 和 N.J. Grant 通过对大量蠕变断裂数据的分析表明,

稳态蠕变速率 $\dot{\varepsilon}_s$ 与断裂时间 t_r 呈现反比关系

$$\dot{\varepsilon}_s^m t_r = C \tag{8-2}$$

或

$$m \lg \dot{\varepsilon}_s + \lg t_r = C' \tag{8-3}$$

式中，m、C、C' 均为常数。式(8-2)称为 Monkman-Grant 关系。当 $m=1$ 时，有

$$\dot{\varepsilon}_s t_r = C \tag{8-4}$$

式(8-4)也称为 Hoff 关系式。

Monkman-Grant 关系将稳态蠕变速率和高温下材料的断裂时间关联起来，是工程上进行高温蠕变持久寿命预测的基础，图 8-1 是 2.25Cr-1Mo 钢稳态蠕变速率和断裂时间的关系曲线，在双对数坐标下，二者呈现了良好的线性关系。

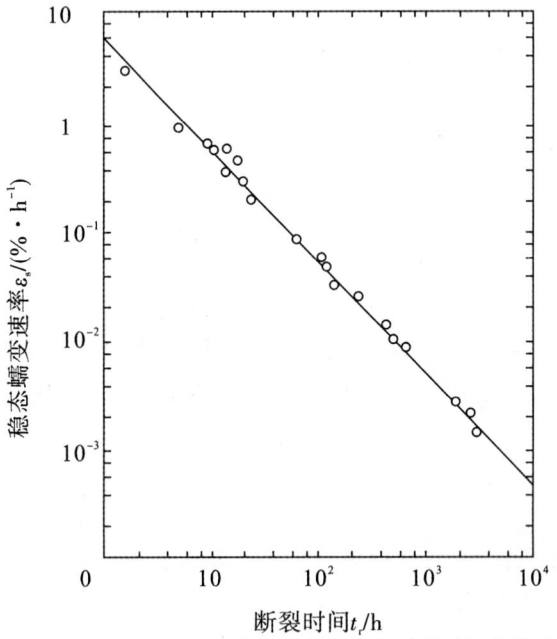

图 8-1　2.25Cr-1Mo 钢稳态蠕变速率和断裂时间的关系

虽然一些耐热钢的持久性能数据符合 Monkman-Grant 关系，但对于实际中蠕变第 Ⅱ 阶段很短或不存在的情况，持久性能的数据分散性较大，Dobeš 和 Milička 通过引入断裂应变 ε_r 对式(8-3)进行修正以减小数据的分散性，即

$$m' \lg \dot{\varepsilon}_s + \lg \frac{t_r}{\varepsilon_r} = C'' \tag{8-5}$$

式(8-5)称为修正的 Monkman-Grant 关系。在式(8-2)中，m 和 C 与应力和温度有关，在式(8-5)中，$m' \approx 1$，而 C'' 是与温度和应力无关的变量。Toscano 和 Boček 利用式(8-5)对 Zircaloy 合金的蠕变试验数据的关联结果如图 8-2 所示，二者呈现良好的线性关系。

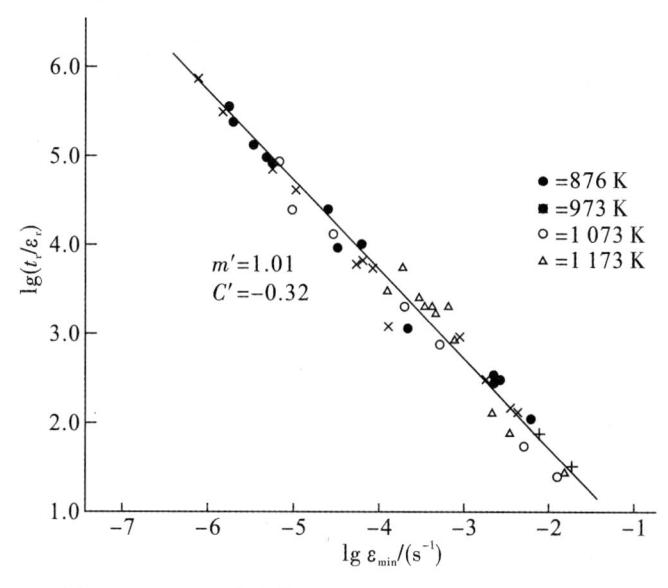

图 8-2 Zircaloy 合金修正的 Monkman-Grant 关系曲线

8.3 常用的寿命预测方法

目前,针对耐热钢等高温部件的寿命预测方法仍然是以持久强度试验进行外推为基础,常用的寿命预测方法有等温线法、TTP 参数法、θ 投影法、Ω 法、断裂力学法等。

8.3.1 等温线法

等温线法又称持久强度法,是在一定的温度条件下,用一组较高的应力进行短期试验得到的数据,建立应力和断裂时间(持久寿命)的关系,进而外推在该温度下较低应力时的长时数据。

由式(8-1)可得:

$$\lg t_r = \lg A - m \lg \sigma \tag{8-6}$$

即在双对数坐标上,断裂时间 t_r 与应力 σ 呈直线关系。图 8-3 为应力与断裂时间关系曲线,其中图 8-3(a)为 25Cr-20Ni-0.4C(HK40)耐热钢的持久性能数据,可见,各温度的数据分别分布在各自的数据带中,符合直线关系。但如前所述,有相当一部分耐热钢的持久性能数据并不真正符合直线关系,特别是在低应力、长时间试验时的数据偏离理论上的直线关系。图 8-3(b)是 1.3Mn-0.5Mo-0.5Ni 耐热钢的持久性能数据,可见,长时间试验后的数据有了明显偏离,应力越低,偏离越严重。

数据的偏离有可能导致错误的外推结果,例如,某热电厂用 0CrMo910 耐热钢制造的炉管,服役温度为 540 ℃,对服役不同时间的炉管进行持久性能试验,而依据持久强度曲线外推得到的不同服役时间的持久强度值表明,炉管运行时间越长,外推的断裂时间也越长,如图 8-4 所示,这显然是错误的,这也说明了简单应用等温线法的局限性。

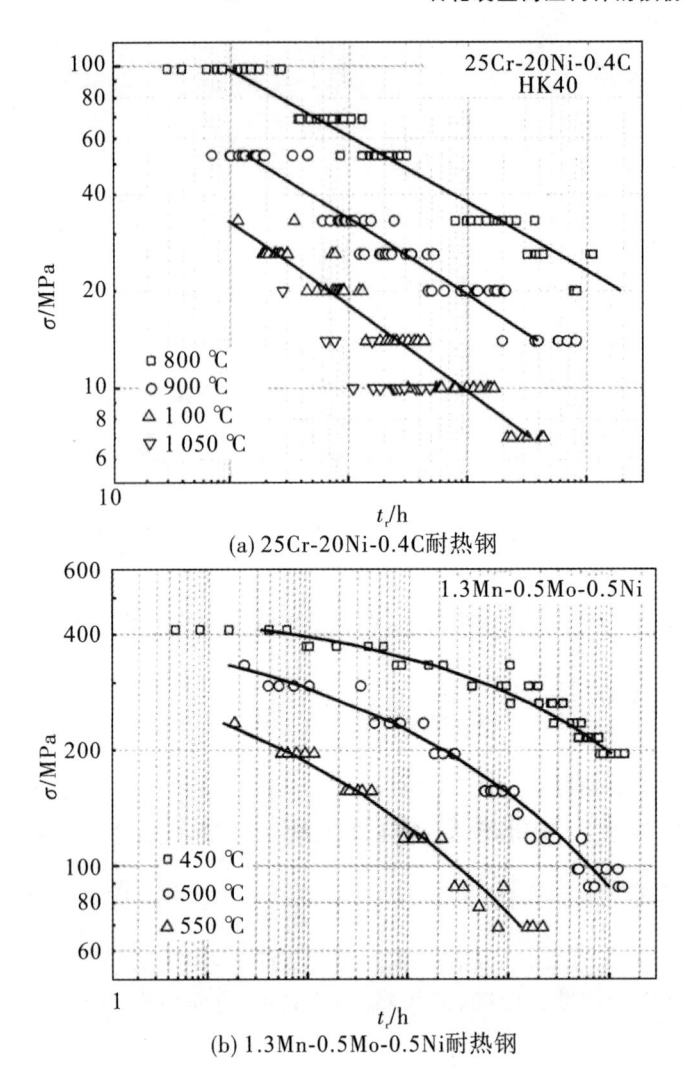

图 8-3 应力与断裂时间的关系曲线

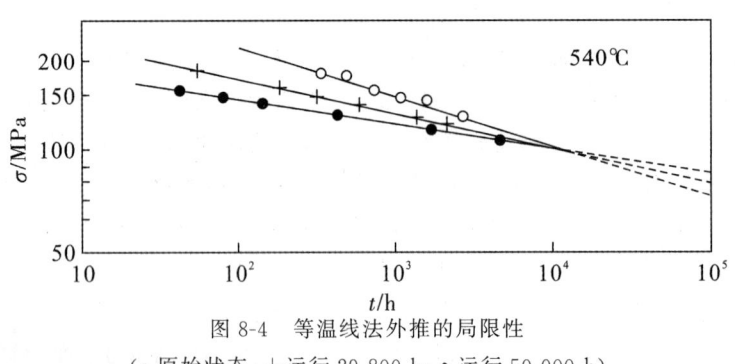

图 8-4 等温线法外推的局限性

(○ 原始状态；＋运行 29 800 h；● 运行 50 000 h)

8.3.2 TTP 参数法

在工程中,为了综合考虑服役应力、服役温度和蠕变断裂时间之间的关系,将蠕变断

裂时间 t_r 和服役温度 T 综合表示为一个时间-温度参数(Time-Temperature Parameter, TTP),并建立起 TTP 参数与应力 σ 之间的关系

$$f(t_r, T) = P(\sigma) \tag{8-7}$$

这种表示方法称为 TTP 参数法。常用的 TTP 参数法有 Larson-Miller 参数法(LM 参数法)、Manson-Haferd 参数法(MH 参数法)、Orr-Sherby-Dorn 参数法(OSD 参数法,葛庭燧-顿恩参数法,KD 参数法)等。

1. Larson-Miller 参数法

结合式(8-2)和式(8-4),有

$$\frac{1}{t_r} = A \exp\left(-\frac{Q}{RT}\right) \tag{8-8}$$

式中:A 为材料常数;Q 为蠕变激活能;R 为气体常数。

对式(8-8)两边取对数,得

$$\lg t_r = \frac{Q}{2.3RT} - \lg A \tag{8-9}$$

将式(8-9)写成如下形式

$$\lg t_r = \frac{P}{T} - C \tag{8-10}$$

式中:P 可以视为与应力有关的函数;C 为常数。则式(8-10)可以表示为

$$P(\sigma) = T(C + \lg t_r) \tag{8-11}$$

式(8-11)的表示方法称为 LM 参数法,$P(\sigma)$ 是温度-时间综合参数,也称作热强参数,可以表示为应力对数的一个多项式

$$P(\sigma) = C_0 + C_1 \lg \sigma + C_2 \lg^2 \sigma + C_3 \lg^3 \sigma + \cdots + C_m \lg^m \sigma \tag{8-12}$$

式(8-12)的幂值可由计算检验确定,用最小二乘法确定相关系数,并通过联合假设检验和计算根方差选定最优的预测方程。

由式(8-10)可知,理论上 $\lg t_r \sim \dfrac{1}{T}$ 图上的等应力线应相交于一点,直线的截距为 $-C$,如图 8-5 所示。

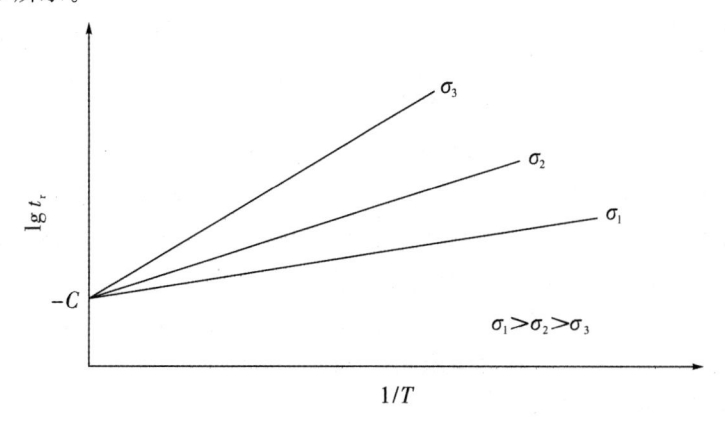

图 8-5 计算 LM 参数

在实际中，由于试验数据的分散性，各应力下数据拟合的延长线并不相交于一点，而是分布在一个区域，因此实际得到的 LM 参数是一个优化值。图 8-6 是 HK40 耐热钢数据优化得到的利用 LM 参数法、常数为 10.315 整理的 σ-TTP 参数的关系图，可以看到各温度和应力下得到的试验数据归一化在一个数据带中。

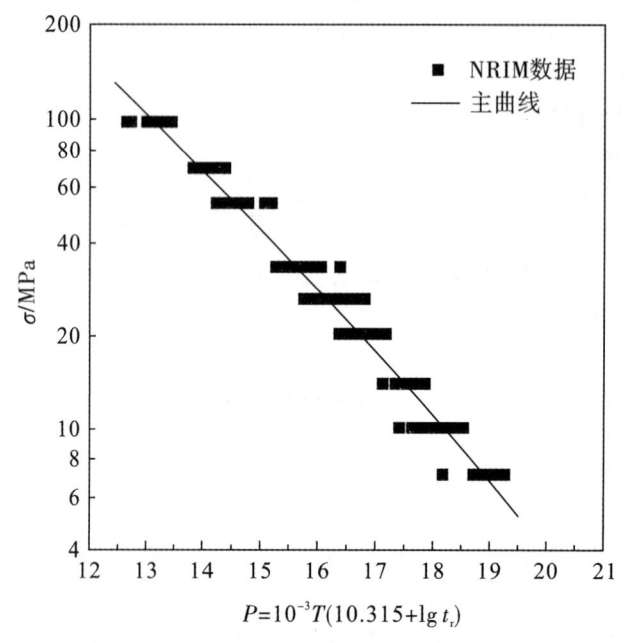

图 8-6 HK40 耐热钢的 σ-TTP 参数

虽然对 LM 参数法的模型基础及预测精度一直存在争议，但 LM 参数法仍是目前工程中进行高温部件寿命预测中使用最广泛的一种方法，被工程界广泛认可，并在很多耐热合金中得到了应用。对于高温炉管而言，LM 参数法适用于炉管蠕变损伤尚未发展到宏观裂纹的情况。

2. Manson-Haferd 参数法

Manson 和 Haferd 在对材料的蠕变持久性能数据进行分析时，发现等应力下 $\lg t_r \sim T$ 之间呈线性关系，这些直线相交于一点 $(T_a, \lg t_a)$，如图 8-7 所示，其表达式为

$$P_{MH}(\sigma) = \frac{\lg t_r - \lg t_a}{T - T_a} \tag{8-13}$$

式中：$P_{MH}(\sigma)$ 为应力 σ 的函数；T_a 和 t_a 为常数，式(8-13)的表示方法称为 MH 参数法。

通过分析各应力下材料的蠕变持久性能数据，获得这些直线的交点，从而得到 T_a 和 t_a 这两个常数的值。图 8-8 是依据持久性能数据得到的 1Cr-0.5Mo 耐热钢的 MH 常数 $\lg t_a \sim T_a$ 关系，可见，二者具有良好的线性关系。

MH 参数法在一些耐热钢的应用中显示出了较高的精度，但由于需要确定两个常数值，相对比较复杂，因此在一定程度上限制了 MH 参数法的应用。

3. Orr-Sherby-Dorn 参数法

在式(8-10)中，如果假设 P 是常数，C 为与应力有关的函数，则有

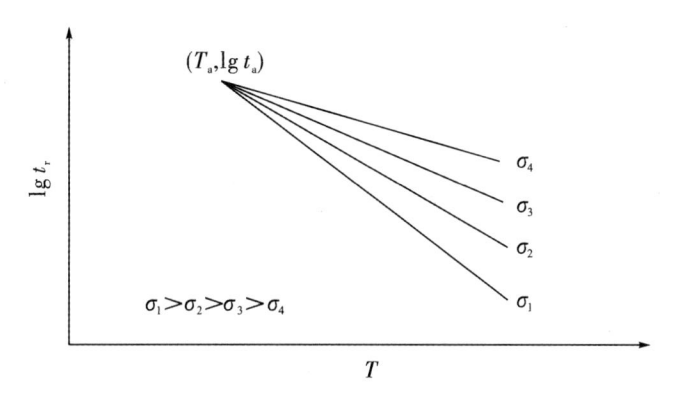

图 8-7 计算 MH 参数

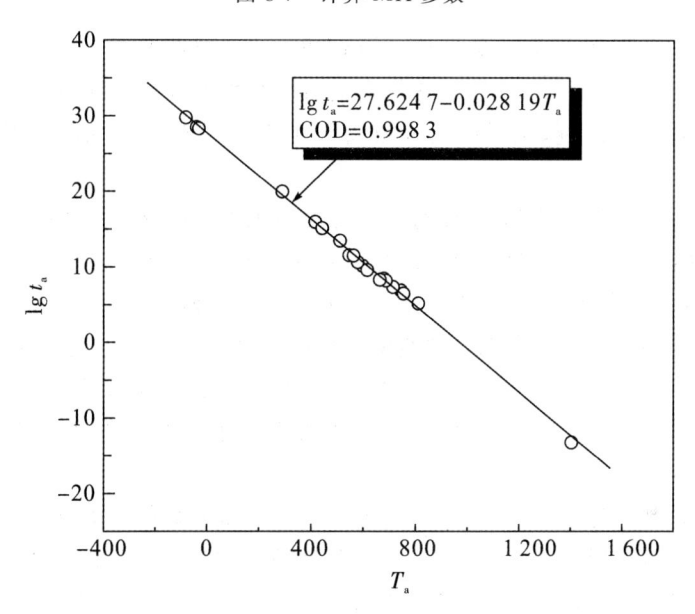

图 8-8 1Cr-0.5Mo 耐热钢的 MH 常数关系

$$P_{\text{OSD}}(\sigma) = \frac{P}{T} - \lg t_r \tag{8-14}$$

式中：$P_{\text{OSD}}(\sigma)$ 为时间-温度综合参数，也可称为热强参数。式(8-14)的表示方法称为 OSD 参数法。式(8-14)也可以写成下列形式

$$P_{\text{OSD}}(\sigma) = \ln t_r - \frac{Q}{2.3RT} \tag{8-15}$$

式中：Q 为蠕变激活能；R 为气体常数。

在 OSD 参数法中，理论上 $\lg t_r \sim \frac{1}{T}$ 关系图上的等应力线相互平行，直线的斜率为 P，如图 8-9 所示。

除上述几种常用的 TTP 参数法外，还有一些方法针对特定材料或特定场合使用，如 Manson-Succop 参数法（MS 参数法）、Mendelson-Roberts-Manson 参数法（MRM 参数法）、Manson-Brown 参数法（MB 参数法）、Minimum Commitment 参数法（MC 参数法，

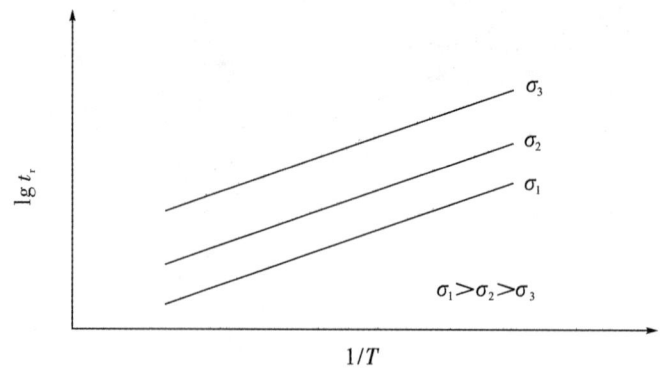

图 8-9　计算 OSD 参数

最少约束法)等。TTP 参数法主要是基于短时蠕变试验外推高温部件的持久寿命,计算过程方便,应用比较广泛,但对某些耐热钢高应力短时数据进行外推预测长时间持久寿命时,对外推时间有一定限制,无限制的外推将导致严重偏离真实状态的结果,存在安全隐患。

虽然有多种 TTP 参数法,但并没有一个方法适用于所有材料的数据分析,因此,在进行持久寿命预测时,需要根据数据拟合的相关性和准确性选择合适的方法。在利用持久性能数据进行剩余寿命预测时,可以采用以下两个技术手段:

(1)基于试验测试的数据点拟合曲线实施外推,如图 8-10 中,根据高应力下的试验数据拟合得到的直线 A 外推低应力下的数据,这一方法在试验数据量充足,特别是有部分长时间低应力数据时能得到较为准确的结果,但如果试验数据量较少时,外推结果可能与实际情况有较大差异。

(2)参考该材料的持久性能主曲线,利用持久性能试验数据进行平行外推,如图 8-10 中,依据同样一组数据得到外推曲线 B,其优点是外推结果一般比较合理,缺点是试验数据与预测曲线之间的拟合关系不一定能达到最佳。对于试验数据量相对较少的情况,直接用测试数据进行曲线拟合可能会产生较大误差,建议采用平行主曲线外推法,以便得到较为合理的结果。

8.3.3　基于蠕变曲线的寿命预测方法

利用持久性能数据预测剩余寿命的 TTP 参数法存在着局限性,并且忽略了蠕变过程的很多信息,因此,人们提出了依据蠕变数据进行寿命评估的方法,提出了许多描述蠕变曲线的模型,通过模型外推特定服役条件下的蠕变曲线,设定断裂应变,进而求得服役条件下的持久寿命,主要有 θ 投影法、Ω 法等。

1. θ 投影法

θ 投影法的基本思想是综合考虑蠕变过程第 I 阶段的应变硬化行为和第 III 阶段的软化行为,根据高应力短时蠕变曲线来外推低应力长时间的蠕变曲线。

基于 θ 投影法的蠕变应变可以表示为

$$\varepsilon = \theta_1(1-e^{-\theta_2 t}) + \theta_3(e^{\theta_4 t}-1) \tag{8-16}$$

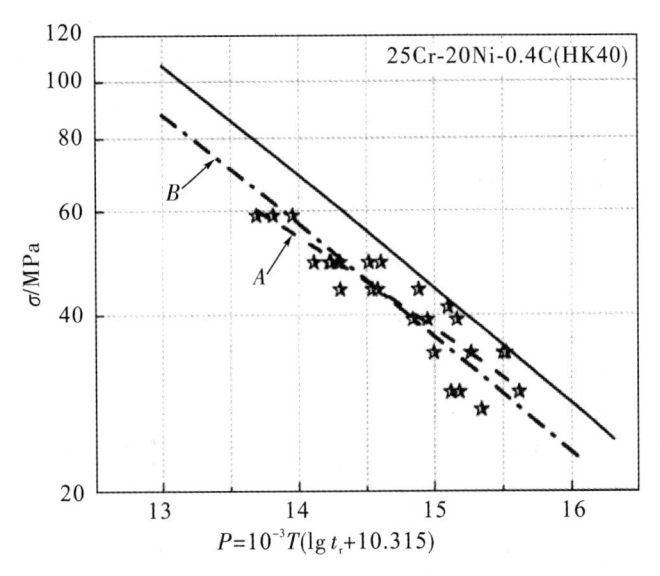

图 8-10　HK40 耐热钢应力-TTP 参数关系图

式中:ε 为蠕变总应变;t 为蠕变时间;θ_1 为蠕变第Ⅰ阶段应变参数;θ_2 为确定蠕变曲线第Ⅰ阶段形状的蠕变应变速率参数;θ_3 为蠕变第Ⅲ阶段应变参数;θ_4 为确定蠕变曲线第Ⅲ阶段形状的蠕变应变速率参数。式(8-16)右侧第一项表征随时间增加,蠕变速率逐渐减小的过程,可以看作蠕变第Ⅰ阶段,右边第二项是随时间增加,蠕变速率逐渐增加的过程,可以看作蠕变第Ⅲ阶段,而蠕变第Ⅱ阶段可以理解为应变硬化与软化的动态平衡过程。

依据式(8-16)只能得到最小蠕变速率,无法反映问题稳态蠕变过程,不过试验表明,工程上使用的相当多的耐热钢,尤其是化学成分和组织结构比较复杂的钢种,其蠕变曲线上没有明显的稳态蠕变阶段。对蠕变曲线的处理也表明,当蠕变第Ⅰ阶段和第Ⅲ阶段变形相互补偿后,大多数材料的蠕变曲线只有最小蠕变速率,没有明显的稳态蠕变速率,式(8-16)可以比较准确地描述一般情况下蠕变曲线的形状,因此,θ 投影法被视为是一种比较合理的经验关系。

式(8-16)中的参数 $\theta_i (i=1,2,3,4)$ 均为温度和应力的函数,可以表示为

$$\lg \theta_i = a_i + b_i \sigma + c_i T + d_i \sigma T, i = 1,2,3,4 \tag{8-17}$$

式中,a_i、b_i、c_i、d_i 为材料常数,其值可以通过最小二乘法对短时蠕变数据进行多元线性回归得到,进而通过式(8-17)计算不同温度和应力下的 θ_i 值,再根据式(8-16)计算各温度和应力下的蠕变应变,得到相应的蠕变曲线。

由式(8-17)可知,$\lg \theta_i \sim \sigma$ 和 $\lg \theta_i \sim T$ 都呈线性关系,图 8-11 是 0.5Cr-0.5Mo-0.25V 耐热钢不同温度下 $\lg \theta_i \sim \sigma$ 的关系图,可见,二者之间呈现良好的线性关系。

基于式(8-16),可以得到任意时刻的蠕变速率 $\dot{\varepsilon}$ 为

$$\dot{\varepsilon} = \theta_1 \cdot \theta_2 \cdot e^{-\theta_2 t} + \theta_3 \cdot \theta_4 \cdot e^{\theta_4 t} \tag{8-18}$$

式中,t 为蠕变时间,进一步可以得到达到最小蠕变速率的时间 $t_{\min}$:

$$t_{\min} = \frac{1}{\theta_2 + \theta_4} \ln \frac{\theta_1}{\theta_3} \cdot \left(\frac{\theta_2}{\theta_4}\right)^2 \tag{8-19}$$

(a) θ_1 与应力关系图

(b) θ_2 与应力关系图

(c) θ_3 与应力关系图

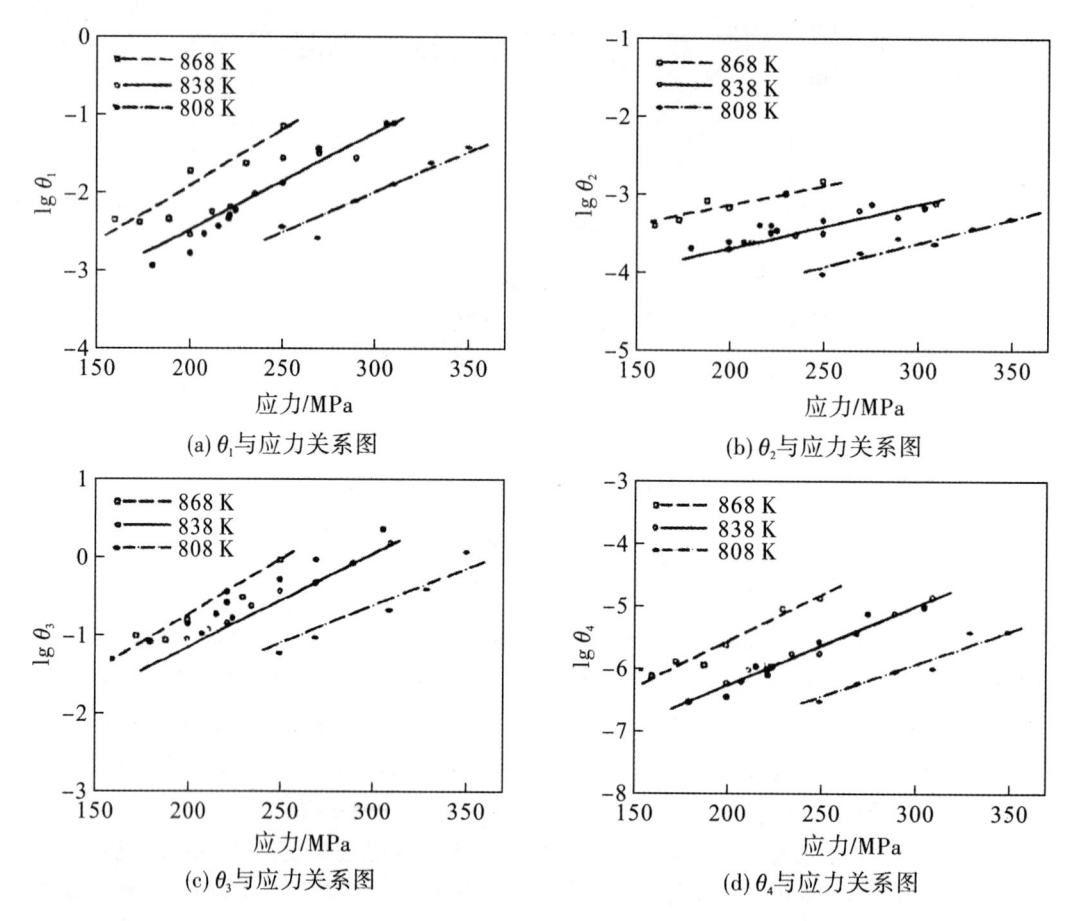

(d) θ_4 与应力关系图

图 8-11　0.5Cr-0.5Mo-0.25V 耐热钢各温度下参数 θ 与应力 σ 关系图

图 8-12 是基于 θ 投影法得到的最小蠕变速率与应力的关系曲线,和试验数据之间符合良好。

在 θ 投影法中,蠕变断裂应变 ε_r 也可以表示为应力和温度的函数:

$$\varepsilon_r = a + b\sigma + cT + d\sigma T \tag{8-20}$$

式中,a、b、c、d 均为材料常数,图 8-13 是 0.5Cr-0.5Mo-0.25V 耐热钢不同温度下蠕变断裂应变与应力之间的关系曲线,二者具有比较好的线性关系。

基于预测得到的蠕变曲线,以及根据式(8-20)求得的一定试验条件下的断裂应变,在预测蠕变曲线中截取断裂应变所对应的时间,即为采用 θ 投影法计算预测得到的持久寿命。

2. Ω 法

Ω 法的基本思想认为,材料抵抗变形的抗力随着蠕变变形的增加而减少,因此,蠕变速率不仅与温度和应力有关,也与蠕变变形时间有关。在 Ω 法中,恒载荷下的蠕变速率 $\dot{\varepsilon}$ 可以表示为

$$\dot{\varepsilon} = \dot{\varepsilon}_0 e^{\Omega \varepsilon} \tag{8-21}$$

式中:$\dot{\varepsilon}_0$ 为初始蠕变速率;ε 为当前蠕变应变;Ω 为与温度和应力有关的变量,表征随蠕变的发展蠕变速率的加速趋势。

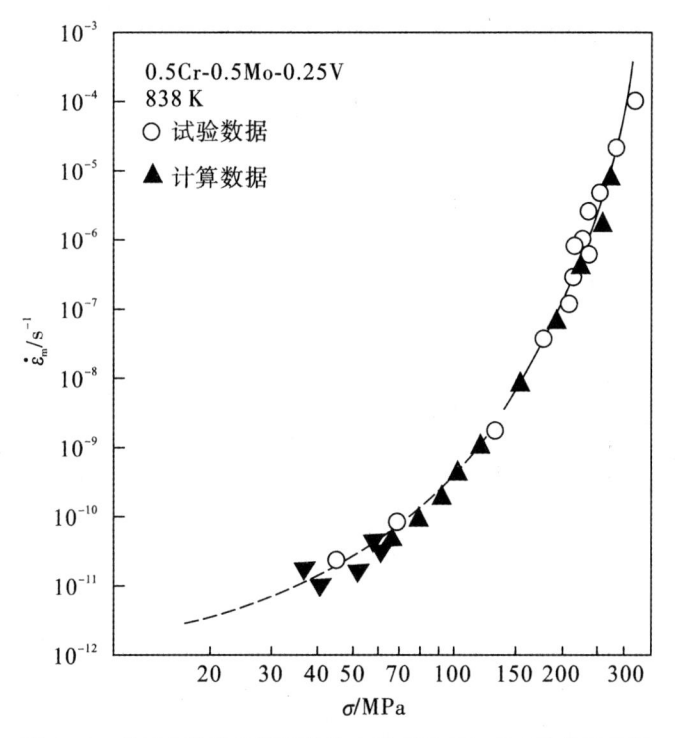

图 8-12 基于 θ 投影法得到的最小蠕变速率与应力的关系曲线

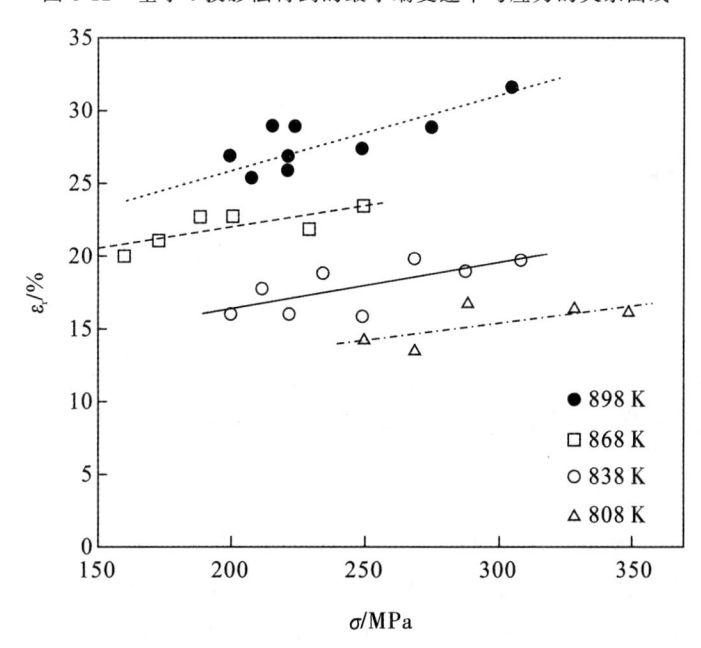

图 8-13 0.5Cr-0.5Mo-0.25V 耐热钢蠕变断裂应变与应力之间的关系曲线

对式(8-21)进行积分,可得:

$$t = \frac{1}{\dot{\varepsilon}_0 \cdot \Omega}(1 - e^{\Omega\varepsilon}) \tag{8-22}$$

式中,t 为蠕变时间。对于蠕变初始阶段很短的情况,最小蠕变速率和初始蠕变速率接近,即 $\dot{\varepsilon}_0 \approx \dot{\varepsilon}_{\min}$,而发生蠕变断裂时,式(8-22)可以简化为

$$t_r \approx \frac{1}{\dot{\varepsilon}_0 \cdot \Omega} \tag{8-23}$$

在 Ω 法中,可以根据蠕变速率 $\dot{\varepsilon}$ 和蠕变应变 ε 之间的关系得到各温度和应力下的初始蠕变速率 $\dot{\varepsilon}_0$ 和 Ω,建立其与温度和应力的关系,图 8-14 是 718 合金中 $\dot{\varepsilon}_0$ 和 Ω 与应力的关系曲线。

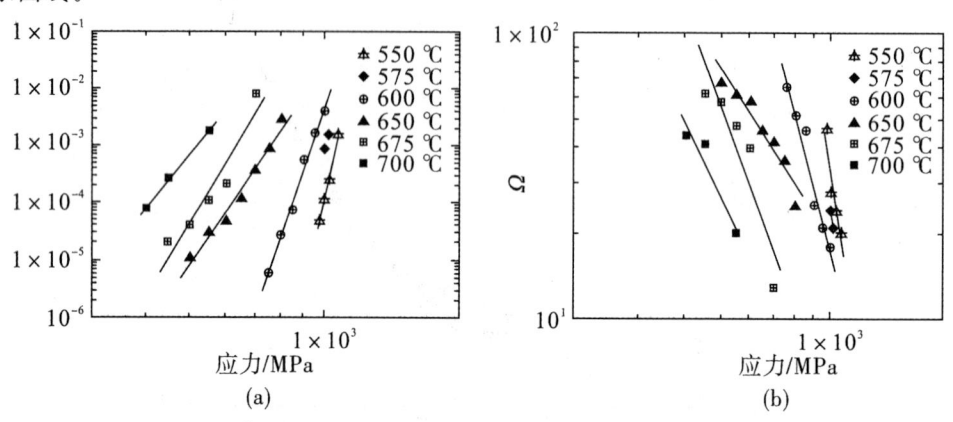

图 8-14 718 合金中参数 $\dot{\varepsilon}_0$ 和 Ω 与应力的关系

参数 $\dot{\varepsilon}_0$ 和 Ω 均与温度和应力有关,可以写成幂函数表达式

$$\dot{\varepsilon}_0 = A_0 \sigma^{n_0} \exp\left(-\frac{Q_0}{RT}\right) \tag{8-24}$$

$$\Omega = A_\Omega \sigma^{n_\Omega} \exp\left(-\frac{Q_\Omega}{RT}\right) \tag{8-25}$$

或双曲函数表达式

$$\dot{\varepsilon}_0 = A_0' [\sinh(\alpha\sigma)]^{n_0'} \exp\left(-\frac{Q_0}{RT}\right) \tag{8-26}$$

$$\Omega = A_\Omega' [\sinh(\beta\sigma)]^{n_\Omega'} \exp\left(-\frac{Q_\Omega}{RT}\right) \tag{8-27}$$

式中,A_0、A_Ω、n_0、n_Ω、A_0'、A_Ω'、n_0'、n_Ω'、Q_0、Q_Ω 均为常数,图 8-15 是根据 Ω 法得到的蠕变曲线与试验结果的比较,相对而言,应用双曲函数蠕变关系的预测效果更好。

8.3.4 断裂力学法

蠕变过程实质上是蠕变裂纹形成、扩展直至断裂的过程,因此,可以结合断裂力学理论,选择合适的力学参数与蠕变裂纹扩展过程相关联,进而进行剩余寿命预测。

合适的蠕变裂纹扩展关联参数对剩余寿命预测结果具有重要影响,目前已有十几种关联参数,如净截面应力 σ_{net}、应力场强度因子 K、能量率积分 C^* 等。

净截面是材料或部件的总截面减去空洞、裂纹后的截面,净截面应力 σ_{net} 的表达式为

$$\sigma_{\text{net}} = \frac{P}{B(W-a)} \tag{8-28}$$

第 8 章 高温持久寿命的可靠性预测

(a) 幂函数蠕变关系   (b) 双曲函数蠕变关系

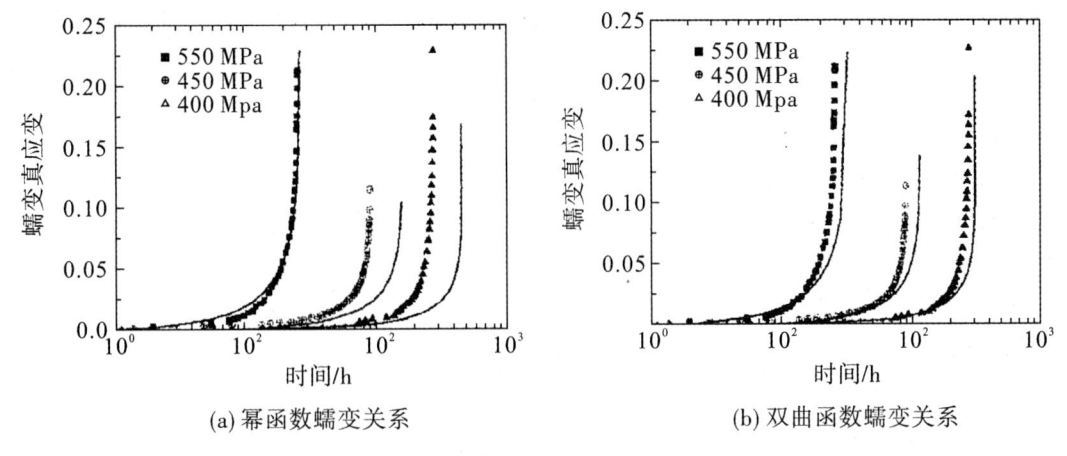

图 8-15 根据 Ω 法得到的蠕变曲线与试验结果比较

式中：P 为外加载荷；B 为试样厚度；W 为试样宽度；a 为裂纹长度。

应力场强度因子 K 表示裂纹尖端应力场的强弱，在裂纹尖端产生小范围屈服时，可以将 K 作为描述裂纹扩展的关联参数，其表达式为

$$K = \frac{P}{\sqrt{BB_N} \cdot \sqrt{W}} f\left(\frac{a}{W}\right) \tag{8-29}$$

式中：B_N 为净截面厚度；$f\left(\dfrac{a}{W}\right)$ 为与试样几何尺寸及裂纹长度相关的函数。

裂纹扩展单位面积时释放的势能称为能量释放率或能量率，能量率积分 C^* 可以理解为裂纹扩展过程中释放的总能量，其表达式为

$$C^* = -\frac{n}{n+1} \cdot \frac{P\dot{V}_c}{B_N(W-a)} \cdot \left(2 + 0.522\frac{W-a}{W}\right) \tag{8-30}$$

式中：$\dot{V}_c$ 为蠕变位移速率；n 为蠕变应力指数。

上述几个关联参数并没有哪一个能适用于所有条件下的裂纹扩展，每个参数都有其局限性。裂纹扩展过程中，裂纹尖端由弹性变形控制转变到塑性变形控制的特征时间 t_T 可以表示为

$$t_T = \frac{K^2(1-\nu^2)}{(n+1)EC^*} \tag{8-31}$$

式中：E 为弹性模量；n 为蠕变应力指数；ν 为泊松比；K 为应力场强度因子；C^* 为能量率积分。当特征时间 t_T 小于断裂时间 t_r 时，说明应力松弛较快，此时裂纹扩展由 C^* 控制；当特征时间 t_T 大于断裂时间 t_r 时，说明应力松弛较慢，裂纹尖端附件塑性变形区较小，此时裂纹扩展由 K 控制。研究表明，裂纹尖端附近的应力分布受蠕变应力指数 n 的影响较大，当蠕变应力指数较小时（$n<3$），裂纹扩展速率较快，裂纹扩展由 K 控制；当蠕变应力指数 n 较大时，裂纹扩展由 C^* 控制。

确定蠕变裂纹的关联参数后，就可以根据裂纹扩展速率方程计算裂纹的扩展时间，确定蠕变断裂寿命。例如，当关联参数为 C^* 时，裂纹扩展速率表达式为

$$\frac{da}{dt} = AC^{*n} \tag{8-32}$$

式中：A 为常数；a 为裂纹长度；t 为裂纹扩展时间。则有

$$\mathrm{d}t = \frac{\mathrm{d}a}{AC^{*n}} \tag{8-33}$$

对式(8-33)积分，即可计算裂纹从初始长度 a_0 扩展到临界长度 a_c 的时间。

对服役 81 000 h 的 HK40 耐热钢炉管裂纹扩展的研究表明，蠕变应力指数 n 为 4.8，特征时间 t_T 和断裂时间 t_r 之比为 0.012～0.14，说明这种情况下裂纹扩展以 C^* 作为关联参数较好，试验结果也证实了这一点，图 8-16 为 HK40 耐热钢紧凑拉伸试样（CT）和弧形拉伸试样（AT）分别采用应力场强度因子 K、净截面应力 σ_{net} 和能量率积分 C^* 关联的裂纹扩展结果。

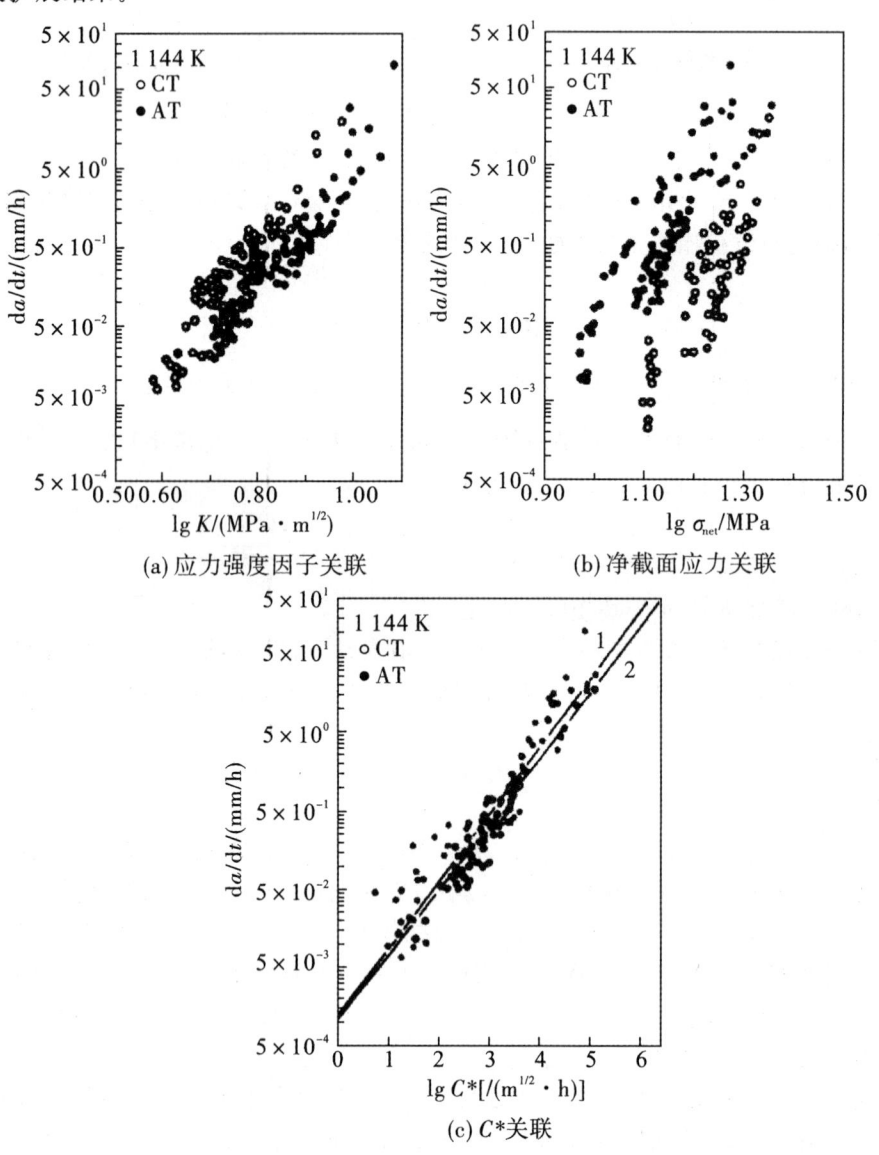

图 8-16　服役 81 000 h 的 HK40 钢不同关联参数下蠕变裂纹扩展结果

由图 8-16 中可以看出,用 σ_{net} 和 K 关联的裂纹扩展速率关系的分散性较大,而用 C^* 关联的数据带较窄,说明 C^* 是合适的关联参数。

8.3.5 金相试验法

耐热钢剩余寿命的变化可以直接在组织结构上反映出来,在确定了组织和硬度与材料剩余寿命间的关联关系后,就可以根据微观组织变化和硬度分析推测材料的剩余寿命。微观组织变化包括空洞面积率、碳化物尺寸、形态、数量、珠光体球化程度等,比如,12Cr1MoV 钢长期在高温环境下服役时会发生珠光体的球化、固溶元素的迁移和贫化、碳化物的析出和长大等组织变化,使得材料的持久强度降低,剩余寿命减少。图 8-18 是 12Cr1MoV 耐热钢不同珠光体球化程度试样的持久性能数据,其中 1# 试样为轻度球化,2# 和 3# 试样为中度球化,4# 和 5# 试样为完全球化。采用 LM 参数法,得到 12Cr1MoV 耐热钢持久性能主曲线如图 8-19 所示,其回归方程为

$$10^{-3}T(20+\lg t_r)=26.68-2.49\lg \sigma-0.01\sigma \tag{8-34}$$

式中:T 是工作温度;σ 是工作应力;t_r 是剩余寿命。

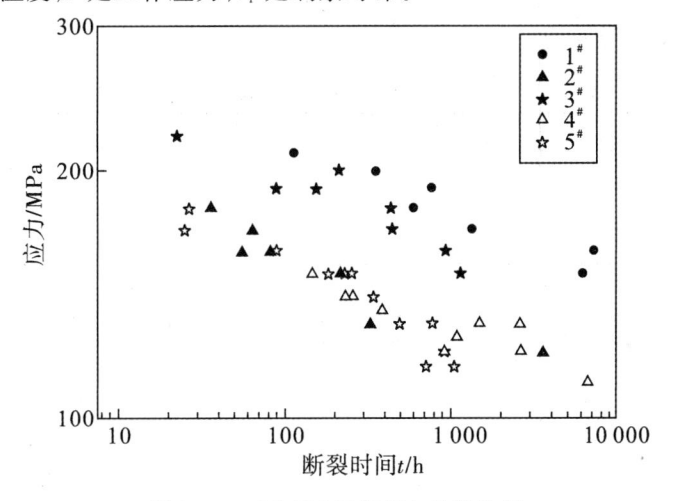

图 8-18 12Cr1MoV 钢持久性能数据

考虑珠光体组织球化时,式(8-34)可变为:

$$10^{-3}T(20+\lg t_r)=Z-2.49\lg \sigma-0.01\sigma \tag{8-35}$$

式中,Z 为表征持久性能劣化程度的参数。对图 8-18 的持久性能数据通过式(8-35)进行拟合,所得的各试样持久性能曲线如图 8-19 中的 1~5 所示,各曲线对应的性能劣化参数 Z 值见表 8-1,可以看到,随组织劣化级别的增加,Z 值不断降低。

表 8-1 12Cr1MoV 耐热钢性能劣化参数 Z 值

试样	性能曲线	珠光体球化程度	组织劣化参数 Z 值
1#	1	轻度球化	26.11
2#	2	中度球化	25.91
3#	3	中度球化	25.65
4#	4	完全球化	25.23
5#	5	完全球化	24.99

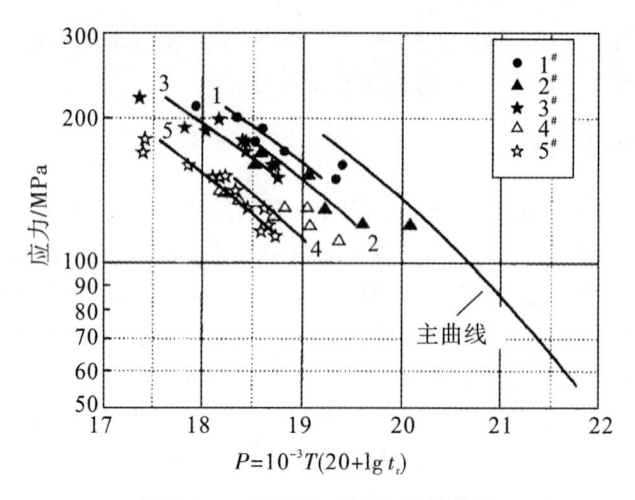

图 8-19 12Cr1Mo 钢持久性能曲线

工作条件一定时，可以利用式(8-35)对 12Cr1MoV 耐热钢的剩余寿命进行预测，比如工作温度为 540 ℃、工作压力为 80 MPa 时，根据式(8-35)计算得到的剩余寿命见表 8-2，剩余寿命 t_r 与 Z 的关系曲线如图 8-20 所示。

表 8-2 在 540 ℃/80 MPa 条件下各试样的剩余寿命

试样	剩余寿命/h	试样	剩余寿命/h
1#	201 976	2#	114 630
3#	54 891	4#	16 707
5#	8 466		

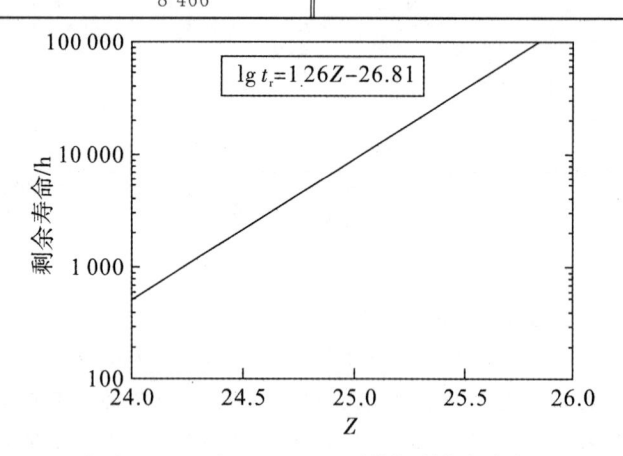

图 8-20 540 ℃/80 MPa 下 12Cr1MoV 耐热钢剩余寿命与 Z 的关系曲线

材料的硬度与微观组织也有密切联系。比如 HK40 耐热钢在长期高温服役过程中，析出的二次碳化物逐渐聚集长大变得粗化，粗化速率与服役时间和服役温度有关，可以认为延长时间和提高温度对二次碳化物的粗化是等价的，因此可以采用一个时间-温度参数 $T(\lg t + C)$ 表示二次碳化物的粗化程度，这也意味着二次碳化物的粗化和蠕变损伤累积是同步的，而二次碳化物粗化的同时，材料的硬度是下降的，因此可以通过测量服役材料的硬度变化预测其剩余寿命。图 8-21 是在 871 ℃、60 MPa 应力下长期服役后的 HK40

耐热钢的维氏硬度与断裂时间的关系,可以看出,二次碳化物越粗化,维氏硬度越低,断裂时间也越短。

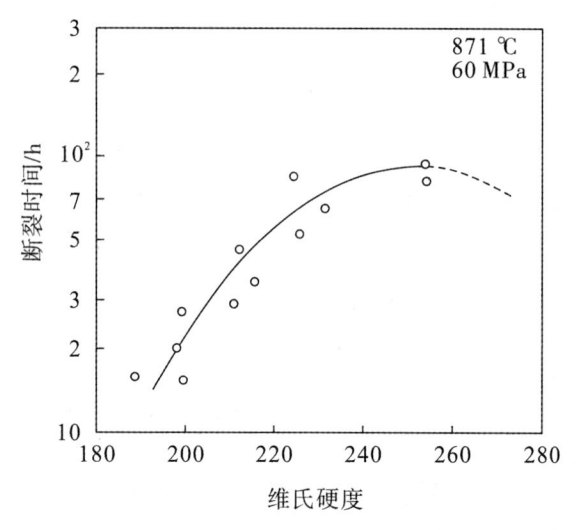

图 8-21 HK40 耐热钢维氏硬度与断裂时间的关系

HK40 耐热钢服役初期析出的二次碳化物是细小弥散的状态,此时钢的持久性能最好,二次碳化物越弥散,钢的硬度越高,蠕变延伸率越低。图 8-22 是 HK40 耐热钢的维氏硬度与蠕变延伸率的关系,可见,当硬度超过 HV250 时,蠕变延伸率急剧降低到 1% 以下,这说明蠕变第Ⅲ阶段较短,但从图 8-21 可以看出,当 HV 大于 250 时,蠕变断裂时间反而下降。试验数据表明,HK40 耐热钢在 5 000 h 以内,时效时间越短,二次碳化物越弥散,塑性越差,裂纹扩展速率越大,断裂时间越短,这说明了 HK40 耐热钢的断裂时间取决于强度和塑性的综合匹配,虽然二次碳化物弥散时持久强度高,蠕变抗力大,但塑性低,裂纹扩展抗力也低,蠕变第Ⅲ阶段变短,只有二次碳化物弥散度适中,即硬度适中时才有强度和塑性的最佳匹配,持久断裂寿命最长。

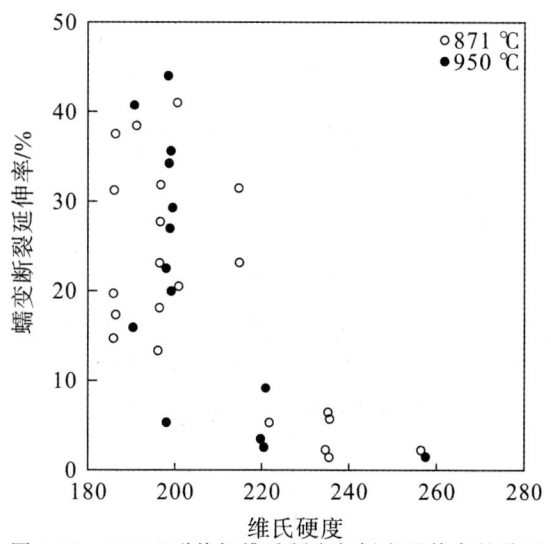

图 8-22 HK40 耐热钢维氏硬度与蠕变延伸率的关系

通过观察蠕变空洞的形成和演化过程,也能够大致推测蠕变剩余寿命,这部分内容可参照第 7 章空洞形成和演化法则一节。研究表明,在低合金钢的焊缝热影响区,材料的 A 参数与寿命消耗率有很好的相关性,而 304 和 316 不锈钢的密度变化与寿命消耗率接近直线关系,因此在这些材料中,空洞的演化过程与剩余寿命之间的关系更为密切。不过要注意的是,对于服役温度和应力比较均匀、波动较小的材料或部件,空洞的演化过程大致相同,因此通过表面观察就可以大致了解内部的空洞情况,但是对于石化行业水蒸气重整炉反应管的厚壁加热管,由于焊缝内应力不均匀,因而损伤的产生也不均匀,如果只进行表面观察,不能说明材料内部的损伤状况,对剩余寿命的评估可能导致较大的误差。

8.3.6　其他寿命预测方法

1. 线性累积损伤法

高温设备在实际运行过程中,其温度和负荷应力一般多是变化的,这种情况下可以采用线性累积损伤法进行剩余寿命评估。线性累积损伤法是利用线性损伤求和模型预测蠕变寿命的方法,其基本思想是,对蠕变过程不同阶段的损伤进行线性叠加,当累积寿命消耗率为 1 时材料发生破坏,即

$$\sum_{i=1}^{n} \frac{t_i}{t_{ri}} = 1 \quad (8\text{-}36)$$

式中:t_i 为温度 T_i、应力 σ_i 时的蠕变时间;t_{ri} 为温度 T_i、应力 σ_i 时的蠕变断裂时间;n 为温度和应力的变化次数;t_i/t_{ri} 为寿命消耗率。如图 8-23 所示,假设一个高温部件在不同温度 T_i 下运行了不同时间 t_i,则 A 点的寿命消耗率为

$$F = \frac{t_1}{t_{r3}} + \frac{t_2}{t_{r2}} + \frac{t_3}{t_{r1}} + \frac{t_4}{t_{r3}} + \frac{t_5}{t_{r4}} \quad (8\text{-}37)$$

A 点以后在 T_4 温度下运行的剩余寿命为 $t_{rem} = t_{r4}(1-F)$。

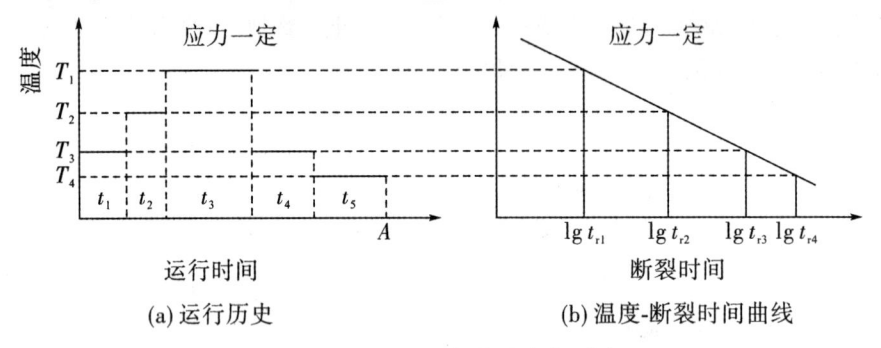

图 8-23　线性累积损伤法寿命预测

即使材料的使用温度多变且无法确定,我们也可以利用高温下材料的组织、硬度的变化或垢物的厚度来估算其使用温度。碳钢珠光体中层状珠光体的面积率、单位面积中游离渗碳体数量、低合金钢中析出物种类的变化、HK40 钢中二次碳化物的密度等均可作为组织变化的参考指标。

2. 微观结构法

蠕变断裂的过程实质上是微空洞形成→微空洞连接→显微裂纹→宏观裂纹→裂纹失

稳扩展的过程,蠕变过程中由于晶界滑动会导致在三晶粒交汇处产生应力集中,如果应力集中不能被塑性变形所松弛,达到晶界的结合强度时必然发生开裂形成微空洞或微裂纹,所以,材料的蠕变断裂过程也是微观结构损伤累积的过程。在微观结构法中,断裂时间 t_r 可以表示为

$$t_r = \frac{G_{el} 8\pi (1-\nu) \gamma}{\mu D^2 \dot{\varepsilon}^2} \tag{8-38}$$

式中:G_{el} 为晶粒边界长度;ν 为泊松比;γ 为表面能;D 为晶粒半径;μ 为剪切模量;$\dot{\varepsilon}$ 为蠕变速率。将式(8-1)代入式(8-38),可得

$$t_r = \frac{G_{el} 8\pi (1-\nu) \gamma}{\mu D^2 A_1^2 \sigma^{2n}} \tag{8-39}$$

式中:σ 为应力,A_1 为与材料特性和温度有关的常数;n 为稳态蠕变速率应力指数。

微观结构法是近年来新发展起来的一种寿命预测方法,对高温炉管而言,该方法适用于炉管在服役期间有楔形裂纹萌生、工况和材质保持稳定、腐蚀损伤和疲劳损伤对炉管寿命影响很小的情况,并且得到的是炉管稳态蠕变之后的寿命,由于减速阶段在炉管整个寿命中所占比例较小,所以用该方法求得的结果较为准确。

3. 应力松弛试验法

应力松弛是材料总的应变量在试验过程中保持不变,随时间的增加应力不断降低的现象,利用应力松弛试验预测耐热钢的剩余寿命是近几十年才发展起来的。应力松弛过程中的总应变包括弹性应变和塑性应变,可用下式表示

$$\varepsilon_0 = \varepsilon_e + \varepsilon_p = \frac{\sigma}{E} + \varepsilon_p = C \tag{8-40}$$

式中:ε_0 为总应变;ε_e 为弹性应变;ε_p 为塑性应变;E 为弹性模量;C 为常数。

塑性变形速率 $\dot{\varepsilon}_p$ 为

$$\dot{\varepsilon}_p = \frac{\dot{\sigma}}{E} \tag{8-41}$$

式中,$\dot{\sigma}$ 为应力变化速率。

为了进行剩余寿命评估,需要将应力松弛曲线转换为蠕变曲线,常用的方法有两种,一种方法是仅用一个松弛试验推导出稳定松弛阶段的应力-应变速率关系,将其等价视为蠕变稳定阶段的应力-应变速率关系;另一种方法是进行一系列试验回归出一个松弛试验,使该条件下的松弛蠕变速率与同温度下不同应力的稳定蠕变速率接近,分析材料形变过程,利用应力松弛试验相关数据,结合理论模型,进行剩余寿命预测,但该方法处理方式较少,应用范围较窄,需进一步研究和完善。

4. 加速蠕变试验法

可以采用加速蠕变试验方法,对服役材料进行蠕变断裂试验,以便得到该材料的相关数据,进而预测其剩余寿命。利用加速蠕变试验法预测剩余寿命有两种方法,一种方法是将加速蠕变试验结果作为材料现有的蠕变断裂强度,据此求出进一步服役条件下的断裂时间,将此作为材料的剩余寿命;另外一种方法是将未使用材料和使用材料的寿命差作为

该使用条件下已消耗的寿命,假定今后使用条件不变,可用下式求出材料的剩余寿命 $t_{\rm rem}$:

$$\frac{t_{\rm a}}{t_{\rm a}+t_{\rm rem}}+\frac{t_{\rm b}}{t_{\rm r}}=1 \tag{8-42}$$

式中:$t_{\rm a}$ 为运行时间;$t_{\rm b}$ 为加速蠕变试验的断裂时间;$t_{\rm r}$ 为同一条件下新材料的断裂时间。

加速蠕变试验方法有两种:一种是试验温度与工作温度相同,试验应力比工作应力高的应力加速试验方法;另外一种是试验应力与工作应力相同,试验温度比工作温度高的温度加速试验方法。理论和实践都证明,温度加速试验的外推结果与实际寿命比较相符,图 8-24 是 1Cr-0.5Mo 钢采用两种加速蠕变试验方法进行剩余寿命预测结果,图 8-24(a)采用应力加速试验,外推应力为 66.26 MN/m² 下的剩余寿命,其外推结果仅为真实剩余寿命的一半;图 9-24(b)采用温度加速试验,外推实际温度为 557 ℃下的剩余寿命,外推结果与真实剩余寿命非常接近。

(a) 应力加速试验外推结果

(b) 温度加速试验外推结果

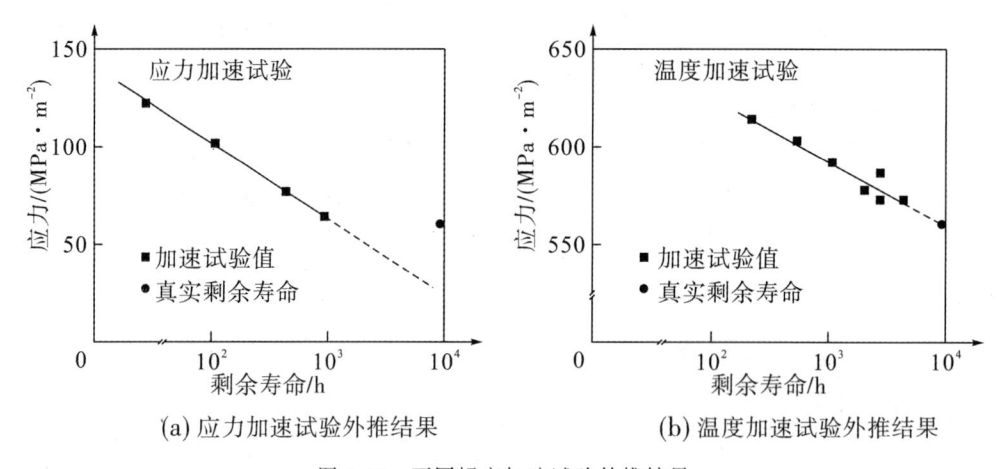

图 8-24 不同蠕变加速试验外推结果

8.4 高温剩余持久寿命的概率预测法

材料特性的差异和服役过程的不确定因素会导致剩余寿命预测与实际寿命之间存在偏差,单纯地改进寿命预测模型或提高试验的精确程度并不能完全消除这种偏差,因此应该在进行有效试验的基础上进行可靠性分析,从而提高寿命预测的准确性。

高温环境下服役的部件,随服役时间的增加,会产生蠕变损伤及组织劣化,导致持久性能不断下降。因此在对服役部件进行高温持久寿命预测时需要确定材料总体劣化程度及数据的分布特性。比如石化行业常用的 HK40 耐热钢,离心铸造管的原始组织为奥氏体加共晶碳化物,服役过程中会析出二次碳化物,随服役时间增加,骨架状的共晶碳化物逐渐消失,二次碳化物不断粗化,同时会出现蠕变空洞和微裂纹,这会导致持久性能数据相对于未使用材料呈现整体下降的趋势。图 8-25 是不同服役时间的 HK40 耐热钢持久性能数据及曲线,可以看出,服役时间越长,相应的持久性能数据带偏离主曲线的程度越大,并且持久性能数据的分散性也越大。

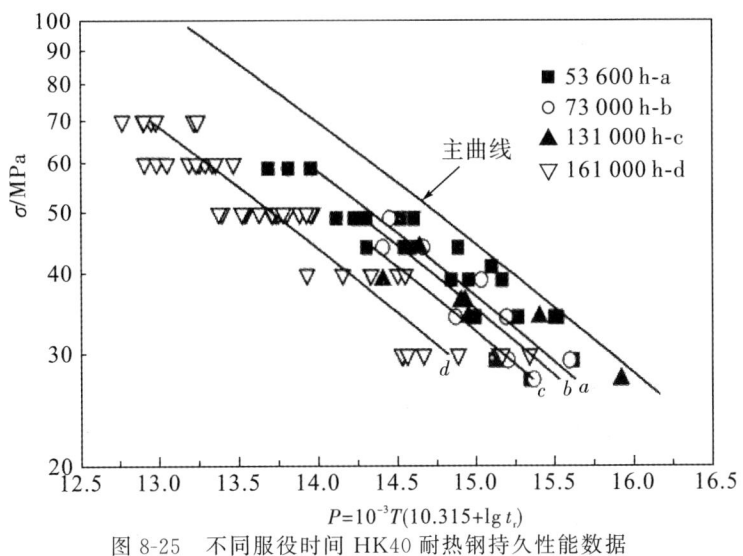

图 8-25 不同服役时间 HK40 耐热钢持久性能数据

对于未使用的材料或部件,由于服役前要做大量的持久性能试验,因此一般有足够的数据点,能够得到比较准确的分布参数,而对于已经服役的材料或部件,则很难有那么多的数据来进行分析。服役材料或部件除了持久性能不断降低外,持久性能数据的分布也受几个方面因素的影响,一方面,服役材料或部件的微观组织变化趋于稳定,持久性能数据的分散性降低,标准差变小;另一方面,服役期间温度和应力的不均匀性导致服役材料或部件的不同位置损伤不均匀,持久性能数据的分散性变大,标准差也会变大。

对于已经服役一段时间的材料或部件,如果能有足够的数据,可以根据其分布方差进行可靠性预测,如果数据有限,难以确定服役材料或部件持久性能数据的分布参数,考虑服役材料或部件受到两个以上相互矛盾因素的作用,也可以假设服役前后数据分布的方差是一样的,这样服役时间对持久性能分布的影响主要取决于均值的变化,即服役材料或部件持久性能数据带相当于原始材料数据带的偏离,借用 Z 参数的概念,相当于服役材料或部件持久性能数据带中线相对于原始材料主曲线的偏离,即 Z 参数平均值 $\bar{Z}$ 的变化。

高温部件剩余寿命概率预测法需要确定以下两点:

(1)由于材料性质差异所引起的材料总体性能相对于原始材料性能的偏差,这体现在持久性能曲线的偏移,也就是测试数据 $\bar{Z}$ 的变化。

(2)确定材料持久性能数据的分布规律,在有足够数据量的情况下,可以根据其分布方差进行可靠性预测,若数据有限,则可假设服役前后材料数据分布的方差是一样的。图 8-26 是 HK40 耐热钢炉管 $\bar{Z}$ 和服役时间之间的关系曲线,通过比较不同服役时间同一管

段 $\bar{Z}$ 的变化,可以看到曲线呈现三个区间:起始阶段,$\bar{Z}$ 迅速下降,随后是一个相对稳定的阶段,服役时间超过 130 000 h 后,$\bar{Z}$ 显著减小,这说明了服役早期阶段,蠕变持久性能降低较大,这可能是由于析出相粒子粗化造成的,接着是一个比较稳定的阶段,随着蠕变损伤和组织劣化的加重,材料性能严重恶化,$\bar{Z}$ 值变化也比较剧烈。

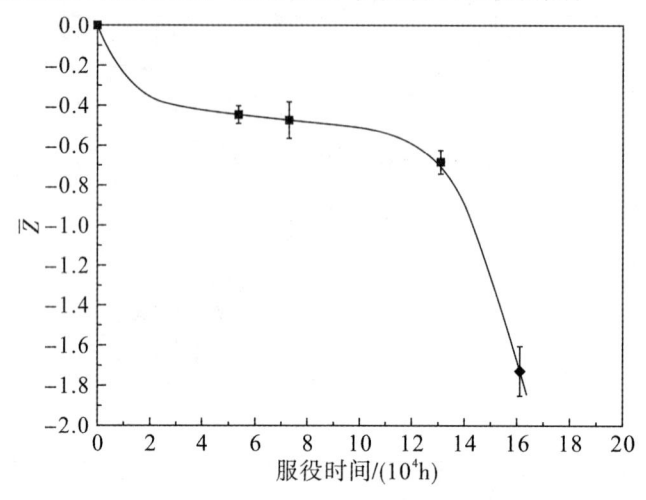

图 8-26 不同服役时间 HK40 耐热钢 $\bar{Z}$ 的变化

图 8-27 示出了 HK40 耐热钢新管与不同服役时间管段 Z 参数分布的偏移,由图中可见,随着服役时间的增加,Z 参数曲线向左偏移。图 8-28 是 HK40 耐热钢炉管在不同可靠度下的剩余寿命预测结果,可以看到,剩余寿命预测值与可靠度相关,可靠度越大,剩余寿命越小,在相同可靠度下,服役时间长的材料由于损伤的增加,剩余寿命预测值下降。

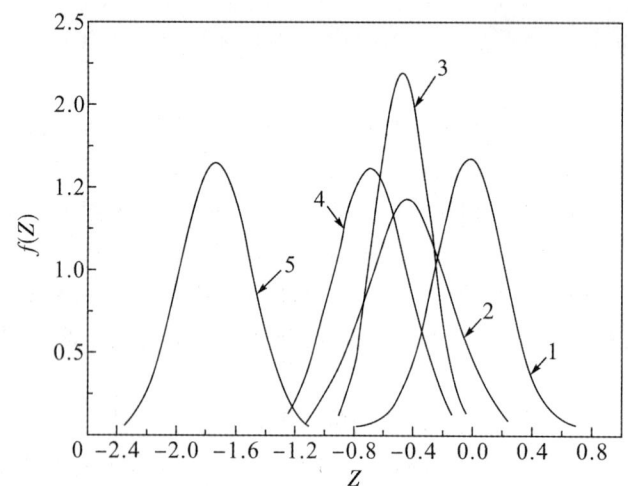

1—铸态;2—服役 53 600 h;3—服役 73 000 h;4—服役 131 000 h;5—服役 161 000 h
图 8-27 不同服役时间 HK40 耐热钢炉管 Z 参数分布曲线

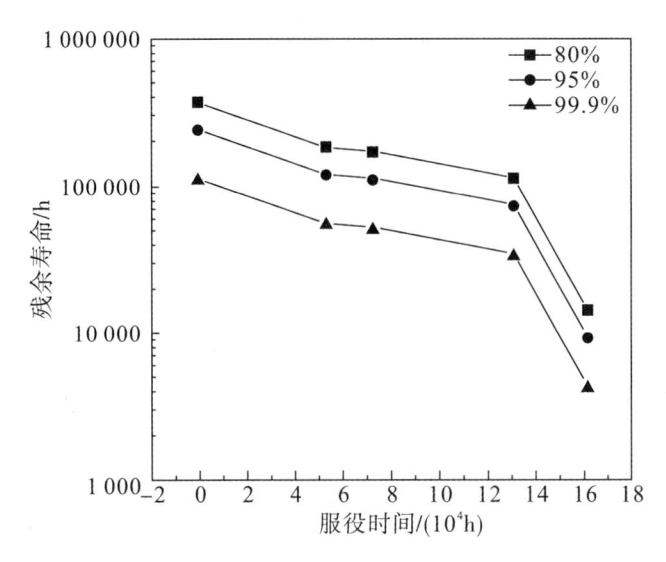

图 8-28 HK40 耐热钢炉管不同可靠度下剩余寿命预测结果

8.5 剩余寿命预测方法的适用性

长期以来,高温部件的剩余寿命预测一直受到人们的关注,同时对寿命预测模型、预测结果的准确性、可靠性和可重复性存在诸多争议。事实上,虽然建立了很多剩余寿命预测方法,但没有一种方法能适用于所有实际服役情况。实际服役工况是非常复杂的,诸如温度和应力的波动、氧化、腐蚀、蠕胀、弯曲、壁厚减薄、渗碳、组织劣化等多种损伤形式的耦合作用,更使剩余寿命预测结果可能出现较大的偏差,因此,根据实际服役情况进行模型的修正,考虑多损伤参量的相互耦合作用,对不同材料、不同服役工况,甚至不同服役阶段的部件构建与实际服役条件相适应的损伤演化微观模型,对于准确预测剩余寿命是非常重要的。在进行高温部件剩余寿命预测的过程中,要综合考虑以下几个方面:

1. 持久强度方法的可行性

利用耐热钢的高温持久性能数据进行寿命预测是国内外普遍采用的方法,传统的方法一般是根据持久性能数据带,采用最小理论寿命或平均理论寿命方法,或基于数据拟合外推,这些方法由于使用简便得到了广泛的应用,但也存在预测结果受到人为因素影响大,甚至有时外推结果不符合逻辑等问题,因此有人认为这种方法不可靠。但应该客观地认识到,尽管持久强度法存在不足,但它对高温材料的发展及安全评估提供了最为直接和重要的数据,在很多场合,基于持久性能的评价技术仍然是高温部件安全评估的重要手段。

2. TTP 参数法的适用性

利用 TTP 参数法可以将在较大的应力和温度范围内的持久性能数据整理到一个较窄的范围内,并实现依据数据带主曲线的趋势外推服役材料或部件的寿命,经过长期的理论研究和实践探索,目前已经发展了多种 TTP 参数,也得到了比较广泛的应用,其中 LM

参数法由于模型的理论基础明确,简便易行,是目前应用最广泛的 TTP 外推参数,但也一直存在对这种方法的质疑,如常数值项的不唯一性、预测结果与实测结果间的较大差异等。

事实上,由于材料性能数据的分散性,无论对哪一种 TTP 参数都存在常数项数值的不唯一性问题,对于 LM 参数法,其中常数项 C 的变化对预测结果的影响较大,即数据敏感性大,因此,对具体的材料,如果需要较高的预测精度,需要分别对持久性能数据进行优化处理。相对而言,MH 参数法中常数项的变化对预测结果的影响较小,因此可以在比较宽泛的范围内得到较高的预测精度,如果认识到 TTP 参数常数项数值的本质,就可以根据具体情况,选择合适的 TTP 参数及其常数项,得到比较准确的预测结果。同时,要从实践中总结不同高温部件服役过程中损伤的演化过程,比如,虽然蠕变损伤过程是显微空洞形成、长大、显微裂纹形成、宏观裂纹形成直至失稳扩展导致断裂的过程,但不同的服役部件各阶段的损伤形式是不同的,以两种常见的高温炉管为例,低合金钢材料的火力发电站蒸气管一般在蠕变曲线的第Ⅱ阶段中后期才发现显微空洞,第Ⅱ阶段末期空洞开始长大,第Ⅲ阶段中期形成显微裂纹,而 HK40 耐热钢材料的水蒸气重整炉反应管在蠕变寿命达到 20% 时就在靠近内壁 1/3 处出现显微空洞,蠕变寿命 30% 时空洞开始长大,蠕变寿命 80% 时形成显微裂纹,蠕变寿命 90% 时形成宏观裂纹,所以,蠕变损伤的特征与服役部件的不同阶段和寿命损耗状况是密切相关的。另外,TTP 参数法的适用性也是有条件的,比如,LM 参数法适用于高温炉管蠕变损伤尚未发展到宏观裂纹时的情况,更适合于预测在恶劣工况下和高温、高压下高温炉管的寿命,当炉管长期在低应力下服役时,直接采用 LM 参数法往往导致预测寿命大于实际寿命,此时应采用多元回归的方法进行改进,即:

$$T(C+\lg t_r)=g(\sigma,a_1,a_2,\cdots,a_k) \tag{8-43}$$

式中,a_1、a_2、$\cdots$、a_k 为影响炉管寿命的其他因素,一般在持久试验后通过分析试样材质和机械性能的变化确定,并与持久性能数据共同回归到上式中的函数形式,如低碳钢炉管中渗碳体的球化是影响持久强度的主要因素,因此可以将 a_k 设定为渗碳体球化级别;而在 HK40 耐热钢炉管中,晶界碳化物级别和二次碳化物平均直径是影响其寿命的主要因素,则该类炉管寿命预测方程修正为:

$$\lg t_r = -14.43 - 2\,354.83\frac{\lg \sigma}{T} - 23\,639.24\frac{\lg^2 \sigma}{T} + 22\,331.83\frac{1}{T} + 53.25\frac{G}{Tr} \tag{8-44}$$

式中:G 为晶界碳化物级别;r 为二次碳化物平均直径。实践证明,采用式(8-44)进行寿命预测结果与实际比较相符。如果考虑腐蚀损伤对炉管寿命的影响,可采用下式进行修正:

$$t_{nr}=\frac{1}{l}\{1-[l(n-1)t_r+1]\}^{\frac{1}{n-1}} \tag{8-45}$$

式中:t_{nr} 为操作条件下的寿命;t_r 为壁厚未减薄时的原炉管的寿命;l 为炉管壁厚名义减薄速率;n 为材料的应力敏感指数。

3. 预测结果的不确定性

在高温持久寿命预测中,有时会出现不同人、不同方法得到的预测结果差异较大的情况,这很大程度上是由于材料特性、试验条件等不同所造成数据分散性较大的缘故。实际上,即使是同一种材料,在相同的试验温度和应力下,其持久断裂时间也可能相差数倍以上。剩余寿命预测需要与所选取的可靠度相关联,可靠度取得越高,意味着安全裕度越大,寿命预测值也相应越低。除了数据分散的原因外,数据点的不足、数据处理方法的不同也是造成剩余寿命预测结果差异较大的原因之一,因此,作为合理的预测方法,对成分、组织均符合标准的材料,应采用基于原始材料持久性能曲线平行外推的方法,服役材料的剩余寿命在总体上可以视为总寿命减去已运行寿命,这不仅在逻辑上容易接受,在实践中也有许多成功的应用。

综上所述,高温部件持久寿命可靠性预测的基本思想可以归纳如下:

(1)持久性能主曲线是持久寿命预测的重要基础,由于持久性能的特点,持久强度的数值与试验温度和断裂时间是密切相关的,因此很难用一个单一的数值来表征材料的持久强度。但许多研究表明,当时间-温度参数选择恰当时,应力与时间-温度参数关系图中的主曲线可以用来综合表征某一材料的持久强度。而就某一材料而言,其持久性能的波动或差异可以用这些数据与主曲线的偏离程度来表征。

(2)对于遵循同一规范标准所制造的材料,其性能主曲线可以设定为基本一致,不同厂家生产的材料的性能数据应该是围绕主曲线。由于材料制备工艺的标准化,这一假设是合理的,也在实际中得到了验证。如果某一厂家的性能数据与主曲线偏差较大,可以认为是其他原因如缺陷等所造成的。

(3)持久性能主曲线可以视为提供的持久性能的平均水平,持久性能的波动或差异可以用数据点或系列数据曲线相对于与主曲线的偏离来表征。如果某一材料已经服役了一段时间,其性能的衰退可以用 Z 参数的平均值平行偏离主曲线的程度来表征,出于习惯性考虑,用 Z 参数值减小来表示受损伤材料性能的降低。

参考文献

[1] 张俊善. 材料的高温变形与断裂[M]北京:科学出版社,2007.

[2] 赵杰. 耐热钢持久性能的统计分析及可靠性预测[M]. 北京:科学出版社,2011.

[3] 刘薪月. Zc方法评价耐热钢蠕变变形与持久寿命关系[D]大连:大连理工大学,2018.

[4] Hoff N J. The necking and rupture of rods subjected to constant tensile loads [J]. Transctions of the ASME:Journal of Applied Mechanics, 1953, 20: 105-108.

[5] Dobeš F, Milička K. The relation between minimum creep rate and time to

fracture[J]. Metal Science, 1976, 10:382-384.

[6] Toscano E H, Boček M. Relationship between strain rate, strain to failure and life time[J]. Journal of Nuclear Materials, 1981, 98:29-36.

[7] Tamura, Manabu, Abe, et al. Larson-Miller constant of heat-resistant steel[J]. Metallurgical & Materials Transactions Part A, 2013, 44(6):2645-2661.

[8] Manson S S, Haferd A M. A linear time-temperature relation for extrapolation of creep and stress-rupture data[J]. NACA TN2890, USA, 1953:1-49.

[9] Zhao J, Li D M, Fang Y Y. Application of Manson-Haferd and Larson-Miller methods in creep rupture property evaluation of heat-resistant steels[J]. Journal of Pressure Vessel Technology, 2016, 6(132):64502.

[10] Manson S S, Succop G. Stress rupture properties of Inconel 700 and correlation on the basis of several time-temperature parameter[J]. ASTM STP 174, 1956:1-10.

[11] Mendelson A, Roberts E, Manson S S. Optimisation of time-temperature parameters for creep and stress-rupture, with application to data from German cooperative long time creep program[J]. NASA Technical Note, 1965: NASATN-D-2975.

[12] Manson S S, Ensign C R. Interpolation and extrapolation of creep rupture data by the minimum commeitment method[J]. Pressure Vessel and Piping Conference, 1978:299-398.

[13] Evans R, Parker I, Wilshire B. An extrapolative procedure for long term creep-strain and creep life prediction[J]. Recent Advances in Creep and Fracture of Engineering Materials and Structures, Pineridge Press, Swansea, UK, 1982:135-184.

[14] Prager M. The omega method-an engineering approach to life assessment[J]. Journal of Pressure Vessel Thchnology, ASME, 2000, 122:273-280.

[15] 苏晓维,朱世杰,王来,等. HK40转化管结构完整性研究[J]. 钢铁,1995,30:52-57.

[16] 赵杰. HK40耐热钢蠕变裂纹扩展[D]. 大连:大连理工大学,1987.

[17] 木原重光. 高温装置材料的寿命估算[J]. 石油化工腐蚀与防护,1992,1:47-54.

[18] 燕秀发,谢根栓,任萍. 高温炉管寿命预测系统的设计[J]. 抚顺石油学院学报,2000,20(3):41-45.

[19] 许军. 25Cr35Ni耐热钢的剩余寿命评估[D]大连:大连理工大学,2016.

[20] 高宏波,谢守明,赵杰. 12Cr1MoV钢组织转变与剩余寿命预测[J]. 材料工

程,2005,3:40-42.

[21] 谭毅,王来,赵杰. 石化装置寿命预测与失效分析工程实例[M]. 北京:化学工业出版社,2007.

[22] 王富岗,王来. 石油化工组织失效分析论文选集[M]. 大连:大连理工大学出版社,1991.

[23] Rao G R, Gupta O P, Pradhan B. Application of stress relaxation testing in evaluation of creep strength of a tungsten-alloyed 10% Cr cast steel[J]. International Journal of Pressure Vessels and Piping,2011,88(2):65-74.

[24] 陆善炘. 应用定量金相数据预报 HK40 合金转化管剩余寿命[J]. 大连工学院学报,1982,21(4):153-163.